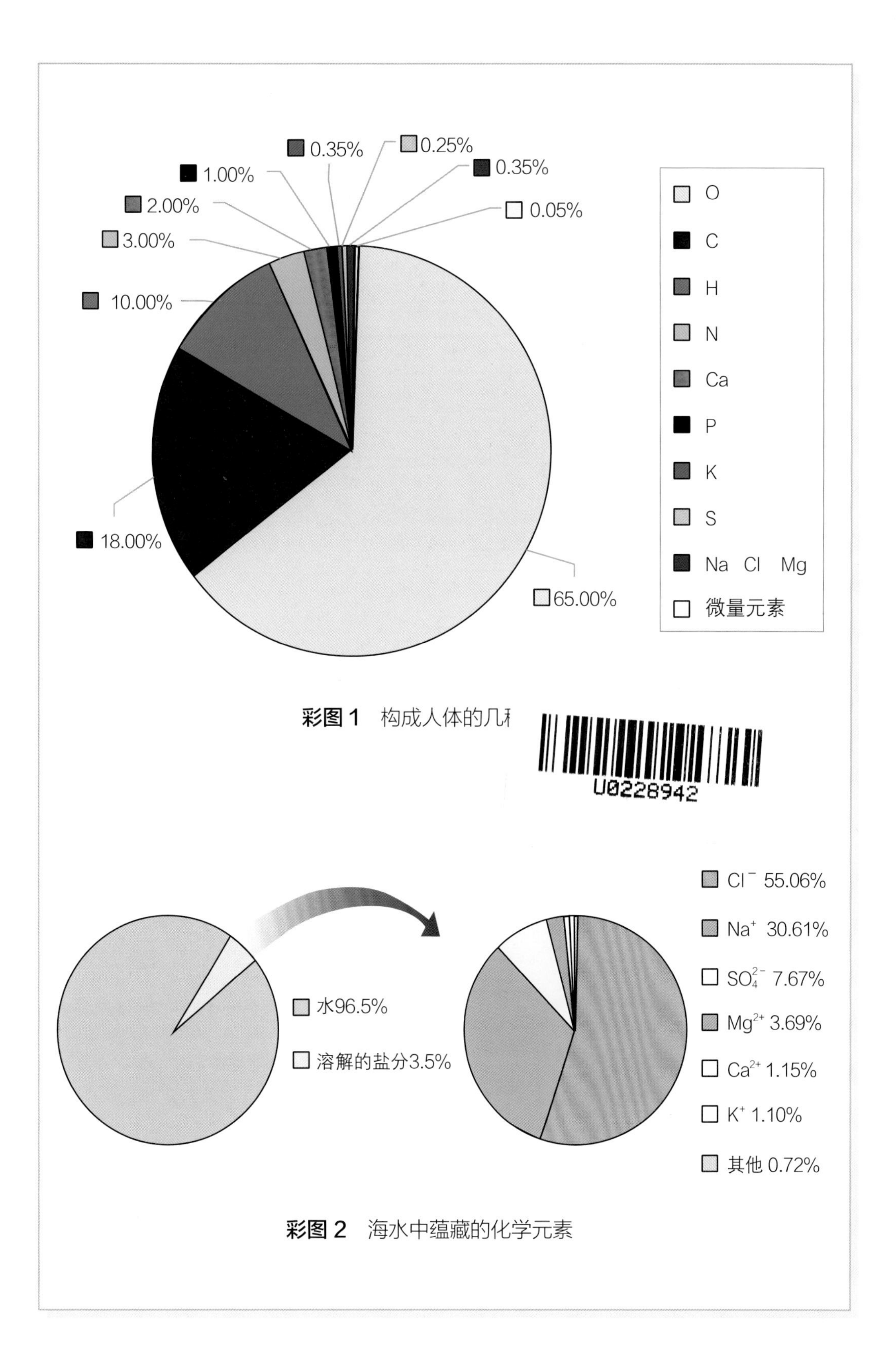

彩图 1　构成人体的几

彩图 2　海水中蕴藏的化学元素

彩图 3 某些金属的焰色反应

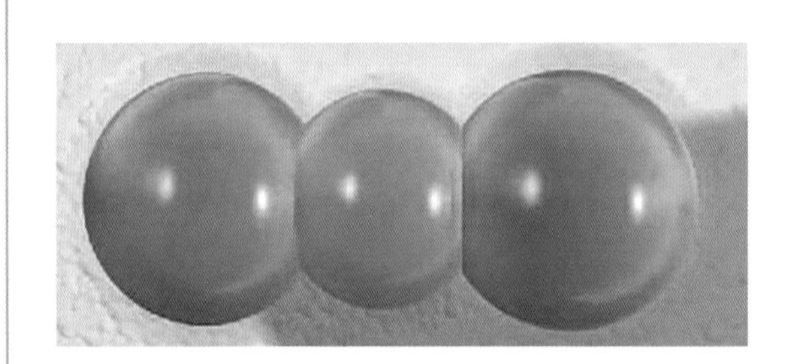

彩图 4 二氧化碳分子结构模型

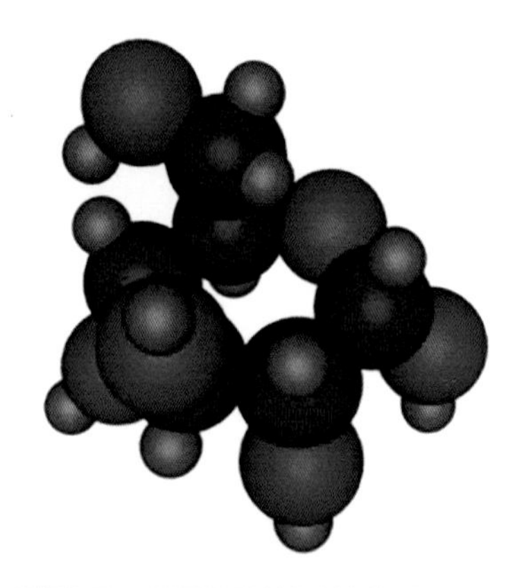

彩图 5 葡萄糖分子结构模型

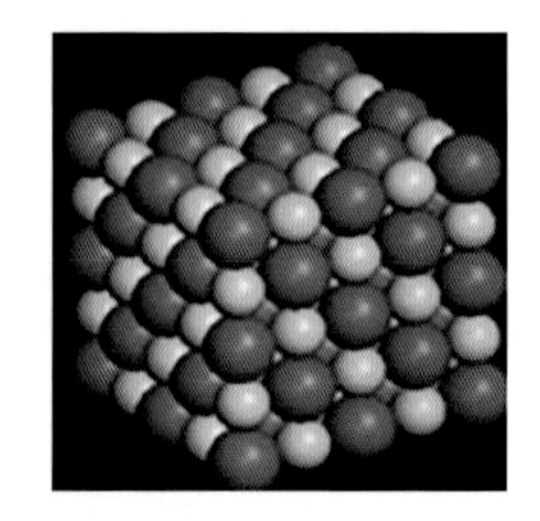

彩图 6 氯化钠晶体及其结构模型

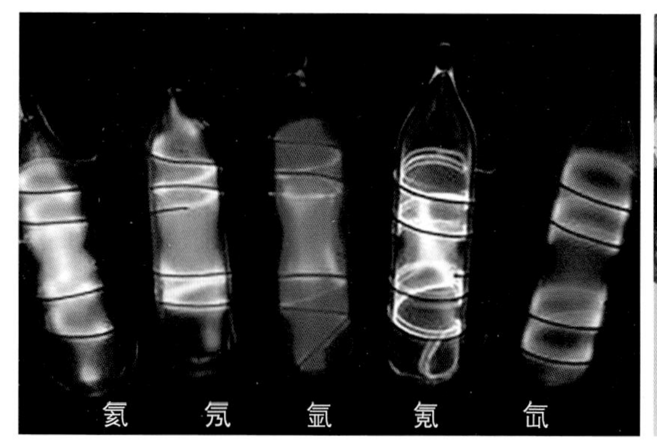

彩图 7　用稀有气体填充的小灯泡

彩图 8　树叶颜色的变化

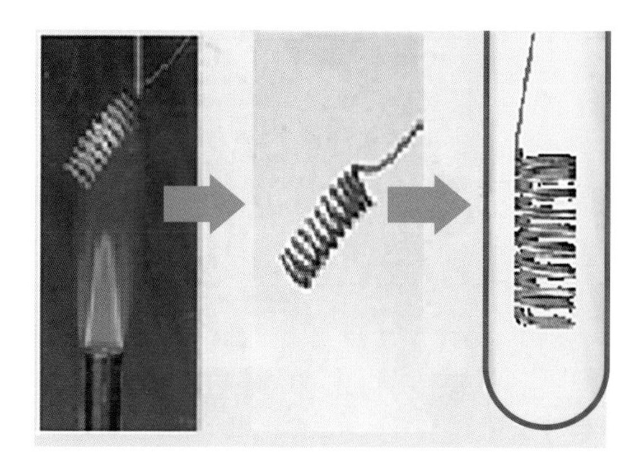

彩图 9　在空气中加热后的铜丝与酒精发生反应

彩图 10　梦幻的“海底花园”

彩图 11 氯化钴晶体在硅酸钠溶液中反应

彩图 12 蓝瓶子实验

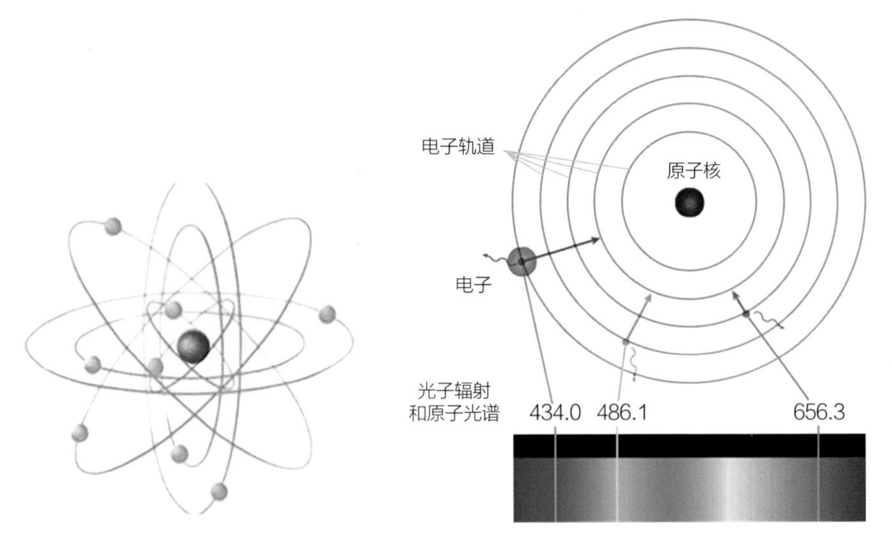

彩图 13 玻尔的原子结构模型

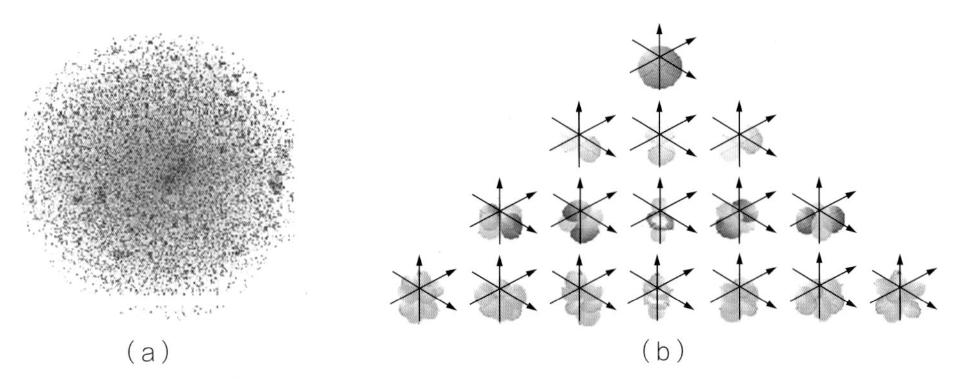

彩图 14 电子云（a）以及电子层、电子亚层和原子轨道模型（b）

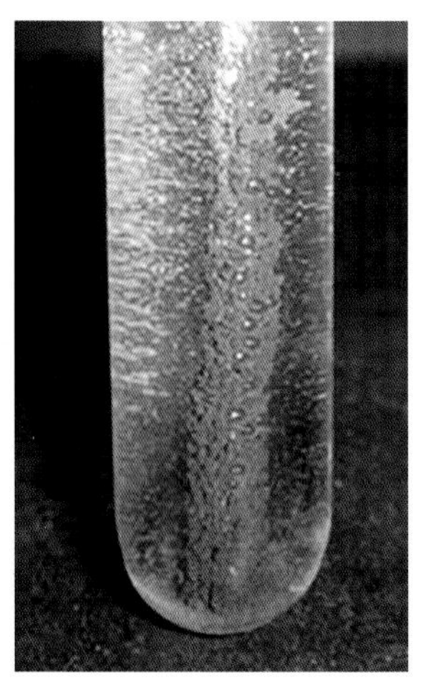

彩图 15 铁丝和硫酸铜溶液的反应

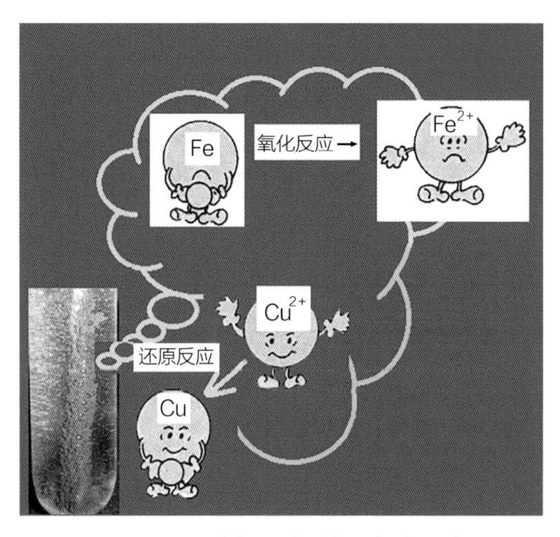

彩图 16 铁和硫酸铜溶液反应电子转移示意图

彩图 17 胶体的丁达尔效应

（a）硫酸铜溶液

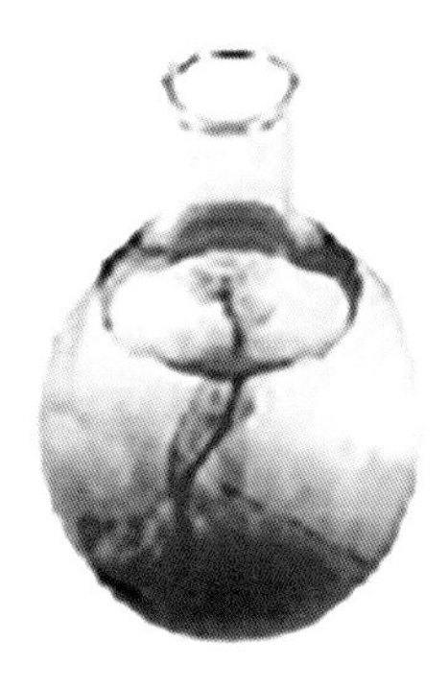

（b）溶解高锰酸钾

（c）重铬酸钾溶液及铬酸钾溶液

彩图 18 实验室中配制使用的一些溶液

彩图 19 硫酸铜晶体

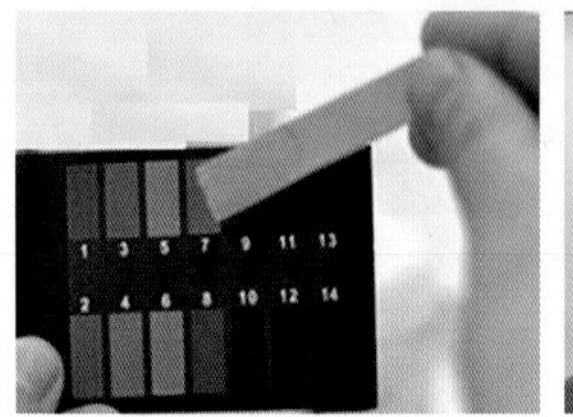

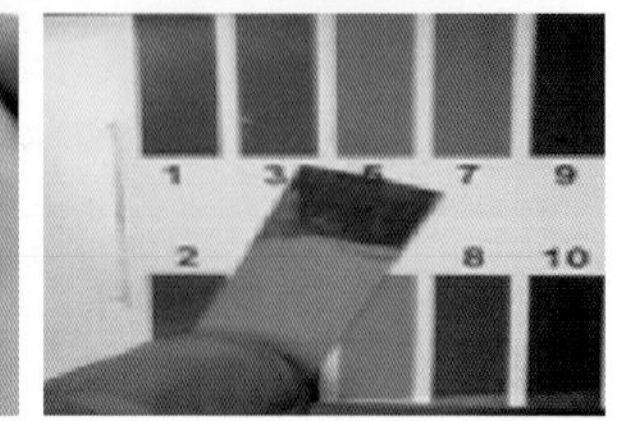

彩图 20 用pH试纸检验溶液的酸碱度

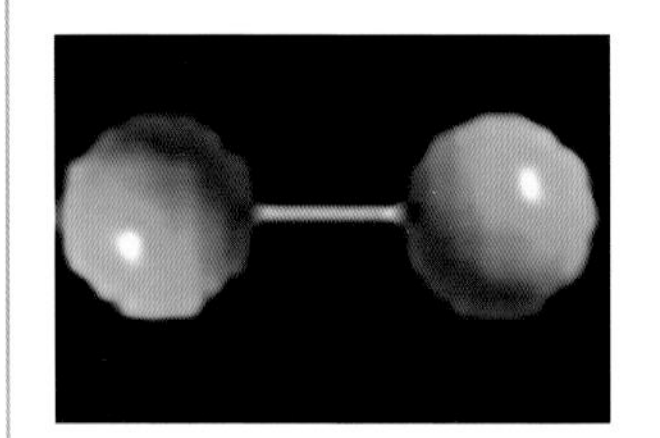

（a）氢分子

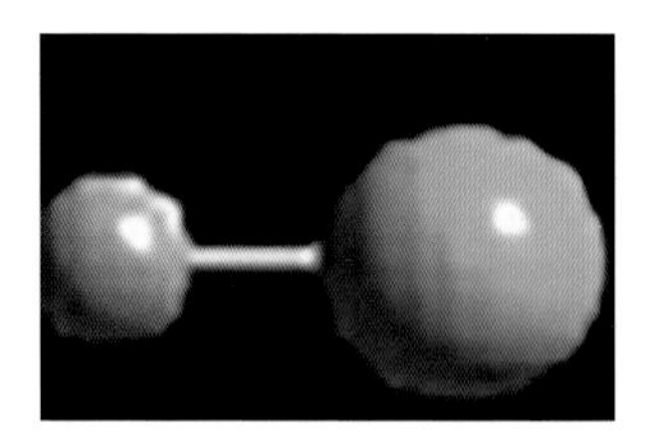

（b）氯化氢分子

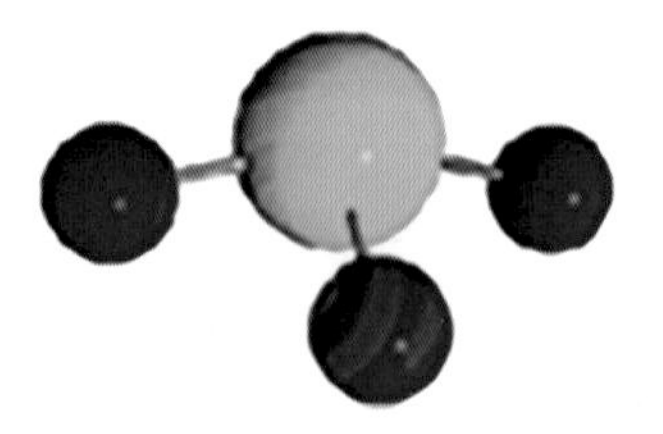

（c）氨分子

彩图 21 几种共价分子的球棍模型

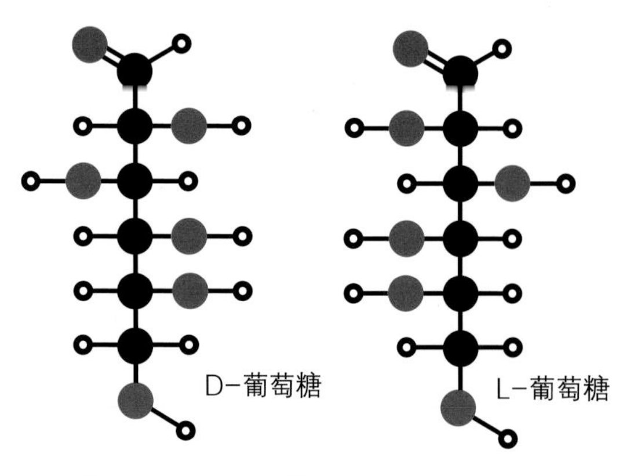

彩图 22 两种互为镜像的葡萄糖分子

走进化学大观园

王云生 编著

化学工业出版社
·北京·

本书从化学科学的角度，选择有趣的、易于理解的、与社会热点问题密切相关的化学事物和现象，以最基础的化学核心知识、化学基本观念为线索组织成10个专题，进行深入浅出的讲述、剖析。内容包括：化学元素在自然界中的存在和循环、人们日常生活中常见的化学变化现象、趣味实验、常见的物质性质与应用、物质组成结构的基础知识、物质组成结构与性质的关系、化学反应的规律性知识、化学实验方法在化学发展中的作用等。使读者领略化学科学的魅力，提高化学科学素养。

本书面向青少年读者和希望更多了解化学科普知识的成人读者，特别适合小、中学生课外阅读，也可供中学化学教师和师范院校化学教育专业学生阅读参考。

图书在版编目（CIP）数据

走进化学大观园/王云生编著. —北京：化学工业出版社，2019.3（2021.4重印）
ISBN 978-7-122-33175-5

Ⅰ.①走… Ⅱ.①王… Ⅲ.①化学-普及读物 Ⅳ.①O6-49

中国版本图书馆CIP数据核字（2018）第237474号

责任编辑：刘　军　冉海滢　　　　装帧设计：关　飞
责任校对：王鹏飞

出版发行：化学工业出版社（北京市东城区青年湖南街13号　邮政编码100011）
印　　装：中煤（北京）印务有限公司
710mm×1000mm　1/16　印张13½　彩插3　字数210千字　2021年4月北京第1版第3次印刷

购书咨询：010-64518888　　售后服务：010-64518899
网　　址：http://www.cip.com.cn
凡购买本书，如有缺损质量问题，本社销售中心负责调换。

定　　价：36.00元　

前言 PREFACE

当前，我国的基础教育领域正在落实立德树人的根本任务，发展素质教育，力求通过学科教学，进一步提升学生的求知欲望，提升学习能力，发展核心素养，为帮助青少年成长为有理想信念和社会责任感的高素质人才奠定基础。化学教育，要帮助青少年通过化学课程的学习，认识、理解化学科学特点，掌握化学科学的基础知识、基本观念，了解化学研究的方法，化学科学与经济发展、社会文明的关系，了解化学在促进人类文明可持续发展中所发挥的作用。同时，还要引导青少年通过课外的科学普及活动，关注自然界、社会生产生活中与化学有关的现象、关注有关化学的社会热点问题，发展了解、认识物质世界的求知欲望和探究意识，关心化学科学技术的发展和贡献。

基于这项任务，本书面向青少年读者、面向希望更多了解化学科普知识的其他读者，选择人们身边有趣的、易于理解的与生产、生活、社会热点问题密切相关的化学事物和现象，以最基础的化学核心知识、化学基本观念为线索组织成10个专题，通过深入浅出地讲述、剖析，带领读者走进化学大观园，探索丰富多彩、变化纷繁的化学世界。10个专题的内容包括：化学元素在自然界中的存在和循环、人们日常生活中常见的化学变化现象、趣味实验、常见的物质性质与应用、物质组成结构的基础知识、物质组成结构与性质的关系、化学反应的规律性知识、化学实验方法在化学发展中的作用等。以这些内容为载体，通过与读者的对话、交流，架设从鲜活多彩的化学现象通向化学学科原理的桥梁。让读者领略化学科学的魅力，领会其中蕴含的化学观念，受到化学方法、化学思维方式的启迪和科学精神的熏陶，帮助读者体会化学科学在探究物质世界奥秘、保护自然环境、提高人们生活水平中的作用，提高化学科学素养。本书介绍的化学实验与化学魔术涉及实验药品和实验器材的安全使用，青少年读者若要动手尝试，请务必在成人的监护下进行，注意实验安全。

希望本书能引起读者的阅读兴趣，能引导和帮助读者从化学事物和化学现象的观察、分析、探究过程中，激发和增强了解物质世界、学习化学最基础的核心知识的欲望，引领读者更深入地了解、学习、研究化学科学，认识化学科学在社会可持续发展中的价值和贡献。

本书在编写过程中，学习、借鉴了许多化学家、化学科普作家们的观点和研究成果，在此对专家们表示衷心感谢！

限于编者的学识和编写水平，书中存在的疏漏和不足之处，请读者和专家批评、指正。

王云生

2018年10月

目录 CONTENTS

1 绚丽多彩的燃烧现象 / 001

2 物质是由什么构成的 / 021

3 宇宙赐予地球的大气 / 048

7 不可或缺的水和溶液 / 126

8 探索物质的微观结构 / 149

9 物质的分离、提纯与创造 / 169

10 化学元素的存在和循环 / 191

1 绚丽多彩的燃烧现象

我们生活的世界、世界上的每个生物体，都是神奇的化学大观园。绿色植物在太阳光的帮助下把大气中的二氧化碳气体、土壤中的水分，转化为碳水化合物，生长壮大；地壳中的岩石逐渐风化、分解、溶化、转化，例如石灰岩溶解，形成溶洞、钟乳石；土壤中的细菌、真菌把死亡的动植物残体分解转化为各种可供植物吸收的营养物质；江河湖海中的贝类生物利用水中溶解的钙，营造贝壳，保护自身的安全生长……在我们这个世界里，每时每刻都在发生着一个个物质生成、转化的故事，伴随着各种形式能量的释放、吸收和转化。物质的化学变化，是化学大观园的主旋律。

在化学大观园中，人们最熟悉、最常见的，也是远古时代的人最早发现、利用的一种化学变化是燃烧。让我们从燃烧现象开始，来一探化学大观园的奥秘。

在几百万年以前，人类还过着原始的生活，靠生肉和野果为生。在人类逐渐接触到燃烧现象之后，认识到火可以带来光明，可以取暖御寒、烧烤食物、驱走野兽，我们的祖先才逐渐学会了从野火中引火，学会了维持火种、摩擦生火和钻木取火，让燃烧为人类服务。火的发现、认识和使用是人类历史上一件划时代的大事，燃烧和火对人们生活的影响之大是尽人皆知的。但是，要真正明白燃烧是怎么一回事，并不简单。

1.1 和烛光面对面

相信大家都点过蜡烛，也都熟悉诗人杜牧的诗句“蜡烛有心还惜别，替人垂泪到天明”，诗人借蜡烛燃烧、垂泪的现象抒发和友人惜别的诚挚感情。

当我们用打火机点燃蜡烛时，蜡烛立即产生明亮的火焰。面对点燃的蜡烛，你看到了什么，又想到了什么？

1.1.1 蜡烛燃烧发生了什么变化？

为什么蜡烛燃烧会“垂泪”？蜡烛在燃烧中消失了，构成蜡烛的物质真的消失了吗？

蜡烛是用石蜡和棉纱线（作为烛芯）制成的。石蜡是从石油中提取出来的固态物质。石蜡受热容易熔化，并进一步气化变成石蜡蒸气。不同的石蜡熔沸点有差异，熔点约为 47～64℃，沸点在 322℃左右。在空气中，石蜡于 158～200℃时就能发火燃烧。

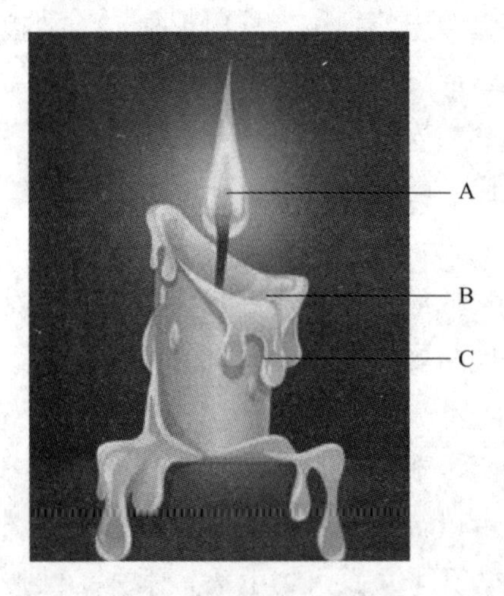

图 1-1 蜡烛燃烧发生的变化

我们可以利用图 1-1 来说明蜡烛燃烧发生的变化。蜡烛的烛芯上吸附着一些石蜡，用打火机点蜡烛时，打火机发火产生的热可以点燃烛芯上吸附的石蜡，烛芯也随之燃烧。燃烧发出的热使蜡烛烛芯附近的固态石蜡熔化，并沿着烛芯往上升，转变成石蜡蒸气，石蜡蒸气燃烧形成火焰（图 1-1 的 A 处）。在图 1-1 的 B 处，石蜡吸收火焰发出的热，慢慢熔化变成液态，液态石蜡从蜡烛边缘流淌下来，形成蜡泪，在 C 处变冷又凝固成固态。一些液态石蜡从烛芯上升，变成蒸气，在 A 处燃烧。在 B、C 处石蜡只发生状态变化，在 A 处蒸气燃烧，发生的变化不同于状态变化，蜡烛燃烧变成了其他物质，发生了化学变化。

蜡烛燃烧贡献出光和热。明亮的火焰是石蜡蒸气燃烧形成的碳颗粒在高温下发出的光。图 1-2 显示，把蜡烛火焰中心的石蜡蒸气用短玻璃管引出，在玻璃管口有灰白色石蜡蒸气，点燃它就可以看到石蜡蒸气燃烧的火焰。用一块玻璃片轻轻压在蜡烛火焰上，取出来可以看到玻璃片上附着着

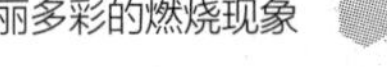

一层黑色的炭粉末——炭黑。

石蜡或石蜡蒸气完全燃烧，似乎“消失”了，其实并非如此。构成石蜡的物质转变成两种我们肉眼看不到的新物质——二氧化碳气体和水蒸气。石蜡燃烧是和氧气发生反应，生成二氧化碳气体和水蒸气。燃烧时石蜡中蕴含的化学能转化为光能和热释放出来。

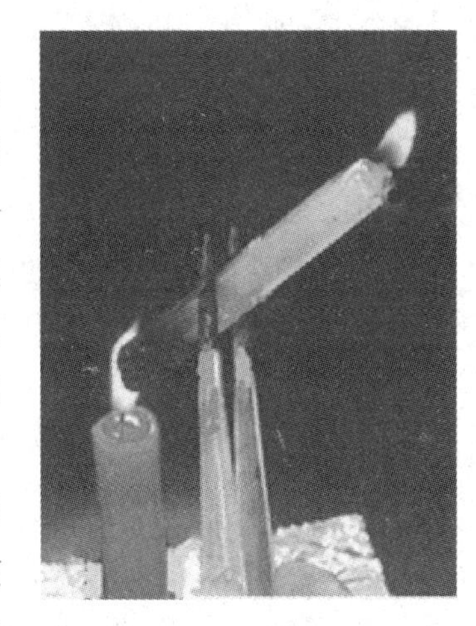

图 1-2 点燃引出的石蜡蒸气

在化学科学中，人们用化学符号表示某种物质，如用 C_xH_y 表示石蜡蒸气（该式称为石蜡的化学式），用符号 O_2（氧气的化学式）表示氧气，用符号 CO_2、H_2O 分别表示二氧化碳、水蒸气（两式分别是两种物质的化学式）。用下式（化学方程式）表示石蜡在空气中燃烧发生的变化：

$$C_xH_y+(x+y/4)O_2 \xlongequal{\text{点燃}} xCO_2+y/2H_2O$$

自然界和我们日常生活中的燃烧现象，都是可燃的物质和空气中的氧气发生剧烈的化学反应生成新物质，并放出大量的光和热，燃烧生成的新物质常常都有二氧化碳和水蒸气。在变化中有新物质生成是化学变化区别于物理变化的最重要的特征。

和蜡烛一样，各种物质在一定条件下，都会发生物理变化或化学变化。地球上最常见的水，不仅会流动、会变成冰、化为水蒸气，还可以通入电流使之分解，转化为氢气、氧气。水汽化变成水蒸气、水凝结成为冰，水还是水；水分解成氢气、氧气，便是转化为新的物质。人们把有新物质生成的物质变化称为化学变化。

1.1.2 火焰是什么?

蜡烛燃烧发光发热，形成火焰。火焰带给人们无限的激情，篝火晚会是人们喜爱的欢庆活动；能高举燃烧着奥运圣火的火炬，参加火炬传递是一件非常荣耀的事。人们通常总是把火焰和燃烧联系在一起，日常观察到的许多物质的燃烧，都有火焰形成。但是，并不是所有的燃烧都会产生火焰。木炭燃烧虽然被称为“炭火”，却只见烧得赤红炽热的炭，却不见火焰。火焰是什么？是怎么形成的？木炭燃烧的炭火为什么没有形成火焰？

燃烧是发光发热的剧烈的化学反应。燃烧总伴随着发光发热，但并不一定会形成火焰。只有气态物质燃烧才会产生火焰，煤气、石油液化气燃烧都形成火焰。汽油、酒精不是气态，燃烧为什么会形成火焰？因为它们易挥发，点燃汽油和酒精，迅速挥发形成的汽油、酒精蒸气弥漫空间，燃烧就形成熊熊烈火。石蜡是固态物质，但它能转变成石蜡蒸气，燃烧也会形成火焰。

木材燃烧的同时，在高温下，木材中的一些成分分解、挥发，形成的气态物质中含有可燃的气体，发火燃烧就形成火焰。把木材在高温下烧制成木炭，木头中可以挥发成气体的物质都已经挥发，余下的是比较纯净的固体木炭，燃烧没有可燃的气态物质形成，而且炭的沸点高，燃烧时的温度低于炭的沸点，不可能形成气态的炭，也不会产生火焰。

焰火腾空升起，形成明亮、绚丽、五彩的图案。如果燃放焰火，在空中形成的是一团团火焰，则美感尽消。制造焰火的火药燃料中的一些固体物质在空中燃烧，只会发出不同颜色的光，不会形成气体可燃物，不会形成火焰。彩色焰火的颜色取决于焰火火药中所含的物质成分。彩色焰火中添加了不同的金属化合物，这些金属化合物在焰火燃烧时会放出不同颜色的光。例如，含金属锂（Li）的化合物产生红光，含金属钡（Ba）的化合物产生绿光，含铜（Cu）的化合物产生蓝光。

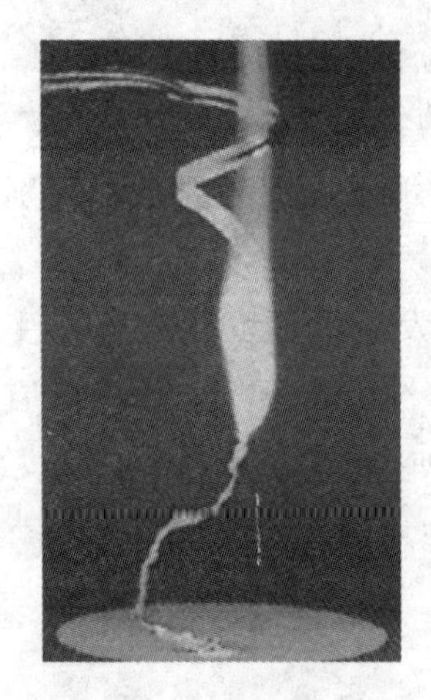

图 1-3 镁带的燃烧

用一种活泼的金属——镁（Mg）压延形成的带状薄片——镁带，在酒精灯焰上点燃，可以看到刺眼明亮的白光，还可以看到白色烟雾。这是为什么？金属镁沸点高（沸点 1107℃），镁带在 650℃左右就可燃烧，没有成为气态，所以燃烧没有形成火焰。但是镁带在氧气中燃烧形成的高温可达 3600℃（不考虑散热因素），放出明亮的白光，燃烧生成白色的氧化镁（MgO），有一部分转变为气态，而后又凝结成细小颗粒形成白烟（图 1-3）。

可见，燃烧和火（火焰）的含义并不完全一样。许多可燃物的燃烧都有火焰形成，人们因此常把火和燃烧当作一回事。但火仅仅是燃烧产生的

一种现象，火焰是气体燃烧产生的现象。2008 年北京奥运会的火炬使用的燃料是一种称为丙烷的气体燃料。

1.1.3 蜡烛燃烧的趣味实验

我们初步认识了蜡烛燃烧的变化，对燃烧现象有了更多了解，现在可以再来观察研究几个关于蜡烛的趣味实验。如要动手尝试，请务必在成人监护下进行，注意实验安全。

(1) 铜丝网为什么能熄灭蜡烛火焰 你知道或做过用铜丝螺旋熄灭蜡烛火焰的实验吗？用一根长约 40cm 的细铜丝，用砂纸擦拭铜丝表面，把它绕成长 4～5cm 的螺旋状。铜丝螺旋下端直径略大于蜡烛，上端直径略大于蜡烛火焰。用镊子夹住螺旋状铜丝，套在蜡烛的火焰上，如图 1-4 所示，可以看到蜡烛火焰变小变暗并熄灭。这是为什么？

图 1-4 用铜丝螺旋熄灭蜡烛火焰

原来，可燃物要燃烧都需要一定的温度，每种可燃物燃烧所需要的最低温度称为它的着火点。不同的可燃物，有不同的着火点。汽油、天然气着火点低，一丁点火星就足以使它点燃。铁的着火点高，一块铁在空气中加热，由于它导热性强，热量会传递到铁块内部，难以使它的表面温度上升达到它的着火点，虽然铁的表面和空气中的氧气接触，还是无法燃烧。如果将细铁丝绕成圈状，末端固定一根火柴，点燃火柴，火柴燃烧发出的热，可以使铁丝温度上升达到它的着火点，此时把铁丝伸到充满氧气的集气瓶中，铁丝就能发火燃烧（图 1-5），燃烧放出的热量，可以使铁丝的温度维持在着火点以上，使全部铁丝完全烧掉（当然，集气瓶中的氧气要足够）。同理，钢丝棉也可以被点燃。

我们还可以进行一个简单的金属粉末燃烧的实验：点燃蜡烛，如果把事先准备好的没有生锈的铁粉、铝粉，少量多次地洒落在蜡烛火焰上（注意用量要少，要均匀洒落），蜡烛火焰会发出灿烂闪烁的白光，光彩耀眼。也可以在火焰上方用新的锉刀分别在无锈的粗铁丝、粗铝丝上拉动，让锉

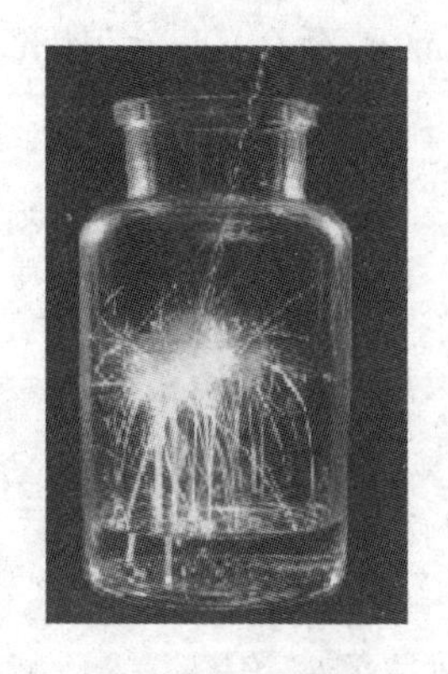

图 1-5 铁丝在氧气中燃烧

出的细小铁粉、铝粉洒落在蜡烛火焰上。

在图 1-4 的实验中，用的是铜丝螺旋。铜是热的良导体，能够吸收并且传导热量。套在蜡烛火焰上的铜螺旋把石蜡燃烧放出的热量向周围传导，当它所处位置温度降低到了石蜡的着火点以下，石蜡蒸气就无法燃烧，熄灭了。但是，可以重新点燃穿过空隙扩散到螺旋外的石蜡蒸气。

用一片铜丝网（或铁丝网）还可以做一个有趣的切断蜡烛火焰的实验。用镊子夹住铜丝网，平放在蜡烛火焰上，可以看到铜网将火焰切断，网的上面无火焰，网的下面火焰继续燃烧。1816 年，英国科学家戴维应英国“预防煤矿灾祸协会”的请求，研究火焰与爆炸。经过 3 个月的研究，他发现可燃气体有一定的燃点，煤矿中可燃气体甲烷燃点不低；若用金属网罩在用燃油作燃料的照明矿灯的火焰周围，可以使火焰产生的热散失，防止从金属网孔逸出的燃油气体燃烧，就不会发生煤矿中可燃性气体燃烧爆炸的事故。他依据这一原理，设计了安全矿灯，为矿灯加上一个圆筒形铜丝网灯罩。这个发明让成千上万名矿工免于遭到不测。

（2）吹不灭的蜡烛 图 1-6 中的孩子使用漏斗用力吹灭蜡烛，用左图所示的方法吹，却怎么也吹不灭，用右图的方法，一吹就灭。这是为什么？

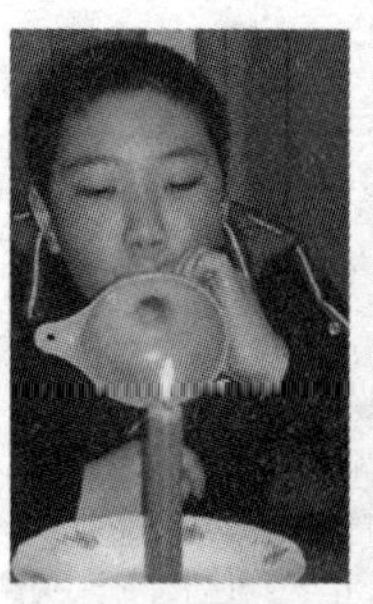

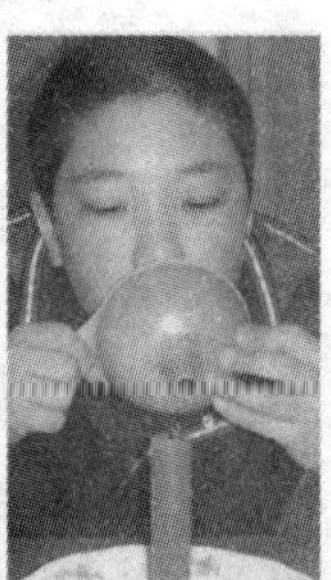

图 1-6 怎么吹灭蜡烛

因为，用漏斗的宽口对着火焰用力吹气，吹出的气体从细口流向宽口，气体通道逐渐扩大，气体扩散，气压减弱，不会使火焰的热量显著散失，而漏斗宽口周围的空气会涌向漏斗宽口，蜡烛火焰也会被气流引向漏斗宽口。相反，从漏斗的宽口端向细口端吹气，气流急速通过细口，吹向蜡烛，火焰的热量迅速被带走，使蜡烛蒸气的温度低于着火点，蜡烛被熄灭。

在喜庆宴会或生日晚宴上如果有几支点燃后吹不灭的魔术蜡烛，一定别有乐趣，这种蜡烛已经被生产和使用（图 1-7）。这种蜡烛的烛芯中添加了少量的镁粉，镁粉是粉末状的金属镁，镁的着火点只有430℃左右。吹灭蜡烛时，石蜡蒸气不燃了，但刚刚熄灭的烛芯上的温度仍然高于镁粉的着火点，镁粉燃着了，并重新引燃烛芯上的蜡蒸气。但是点燃魔术蜡烛要小心，要防范火灾，千万不能随意把吹灭的蜡烛扔掉，为防止复燃，应该在蜡烛熄灭后，把它浸没在冷水中。

图 1-7 吹不灭的蜡烛

(3) 用水能点燃蜡烛吗 如果有人告诉你，可以用水来点燃蜡烛，你一定不相信。因为水不可燃，无论冷水、热水都不能提高蜡烛烛芯的温度，使烛芯上的石蜡变成蒸气并引燃。如果真的能用水点燃蜡烛，那肯定是在蜡烛的烛芯上做了手脚。如果在烛芯上粘夹一小块金属钠，就可以办到。

图 1-8 金属钠及钠和水的反应

金属钠化学性质非常活泼，在常温下就会和空气中的氧气、和水发生反应，反应放出大量热，钠与水反应还会放出氢气。通常金属钠要浸没在煤油中保存，避免它接触空气和水。用小刀切下一小粒金属钠，把它粘夹在烛芯上，用水接触烛芯的金属钠，钠和水剧烈反应（图1-8），放出热，生成氢气，会发火燃烧，并引燃蜡烛。

(4) 在水中燃烧的蜡烛有什么现象 在一只杯子里点一根蜡烛（要把蜡烛黏在杯底上，防止倾倒），向杯里倒水，水面要低于蜡烛，让蜡烛露出水面一小段［图 1-9(a)］，蜡烛会燃烧 15 分钟左右，在之后一段时间里，火焰会飘动不稳定，最后熄灭。熄灭后取出蜡烛，可以看到蜡烛的边缘形成一个杯壁［图 1-9(b)］，杯壁中石蜡消耗了。

你能通过前面介绍的关于蜡烛燃烧的知识，解释这两种现象吗?

(5) 在冰上点火 如果你看到有人用火柴在一小盆冰块上点火，看到有亮的火焰腾起，你会感到奇怪吗? 冰不是可燃物，冰上温度低，即使有可燃物怎么会燃烧呢?

要实现冰上的燃烧，得在冰上有可燃物存在，而且应该是可燃气体，

(a)

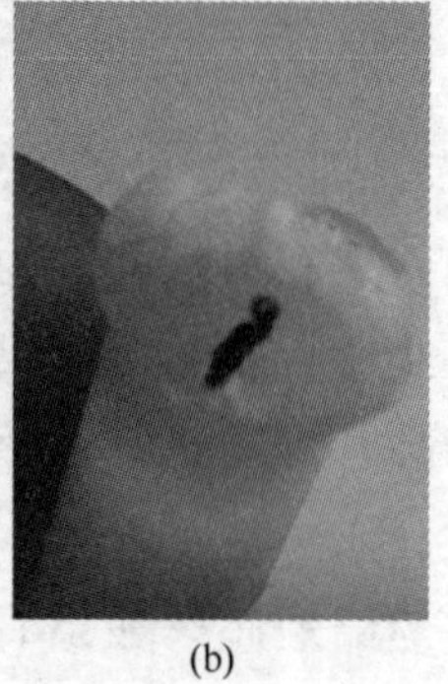
(b)

图 1-9　在水中燃烧的蜡烛

图 1-10　冰上点火

能从冰面上逸出再被点燃。要做到这一点，只要在冰块中事先放入两三小块电石，到时划根火柴一点就好。你知道电石吗？它是一种称为碳化钙的块状固体，是用焦炭和生石灰在电炉中高温反应生成的，化学式是 CaC_2。它遇到冰面上的水，会迅速反应，放出可燃性的乙炔（C_2H_2）气体。

$$CaC_2 + 2H_2O = C_2H_2\uparrow + Ca(OH)_2$$

乙炔气体比空气稍轻，生成的乙炔气体从冰面上陆续逸出，一点燃就形成熊熊火焰（图 1-10）。

1.2　燃烧是毁灭还是创造

燃烧似乎是破坏性的变化，许多物质在燃烧中化为灰烬，成为乌有，火灾的毁灭性是尽人皆知的。但是，不能认为燃烧带来的只是破坏和毁灭。燃烧对人类有利也有害，关键在于我们能否全面地认识它、控制它、利用它。

1.2.1　燃烧能创造物质、提供热能和光能

燃烧是化学反应，化学反应有新物质生成。表面上看，许多可燃物燃烧生成的新物质多是我们不需要的物质，如二氧化碳、水蒸气、黑烟（炭

黑）。其实这只是含碳的物质燃烧的一种情况。实际上，不少物质燃烧生成的新物质是我们重要的工业原料。在化学工业中，经常通过燃烧反应生产重要的化工产品。例如，使氢气（H_2）在氯气（Cl_2）中燃烧，可以生成一种称为氯化氢（HCl）的气体。氢气在氯气中燃烧发生的化学反应可以用化学方程式表示为：

$$H_2+Cl_2 \xlongequal{点燃} 2HCl$$

氯化氢气体溶解于水，就得到重要的化工产品盐酸。

又如，地壳中蕴藏的硫黄（S）矿在空气中燃烧会生成二氧化硫（SO_2）气体：

$$S+O_2 \xlongequal{点燃} SO_2$$

用二氧化硫气体为原料可以生产重要的化工产品硫酸（H_2SO_4）。

燃烧把燃烧物中蕴含的部分能量转化为热能和光能释放出来。日常的烧饭、取暖，野外用火把照明，汽车发动机的工作，火力发电厂发电，火箭运行，航天飞机发射升空，所需要的热、光和动力，都来自于燃料的燃烧。

在没有电力照明的时代，蜡烛、煤油的燃烧为人们提供光明。煤气、天然气的燃烧为人们的日常生活提供热能。在日常交通和航空、航天事业上，燃料的燃烧提供了强大的动力。

航天飞机的升空，是用动力来推进火箭的引擎。有的火箭的引擎用液态氢作燃料（图 1-11）。液态氢和液态氧发生燃烧反应，放出巨大的热量，产生极高的温度，使生成的水蒸气以极高的速度（可达每小时 7940km）从发动机尾部喷出，推进火箭。火箭燃料燃烧生成的气体排出的速度还受到排出的气体分子质量的影响。

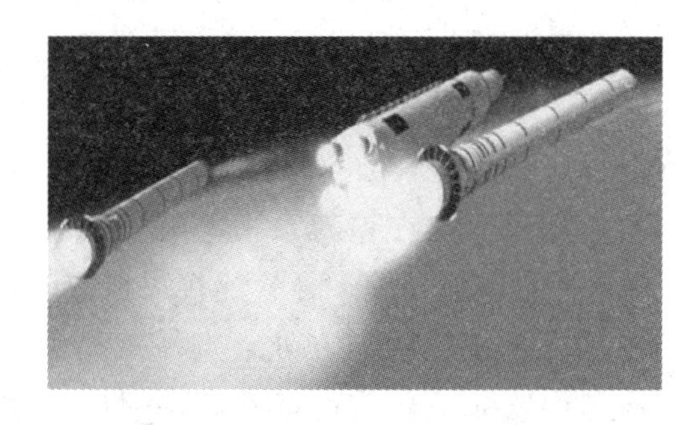

图 1-11 使用液态氢作燃料的火箭

$$2H_2 + O_2 \xlongequal{\text{点燃}} 2H_2O$$

水分子的质量比二氧化碳小，氢气燃烧生成的水蒸气的排出的速度要大于相同条件下用含碳燃料（如煤油）所生成的二氧化碳气体。因此用氢气作燃料，可以获得更大的推力。此外，排出的气体中还存在未燃烧的氢气，氢气分子的质量更小，能以更快的速率排出，可获得额外的推动力。

1.2.2 燃烧可能引发爆炸

现在，用煤气、天然气、石油液化气作家庭日常生活中的燃料，是非常平常的事了，这些气体燃料在煤气炉具中可以平静燃烧。可是，如果气体燃料泄漏，弥漫在厨房中，没有被及时发现、处理，一遇火星，却可能发生爆炸，产生严重事故。

在煤气炉具中，燃料气体慢慢地从出气口排出，燃烧产生的气体、放出的热有限，可以平静燃烧。当气体燃料泄漏并弥漫到周围空间中，气体燃料和空气混合，一旦被点燃，燃料迅速燃烧，发出大量热，生成的气体和周围的空气受热急速膨胀，便形成巨大的气浪，发出巨大的响声，这就是爆炸。鞭炮就是把黑火药紧密包裹在纸皮鞭炮筒中，点燃后黑火药迅速燃烧，生成大量气态物质，在有限的空间中气体体积急剧膨胀，引发爆炸，发出很大响声。人们很早就利用炸药开山筑路。

由于燃烧可能引发爆炸、火灾，需要严格控制条件，杜绝事故。防止易燃的物质和空气（氧气）接触、混合，避免意外引起燃烧是防止燃烧爆炸的一项重要措施。

汽油库、加油站难免有燃油蒸气泄漏，空中都存在一些燃油蒸气和空气的混合物，要绝对禁止产生明火，以免发生燃烧爆炸事故。

即使像面粉这样看起来不太容易燃烧的物质，一旦有大量粉尘散布到空中，遇到明火，也会急速燃烧爆炸。图 1-12 介绍了一个面粉引发爆炸的实验（请勿模仿）。把一只容积为 500～1000mL 的圆筒无底塑料瓶罐（如装食用油的瓶罐），倒置固定在铁架台上。瓶颈处装一些干燥的细面粉，从瓶口的塞子插入一根玻璃导管，导管连接一根橡皮管。在瓶罐上方的瓶壁上（如图 1-12 中左侧把手的上方处）点一截蜡烛，瓶底上盖一张厚纸皮。从乳胶管往瓶中吹入空气。可以看到一瞬间，瓶内产生一团火焰，伴随着爆鸣声，发生燃烧爆炸，把厚纸皮弹飞。因此，面粉厂生产车间也要杜绝烟火。

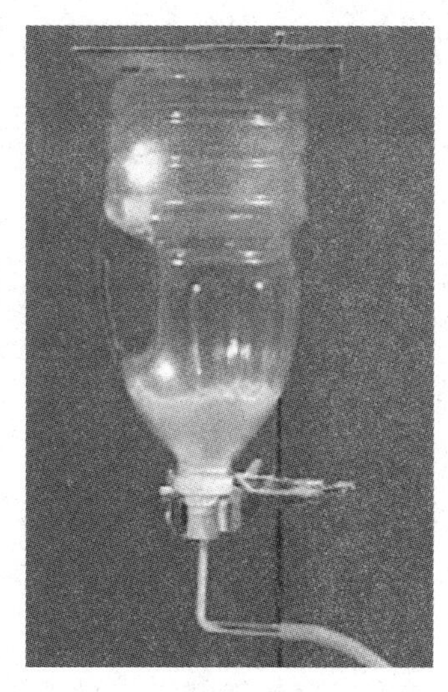

图 1-12 面粉引发爆炸实验

2015 年 6 月 27 日晚，台湾省新北市八仙水上乐园舞台举办彩色派对活动，发生粉尘爆炸意外，造成 500 余人受伤，12 人死亡。发生粉尘爆炸意外的原因是主办方在活动中用二氧化碳钢瓶大量喷射表面经过处理的彩色玉米粉，制造欢乐气氛，造成空间内粉尘浓度过高（每立方米超过 45g）。而活动现场除了有一个逃生坡道外，其余都被高墙围绕，处于半密闭状态。据报道，爆炸的发生是由于部分玉米粉洒到表面温度超过 400℃的电脑灯的灯面上，被高温引燃，由此引发活动场所空间里的粉尘燃烧爆炸，使大量人员烧伤、烫伤。

2015 年 8 月 12 日，天津市滨海新区天津港瑞海公司的危险品仓库火灾爆炸事故也是燃烧引起的火灾爆炸事故。事故发生两次大爆炸，造成参加救援处置的消防人员、企业员工和周边居民 165 人遇难，798 人受伤住院治疗，304 幢建筑物、12428 辆商品汽车、7533 个集装箱受损，直接经济损失超过 68 亿元人民币。燃烧最初是由仓库中的硝化棉发生自燃引起的。硝化棉（$C_{12}H_{16}N_4O_{18}$）是棉絮状的化学品，易燃且具有爆炸性。常温下能缓慢分解，超过 40℃时会加速分解，放出热量。若热量不能及时散失，硝化棉温度会加剧上升，达到 180℃时会发火燃烧。硝化棉通常加乙醇或水作湿润剂，如果湿润剂散失，极易引发火灾。事故发生的当天，气温高达 36℃，一些仓库集装箱中的硝化棉由于搬运、管理不当，湿润剂散失，变得干燥，在高温环境作用下分解反应加速，产生了大量热量。由于散热条件差，热量积聚，硝化棉温度升高达到自燃温度，发生了自燃，并引起周围硝化棉的大面积燃烧。燃烧又扩大到其他集装箱（罐）内的多种易燃危险化学品。接着，大火蔓延到邻近的存储有易分解爆炸的化学品硝酸铵（NH_4NO_3）的集装箱，硝酸铵剧烈分解爆炸，引发附近存放的多个装有其他易燃固体和腐蚀品的集装箱发生了更剧烈的爆炸。

认识燃烧，知道燃烧对人类生活、生产发展的重要性，了解如何控制燃烧的发生，如何防止意外燃烧的发生，避免发生燃烧爆炸是非常重要的。

1.2.3 燃烧可能带来环境污染

许多物质在燃烧过程中会生成大量的气体。这些气体有的会危害环境，危害人类的健康和动植物的生长。许多场合下，燃烧可能不完全，在放出气体的同时，还会产生大量浓烟、微小的颗粒物，会降低环境的可见度，人吸入会严重影响健康。

例如，化石燃料（煤、石油）燃烧时，其中含有的硫会氧化生成二氧化硫。汽车排放的尾气含有氮的氧化物和燃油不完全燃烧生成的各种有害物质。这些气体溶解在雨、雪中形成酸雨降落到地面，使土壤、江湖酸化，危害农作物和水生动植物的生长，还可侵蚀石灰石、大理石的雕塑，危害建筑物。

在环境中直接燃烧各种城市生活垃圾或工业生产的废弃物，会产生各种有毒、有害物质（如毒性很大的二噁英），严重影响大气质量和人的健康。

控制好燃烧条件、减少燃烧中有害气体的排放和在自然界的扩散，做好燃料燃烧排放的尾气处理，是减少燃烧产生的有害物质排放的方法。

1.3 燃烧不一定需要氧气

我们通常看到的燃烧现象都发生在空气中，是氧气和可燃物发生剧烈的发热发光的现象。还有不少的燃烧现象，不需要在氧气的支持下发生。上面提到的能生成氯化氢气体的燃烧反应就是氢气在氯气中发生的燃烧现象。

再如，镁条可以在二氧化碳气体中燃烧（图 1-13），而二氧化碳气体通常被认为是不支持燃烧的。

金属钠、钾等性质非常活泼，密度比水小，投入水中和水发生剧烈反应，放出大量的热，可以使反应生成的氢气发火燃烧，氢气的燃烧同时引发浮在水面的金属也发生剧烈的燃烧，甚至引起爆炸（图 1-14）。在观察或进行金属钾和水的实验时，要十分小心，注意安全。所取的钾只能是一小块，反应剧烈可能发生爆炸，能把玻璃水槽炸裂。

图 1-13 镁条在二氧化碳气体中燃烧

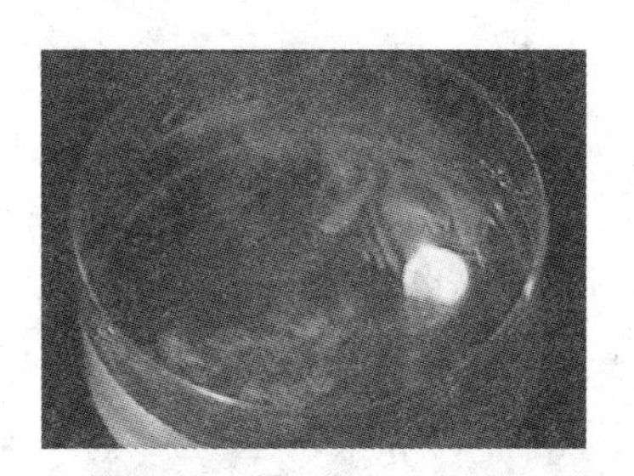

图 1-14 金属钾在水中燃烧

不仅可以用氢气作为火箭的燃料，还可以用一种称为偏二甲肼（$C_2H_8N_2$）的液态物质，它和同样是液态的四氧化二氮（N_2O_4）作用，生成大量气体［二氧化碳（CO_2）、氮气（N_2）和水蒸气（H_2O）］，同时放出大量的热，形成巨大的推动力，使火箭升空。我国天宫一号搭载的长征二号火箭使用的就是这种推进剂。四氧化二氮容易转化为棕红色的二氧化氮气体，所以，用这种推进剂发射火箭时，会看到发射场弥漫着大量的棕色烟雾（图 1-15）。

图 1-15 火箭发射升空

燃烧是发光发热的剧烈的化学反应，燃烧并不一定都要在氧气中发生。

1.4 燃烧的引发和控制

燃烧是我们获得热能的途径，还是我们从某些自然物质制造新物质的手段。在特定场合下，我们还可以利用燃烧，清除我们不需要的可能危害环境、对人类生活产生不好影响的物质，如无法回收利用的能滋生细菌、腐烂发出有害气体的垃圾、动植物尸体。但是，一场火灾可以夺去我们的财产甚至生命，防火和灭火是人人不可忽视的极其重要的安全问题。控制燃烧，引发我们需要的燃烧，防止、扑灭我们不需要的燃烧，是学习、研究燃烧现象的重要课题。

1.4.1 可燃物在空气中燃烧的条件

要控制燃烧，首先要了解燃烧发生的条件。依据我们的生活经验，在空气中可以燃烧的物质要引发燃烧，要用火种引燃，也就是要点火。若没有火种，可以加热可燃物，让它的温度升高，当可燃物达到一定的温度时，就会燃烧。远古时代的人就知道钻木取火（图 1-16），用摩擦发热的方法，可以使木头发火燃烧。在我们的生活中，如果电线短路，发热会引燃它周围的可燃物质，引发火灾。在干燥的季节里，森林中的枯枝烂叶，腐烂发热会引发森林火灾。不同的可燃物达到燃烧所需要的最低温度不同。酒精、汽油、煤气、石油液化气，引燃需要的温度低，木头、煤炭引燃需要的温度高。在同样的温度下，一些物质能发火燃烧，一些却不会，可以安然无恙。某种可燃物达到燃烧所需要的最低温度，称为该物质的着火点。在空气或氧气中点燃可燃物，就是让可燃物受热，当可燃物的温度达到它的着火点时，就发生燃烧。

图 1-16　钻木取火

不同的可燃物着火点高低不同，要用不同的方式点火，能使它们的温度尽快升高到着火点以上，引发燃烧。你知道图 1-17 中的几种可燃物（火柴、蜡烛、木材、蜂窝煤），可以用什么方式点燃吗？这些不同的点火方式，供给的热量多少有什么差别？

图 1-17　几种可燃物

在空气或氧气中的可燃物受热，温度上升，达到它的着火点，即使没有点火，也会自己发火燃烧，发生自燃。知道了燃烧发生的条件和燃烧的原理，我们可以解释许多有关燃烧的问题。你看过“烧不坏的手帕”的表演吗？这个魔术的奥秘在哪里呢？

魔术师将一块棉布手帕浸入酒精溶液中，浸透后取出，轻轻拧干，用坩埚钳夹持，在酒精灯上点燃，手帕着火了，魔术师轻轻抖动手帕，火焰似乎要把手帕烧成灰烬（图 1-18）。可是一会儿，火焰熄灭了，原来浸透酒精的手帕完好无损。酒精燃烧不仅发光还发热，产生的熊熊火焰为什么不能引燃手帕？

图 1-18 烧不坏的手帕

原来魔术师使用的酒精是用 2 体积 95％的酒精和 1 体积水混合配成的。这种含水的酒精仍然可以燃烧，酒精燃烧放出的热被水吸收，水蒸发成水蒸气。酒精容易发火燃烧，用棉纱织成的手帕，引发燃烧需要的温度高于酒精，混在酒精中的水吸收了热量化成水蒸气，把热量消耗了，避免手帕被加热到着火点，所以手帕烧不起来。当酒精耗尽了，火熄灭了，手帕也恰好变干了。表演时，时时抖动“烧着”的手帕，使手帕上各处的酒精都能完全燃烧，燃烧产生的热量能更好地散发到周围空间，避免手帕各处受热不均匀，保证了整条手帕的完好。

可燃物在空气中燃烧，除了本身要能燃烧之外，供给充足的空气、让可燃物的温度达到着火点，是必要的。一旦物质温度达到着火点以上，可燃物就发火燃烧，燃烧发出的热量，足够使它的温度保持在着火点以上，又有足够的空气，燃烧就会继续下去，直到燃烧物耗尽。用水灭火，就是利用浇到火场上的水，被加热蒸发，带走了部分热量，降低了燃烧物的温度，当温度降到着火点以下，火就被扑灭了。火烧得越大，产生的热量越多，要消耗热量把可燃物的温度降低到着火点以下，需要的水就越多。因此，发生大的火灾，必须使用高压水管，尽快喷洒出尽可能多的水，才能扑灭。人们从火场逃生，用浸透水的衣服裹住身体，可以防止被烧伤。

想要充分利用燃料燃烧放出的热量，就要防止燃料燃烧发出的热量被无端地散失、消耗，要控制燃烧条件，节约燃料。例如通入煤气灶的空气如果太多，会带走部分热量。

1.4.2 阻燃材料的使用

燃烧引起的火灾，造成人民生命和财产的巨大损失。一旦发生火灾，要从以下三个方面着手进行扑救：把可燃物从火场移开；迅速降低火场、燃烧物的温度；把可燃物和支持燃烧的空气隔离。例如，用水或高压水龙头向火场喷水，可以降低温度，生成的水蒸气可以隔绝燃烧物和空气；使用各种类型的灭火器，喷射出的二氧化碳气体或含大量二氧化碳气体的泡沫、不可燃的干粉，都具有灭火的作用。

灭火不如防火。森林火灾、城市中的火灾，尤其是高层建筑的火灾，扑灭难度大，造成的灾难更大，防止、杜绝火灾的发生、蔓延十分重要。2017年6月14日凌晨英国首都伦敦西部一栋24层的公寓楼突发大火（图1-19），火势从二楼一直烧到楼顶，整座大楼沦为废墟。这座公寓楼共有120套住房，大约400～600名住户。大火连续焚烧了十几个小时，导致多人遇难、受伤。据报道，大楼外墙包层使用3层材料，上下是铝层，中间包着塑料，是易燃材料，楼内的消防设备陈旧，年检没有做好。事故发生引起了英国社会上下对高层建筑材料的反思和讨论，英国政府对大楼外墙材料及其他类似公寓楼的外墙材料是否易燃做了检查，发现不少大楼的外墙也使用了易燃材料，存在隐患，着手整改，确保移除所有危险的外墙材料。

图1-19 高层建筑火灾

通常情况下，可燃物在受热温度升高到一定数值，达到该物质的着火

点时，在空气中就会引发燃烧。因此，避免高层建筑外墙材料和内装修材料使用易燃物，运用不能燃烧的材料或阻燃材料是非常重要的。

阻燃材料和不能燃烧的材料（防火材料）不同。石棉、玻璃纤维是防火材料。而阻燃材料被明火点着发生燃烧，但是能减缓燃烧速度，在离开明火后会很快自动熄灭。阻燃材料有两种类型，一类是将有阻燃功能的阻燃剂通过各种工艺加入到材料中，使材料本身具有阻燃性；另一类是将阻燃剂涂布在材料表面或渗入分散到材料内部。随着科学的发展，目前已出现以纳米材料和纳米技术对材料进行改性处理的方法。

据研究，公元前 83 年，古希腊人就已经使用铁、铝的硫酸盐溶液处理木材，建筑碉堡。19 世纪 20 年代，欧洲人已使用磷酸铵、氯化铵、硼砂的混合溶液浸泡布料，达到阻燃的目的。

现代使用的阻燃剂有无机阻燃剂、有机阻燃剂、有机和无机混合阻燃剂，如氢氧化镁、氢氧化铝、磷酸一铵、磷酸二铵、氯化铵、硼酸等。这些无机阻燃剂具有无毒、无害、无烟、无卤的优点，广泛应用于各类领域。无机化合物中的含卤族元素化合物也是一类阻燃剂。但是卤素阻燃剂在燃烧时生成大量的烟和有毒且具腐蚀性的气体，可导致电路系统开关和其他金属物件的腐蚀及对人体呼吸道和其他器官造成危害。现在人们正在研究采用聚合物或大分子材料制造的阻燃剂，它是一种低毒、不造成环境危害的绿色化阻燃剂。

阻燃剂通过吸热作用、覆盖作用、抑制链反应、不燃气体的窒息作用等达到阻燃目的。有的阻燃剂能在较短的时间吸收火源所放出的一部分热量，降低可燃物表面的温度，有效地抑制可燃性气体的生成，阻止燃烧的蔓延。有的阻燃剂在高温下能形成玻璃状或稳定泡沫覆盖层，隔绝氧气，具有隔热、隔氧、阻止可燃气体向外逸出的作用，从而达到阻燃目的。燃烧过程中有一种化学反应性能很强的微粒（自由基）生成，使燃烧更为剧烈。有的阻燃剂（如含卤素化合物的阻燃剂）能在燃烧气体中捕捉燃烧中产生的自由基，使燃烧区的火焰密度下降，燃烧反应速度下降直至终止。有的阻燃剂受热时分解出不可燃气体，可以将可燃物分解出来的可燃气体的浓度冲淡，氧气浓度稀释，达到阻燃的目的。例如，氯化铵等化合物，在高温下会大量吸收热量并分解，降低温度，生成的分解产物（氨气等）不可燃，会覆盖在燃烧物表面隔离可燃物和空气，阻止燃烧。

阻燃服就是用阻燃材料制成的。它能起到隔热、反射、吸收、隔离等屏蔽作用，使穿着者免受明火或热源的伤害。阻燃服面料中阻燃纤维使纤维的燃烧速度大大减慢，在火源移开后马上自行熄灭，燃烧部分虽然会炭化但不产生熔融、滴落或穿洞，使人有时间撤离燃烧现场，减少或避免烧伤烫伤。

1.5 木材怎么变成木炭

你也许会注意到不少烤羊肉串商贩使用木炭炉火烤制羊肉串，木炭（图 1-20）是比较纯净的碳，燃烧不会产生异味。木炭又是从哪里来的？

图 1-20 木炭

木炭是用棒状的大木头，在炭窑中用火烧制的。木材是由碳、氢、氧组成的复杂物质，木炭的主要成分是碳构成的简单物质。在烧制木炭时，为什么木材没有烧成灰？木材是怎么转化为木炭的呢？

我们都知道，物质燃烧需要空气中的氧气。如果空气供给充足，木头就会完全燃烧，直到成为灰烬。如果控制空气的流通，使空气不足，木头外面一层烧了，里边的木头只是受到高温的烘烤，无法燃烧，而发生分解，产生很多液态物质和挥发的气态物质，木质材料发生了变化，慢慢炭化，变成木炭。烧炭的炭窑，在下部的侧面开有小通风口（也是点火口），炭窑的上部被封住，插上一个小烟囱，只允许有一定的空气流动。炭窑的中部堆放了烧炭的粗大木棒，旁边再堆放一些作为燃料的小木头。开始烧窑时，从点火口点燃小木柴，让火势慢慢地蔓延到粗大的木棒上，使粗木棒慢慢被点燃，当木棒外层部分已经烧得差不多了，木棒的内部变成通红的时候，可以完全把通风口封住，断绝空气流入炭窑，木棒就不会再燃烧

了。过几天，烟囱不冒烟一段时间后，可以堵住出烟口，待木炭冷却，就可以开窑取出木炭了。

木头变成木炭的过程中，木材在高温下发生一系列复杂的化学变化，最终炭化成为木炭。随温度上升，木材中含有的水分转化为水蒸气放出，而后木材吸收热量，明显分解、变化。随温度升高，木材急剧分解，放出大量反应热，生成大量气态、液态产物，冒出大量白烟。温度再上升到450～500℃，残留在木材中的挥发性物质吸收热量，几乎完全挥发，慢慢变成木炭。木炭烧制过程中，木材在高温、隔绝空气下发生的化学变化过程，称为干馏。

钢铁工业中使用的焦炭（比较纯净而且硬度大），就是利用相似的原理，用煤炭在炼焦厂里进行煤的干馏生成的。

1.6 太阳是在燃烧吗

地球上地壳存在的物质都是由原子、分子、离子构成的。但是，在宇宙中，许多星球、星际物质并不完全是这样，宇宙中由元素原子构成的物质只占约4%。

拿太阳来说，太阳是个充满氢元素的恒星。现在的太阳，按质量计约71%是氢原子核，剩下的几乎都是氦原子核，只有少于2%是其他的元素。

在太阳上，不断发生氢核的核聚变反应。从太阳光谱的分析可知，氢核在几百万摄氏度高温下即可聚变成氦核。

太阳中心处于极高温（即1.5×10^{7}℃）和极高压［2×10^{11}atm（大气压）］状态下，四个氢核会聚变成一个氦核，从而释放出巨大能量。依据科学家计算，1g氢核聚变为氦核时，能产生6.21×10^{11}J的热能（相当于燃烧2700t标准煤所放出的热量）。太阳从诞生到现在，已经存在了大约45.7亿年，仅损耗了其总质量的0.03%。估计太阳寿命约100亿年，在约50亿～60亿年之后，太阳内部的氢会耗尽，但是它的质量损耗也不过是总质量的0.06%。那时，太阳的核心将发生坍缩，导致温度上升，一直持续到太阳开始把氦元素聚变成碳元素。这个氦聚变的过程产生的能量比氢聚变少，但温度会更高，太阳的外层将膨胀，并且把一部分外层大气释放到太空中。

所以，太阳的“燃烧”（图 1-21）并非氢气的燃烧，不属于化学变化，是一种核聚变反应。

图 1-21 太阳在不停地“燃烧”

2 物质是由什么构成的

从古至今，人们都在探索物质世界中的各种物质是由什么构成的，宇宙是怎么形成的，不少思想家、科学家，在观察客观事物的过程中不断揣测这个问题，并做出种种猜想。在我国古代，人们认为自然界中一切实在物体都是由最简单的不能再分的成分构成的。他们提出了五行学说，认为万物都是由金、木、水、火、土组成的。古希腊的自然哲学家提出著名的四元素说，认为物质是由土、水、气、火构成的。那时，人们都认为物质是由有限的几种基本的“元素”构成的，但是“元素”是什么，人们并不清楚。

古代的一些哲学家还从哲学的视角，思考构成物质的本原。例如，记载我国的杰出思想家墨翟言论的《墨子》一书，提出了物质的“端”的概念。墨派学者已有了极其原始的物质最小单位的概念。我国古代哲学家庄子说，“一尺之棰，日取其半，万世不竭”，认为世间的物质是无限可分的。古希腊的哲学家德谟克利特提出，肉眼可见的物质是由原子构成的，原子是自然界任何实物构成的基础，他认为一切都从原子产生，一切也分解为原子。他还认为，原子不可分割，各种原子没有质的区别，只有大小形状的差异。

到了17世纪中叶，逐渐形成了进行科学实验的风气，人们通过实验研究物质的变化，积累了不少关于物质变化的实验资料，初步从分析物质组成的实验事实和数据中思考构成物质的元素是什么，逐渐得出了有事实依据的答案。

18世纪后期，化学家道尔顿用科学实验的方法研究物质及其变化。在实验研究的基础上，他利用古希腊哲学家的“原子”一词，提出物质是亿万颗微小的颗粒——原子构成的。道尔顿认为，物质世界里元素的最小单位是原子，原子是不可被分割的，在化学变化中保持着稳定的状态，原子有不同的类别，分别属于不同元素的同类原子的属性是一样的。他还列举了 15 种元素，用简单的符号表示。19 世纪初，化学家阿伏伽德罗依据实验事实，提出原子可以构成分子，分子也是构成物质的微粒。他揭示了原子和分子的区别和联系，创立了分子学说。随着时代的前进，社会生产力的发展和科学技术的进步，19 世纪末，电子、X 射线和放射性相继被发现，科学家们对物质构成的秘密有了比较清晰的认识。

19 世纪中期，俄国化学家门捷列夫，把当时已经发现的元素有序地排列在一张表中，还预测了一些当时还未发现的化学元素，并在表中为这些元素留下了位置。随着科学技术的发展，科学家们发现的化学元素不断增加，还在核反应堆中利用核反应制造出自然界中没有的一些化学元素。目前，科学家们已经发现了 118 种化学元素。

走进化学大观园，我们可以慢慢地体会、解开物质构成之谜。

2.1 万物由元素组成

一本中文书中有许多汉字，这些汉字按一定的规则排列，组成一个个句子、段落，构成文章。任何一个汉字都是由点、横、竖、勾等八种基本笔画及其派生的笔画构成的（图 2-1）。同样地，一本英文书有许多英文单词，这些英文单词都是由 26 个英文字母拼写而成的。

与此相似，自然界中存在的千千万万种物质都是由 90 余种元素组成的。不同的物质组成的元素可能不同，也可能相同。如，水是由氢元素和氧元素组成的；二氧化碳气体、有毒性的一氧化碳气体都是由氧元素和碳元素组成的；氧气只由氧元素组成；葡萄糖和淀粉都是由碳、氢、氧三种元素组成的；人体的血红蛋白由碳、氢、氧、氮、铁等元素组成。由不同元素组成的物质一定是不同的物质。例如，水由氢、氧元素组成，汽油由碳、氢、氧元素组成，虽然它们在常温下都是无色液体，但是是完全不同的物质。

元素是组成世间万物的最基本要素。元素的最小单位是原子，碳元素是许许多多碳原子的总称，氢元素是许许多多氢原子的总称。现在人们已经发现了 118 种元素，其中二十余种是自然界中不存在的，是科学家们在

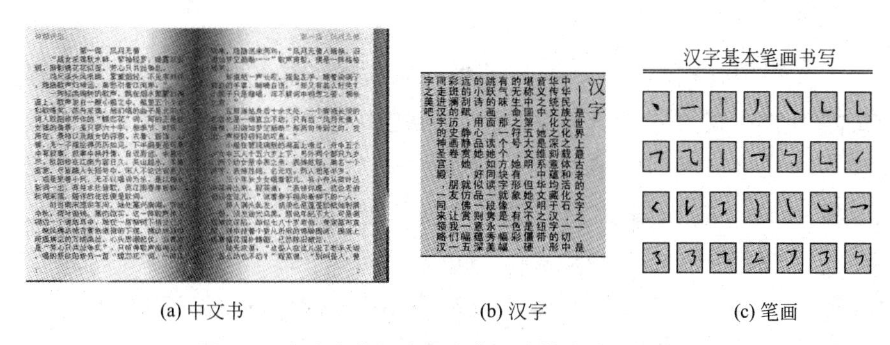

(a) 中文书　　(b) 汉字　　(c) 笔画

图 2-1　中文书的汉字是由若干种基本笔画构成的

实验室中合成的。国际上给每种元素起了一个统一的名称，并用一个或两个英文字母组成的符号（元素符号）来表示。例如，碳、氢、氧、氮、铁元素的元素符号分别是 C、H、O、N、Fe。

2.1.1　元素的存在

物质由元素组成，元素蕴含在各种各样的物质里。人们只能看见物质，却看不到构成物质的元素。例如，人人都看得见、摸得到水，都喝过它，但不是所有的人都知道水是氧元素（O）、氢元素（H）组成的，因为凭感觉器官感觉不到其中的氢元素、氧元素。科学家发现水通电可以分解成氢气、氧气，又发现氢气、氧气分别是由氢元素、氧元素组成的，才弄清楚了水是由氢、氧两种元素组成。氢气在氧气中燃烧能生成水，也证明水是氢、氧元素组成的。

自然界中的物质都是由元素组成的。地球的地壳是由砂石、黏土、水等组成的，它们是由氧（O）、硅（Si）、铝（Al）、铁（Fe）、钙（Ca）等元素组成的。地球表面，71％是海洋。海水中的元素有氧（O）、氢（H）、氯（Cl）、钠（Na）、镁（Mg）等。

人体中含有多种元素。人的身体大约由 60 余种自然界中存在的元素组成，其中主要的有 27 种，如碳（18％）、氧（65％）、氢（10％）、氮（3％）、钙（2％）、磷（1％）、氯（0.15％）、硫（0.25％）、钠（0.15％）、钾（0.35％）、镁（0.05％）（彩图 1）。这些数据，在不同文献中的记载有差异。所有这些元素都是组成人体各种组织、器官、体液所不可缺少的。碳、氧、氢、氮是构成人体中的水分、糖类、脂肪和蛋白质所必不可少的元素。人体缺钙容易得佝偻病，缺铁常常导致贫血，缺碘容易患甲状腺病。

自然界中存在的氧气、氮气，填充氢气球的氢气，在空气存在的极少量的稀有气体氖气（可填充霓虹灯，通电时能发红光）、氦气、氩气，都是由一种元素组成的气态物质，组成它们的元素分别称为氧元素（O）、氮元素（N）、氢元素（H）、氖元素（Ne）、氦元素（He）、氩元素（Ar）。我们熟悉的金属材料，如镁（Mg）、铝（Al）、铁（Fe）、铜（Cu）、金（Au）、银（Ag）等，也是由一种元素组成的；组成它们的元素也依次称为镁元素、铝元素、铁元素、铜元素、金元素、银元素。由一种元素组成的物质称为单质。氧气、氮气是非金属单质；镁、铝、铁、铜是金属单质。

自然界中存在的物质大多数是由两种或两种以上元素结合形成的，单质的种类不多。例如，水是由氢（H）、氧（O）两种元素结合而成；金属镁在氧气中燃烧生成的白色粉末（称为氧化镁）是镁元素（Mg）和氧（O）元素组成的；葡萄糖由碳（C）、氢（H）、氧（O）三种元素结合形成。水、葡萄糖、氧化镁不同于单质，由两种或两种以上元素组成，称为化合物。在生产、生活中需要的单质，大多是以化合物为原料来制备的。例如，电解水可以制得氢气。

自然界中，元素总是隐含在单质或化合物中。也就是说，元素在自然界里，或者以单质状态存在或者以化合物状态存在。元素以单质状态存在时，处于游离态；以化合物状态存在时，称为化合态。氧元素可以形成氧气、臭氧，它们都是氧单质，是游离态的氧元素；氧元素还可以和氢元素结合组成水，和碳元素组成二氧化碳气体，和碳、氢元素结合形成葡萄糖、淀粉、纤维素，和氢、氧、氮元素结合组成各种蛋白质，这些化合物中的氧元素都是化合态的。

碳元素能形成许多种单质和化合物。无论是自然界中存在的化合物还是人工制造出来的化合物，很大一部分是含碳元素的化合物。葡萄糖、淀粉、纤维素、蛋白质、脂肪、天然气、汽油都是含碳元素的化合物，除了二氧化碳、一氧化碳、碳酸钙等少数几种含碳化合物外，化学家把含碳化合物称为有机化合物。有机化合物都含碳元素，因此，许多有机化合物在不完全燃烧时会生成炭黑，完全燃烧会生成二氧化碳气体。

自然界中由氧元素和另一种元素组成的化合物很多，人们将这一类化合物称为氧化物。氧化物都由两种元素组成，其中一种一定是氧。水、二

氧化碳都是氧化物。

常见的化合物还有酸、碱、盐等类别。食醋中含有的醋酸、人的胃酸中含有的盐酸属于酸类，建筑用的熟石灰属于碱类，食盐（氯化钠）、石灰石的主要成分碳酸钙、石膏中的主要成分硫酸钙等属于盐类。

2.1.2 海水是元素的宝藏

我们生活的地球表面71%被水覆盖，这些水有96.5%在海洋中。海水中存在各种各样的物质，这些物质都是由元素组成的（彩图2）。

已发现的118种元素，在海水中存在的有80多种。据统计，每千克海水中，965.3g是水，剩余的34.7g都是溶解在海水中的各种化合物。组成这些化合物的元素主要是氯（Cl）、钠（Na）、氧（O）、硫（S）、镁（Mg）、钙（Ca）、钾（K），碳（C）、锶（Sr）、溴（Br）、硼（B）、氟（F）、锂（Li）、碘（I）、铀（U）等。这些元素大多以化合态存在，组成了可以溶解在海水的各种盐。海水加热蒸干，水完全蒸发了，溶解在海水中的各种盐就会成为晶体析出。其中主要的成分之一，就是我们使用的调味剂食盐。食盐是氯元素和钠元素组成的化合物——氯化钠（NaCl）。

海洋中存在的各种元素构成了人类生存发展所需要的许多物质资源。目前，全世界每年从海洋中提取淡水20多亿吨、食盐5000万吨、镁及氧化镁260多万吨、溴20万吨，总产值达6亿多美元。人们利用从海水中提取的食盐（图2-2），生产出上万种不同用途的产品，例如烧碱、氯气、氢气和金属钠等。地球上99%以上的溴元素（Br）都蕴藏在大海中，从海水中提取的溴，可以作为贵重的药品原料，生产许多消毒药品、熏蒸剂、杀虫剂、抗爆剂等。镁元素（Mg）在海水中的含量仅次于氯和钠，主要以氯化镁和硫酸镁的形式存在。从海水中可以提取镁，镁可大量用于火箭、导弹和飞机制造业，还可以用于钢铁工业。镁还可作为新型无机阻燃剂，用于多种热塑性树脂和橡胶制品的提取加工。作为铀元素（U）主要来源的铀矿在陆地上的分布极不均匀，而海水中含有丰富的铀矿资源，相当于陆地总储量的2000倍。铀是高能量的核燃料，1000g铀所产生的能量相当于2250t优质煤。海洋中每升海水含锂（Li）15～20mg，锂是制造氢弹的重要原料，还是理想的电池原料，含锂的铝镍合金（Al-Ni）在航天工业中占有重要位置，锂在化工、玻璃、电子、陶瓷等领域的应用在迅速发展。海水中还蕴藏着大量的重水，重水是原子能反应堆的减速剂和传热介质，也是制造氢弹的原料。一旦实现了从海水中提取重水，海洋就能为人类提供取之不尽、用之不竭的能源。

图 2-2　利用海水晒盐的沿海盐场

2.2　认识元素家族

物质世界是由元素组成的，元素是个大家族，元素大家族里有多少成员？这个问题在现在，科学家都还无法回答。当前，科学家已发现自然界存在、人工制造出来的元素一共有 118 种。要找到、发现新元素并不容易，118 种元素是在不同的历史时期相继被发现或人工制造出来的。

现在，科学家可以把 118 种元素按一定顺序和规则排列在一张表中，构成元素周期表。最早绘制出元素周期表的是俄国化学家门捷列夫。19 世纪中期，门捷列夫在前人工作的基础上，仔细研究了已发现的元素的性质并尝试对这些元素进行分类。门捷列夫在研究中发现这些元素间存在某种关系，最终他发现了某种规律，按这个规律，他把已发现的元素加以排列、归类，绘制出一张元素周期表。在研究中他还发现依照他所认定的规律，还可能存在一些人们还未发现的元素。他预测了一些尚未发现的元素，并在表中为它们留下了位置。1869 年，他发表了关于元素周期律的图表和论文，1871 年他修改并发表了第二张表。现代的元素周期表就是在门捷列夫所绘制的周期表的基础上形成的。

图 2-3 是现代的元素周期表。元素周期表中列出了目前发现的 118 种

化学元素周期表

注：1.元素符号为红色者，是放射性元素。
2.元素名称右上角注*者，为人造元素。
3.价层电子构型中带括号者，指可能的构型。
4.原子量录自2001年国际原子量表，稳定性元素的原子量取4位有效数字，放射性元素取寿命最长的同位素的原子量。

图例：元素名称 — 1 氢 H；原子序数 — 1；元素符号 — H；价层电子构型 — $1S^{1}$；原子量 — 1.008

族 周期	1	2	3	4	5	6	7	8	9	10	11	12	13	14	15	16	17	18
	s区		d区										p区					p区
	ⅠA	ⅡA	ⅢB	ⅣB	ⅤB	ⅥB	ⅦB	ⅧB			ⅠB	ⅡB	ⅢA	ⅣA	ⅤA	ⅥA	ⅦA	ⅧA
1																		2 氦 He $1s^{2}$ 4.003
2	3 锂 Li $2s^{1}$ 6.941	4 铍 Be $2s^{2}$ 9.012											5 硼 B $2s^{2}2p^{1}$ 10.81	6 碳 C $2s^{2}2p^{2}$ 12.01	7 氮 N $2s^{2}2p^{3}$ 14.01	8 氧 O $2s^{2}2p^{4}$ 16.00	9 氟 F $2s^{2}2p^{5}$ 19.00	10 氖 Ne $2s^{2}2p^{6}$ 20.18
3	11 钠 Na $3s^{1}$ 22.99	12 镁 Mg $3s^{2}$ 24.31											13 铝 Al $3s^{2}3p^{1}$ 26.98	14 硅 Si $3s^{2}3p^{2}$ 28.09	15 磷 P $3s^{2}3p^{3}$ 30.97	16 硫 S $3s^{2}3p^{4}$ 32.06	17 氯 Cl $3s^{2}3p^{5}$ 35.45	18 氩 Ar $3s^{2}3p^{6}$ 39.95
4	19 钾 K $4s^{1}$ 39.10	20 钙 Ca $4s^{2}$ 40.08	21 钪 Sc $3d^{1}4s^{2}$ 44.96	22 钛 Ti $3d^{2}4s^{2}$ 47.87	23 钒 V $3d^{3}4s^{2}$ 50.94	24 铬 Cr $3d^{5}4s^{1}$ 52.00	25 锰 Mn $3d^{5}4s^{2}$ 54.94	26 铁 Fe $3d^{6}4s^{2}$ 55.85	27 钴 Co $3d^{7}4s^{2}$ 58.93	28 镍 Ni $3d^{8}4s^{2}$ 58.69	29 铜 Cu $3d^{10}4s^{1}$ 63.55	30 锌 Zn $3d^{10}4s^{2}$ 65.41	31 镓 Ga $4s^{2}4p^{1}$ 69.72	32 锗 Ge $4s^{2}4p^{2}$ 72.64	33 砷 As $4s^{2}4p^{3}$ 74.92	34 硒 se $4s^{2}4p^{4}$ 78.96	35 溴 Br $4s^{2}4p^{5}$ 79.90	36 氪 Kr $4s^{2}4p^{6}$ 83.80
5	37 铷 Rb $5s^{1}$ 85.47	38 锶 Sr $5s^{2}$ 87.62	39 钇 Y $4d^{1}5s^{2}$ 88.91	40 锆 Zr $4d^{2}5s^{2}$ 91.22	41 铌 Nb $4d^{4}5s^{1}$ 92.91	42 钼 Mo $4d^{5}5s^{1}$ 95.94	43 锝 Tc $4d^{5}5s^{2}$ 98	44 钌 Ru $4d^{7}5s^{1}$ 101.1	45 铑 Rh $4d^{8}5s^{1}$ 102.9	46 钯 Pd $4d^{10}$ 106.4	47 银 Ag $4d^{10}5s^{1}$ 107.9	48 镉 Cd $4d^{10}5s^{2}$ 112.4	49 铟 In $5s^{2}5p^{1}$ 114.8	50 锡 Sn $5s^{2}5p^{2}$ 118.7	51 锑 Sb $5s^{2}5p^{3}$ 121.8	52 碲 Te $5s^{2}5p^{4}$ 127.6	53 碘 I $5s^{2}5p^{5}$ 126.9	54 氙 Xe $5s^{2}5p^{6}$ 131.3
6	55 铯 Cs $6s^{1}$ 132.9	56 钡 Ba $6s^{2}$ 137.3	★镧系 71 镥 Lu $5d^{1}6s^{2}$ 175.0	72 铪 Hf $5d^{2}6s^{2}$ 178.5	73 钽 Ta $5d^{3}6s^{2}$ 180.9	74 钨 W $5d^{4}6s^{2}$ 183.8	75 铼 Re $5d^{5}6s^{2}$ 186.2	76 锇 Os $5d^{6}6s^{2}$ 190.2	77 铱 Ir $5d^{7}6s^{2}$ 192.2	78 铂 Pt $5d^{9}6s^{1}$ 195.1	79 金 Au $5d^{10}6s^{1}$ 197.0	80 汞 Hg $5d6s^{1}$ 200.6	81 铊 Tl $6s^{2}6p^{1}$ 204.4	82 铅 Pb $6s^{2}6p^{2}$ 207.2	83 铋 Bi $6s^{2}6p^{3}$ 209.0	84 钋 Po $6s^{2}6p^{4}$ 209	85 砹 At $6s^{2}6p^{5}$ 210	86 氡 Rn $6s^{2}6p^{6}$ 222
7	87 钫 Fr $7S^{1}$ 223	88 镭 Ra $7S^{2}$ 226	☆锕系 103 铹* Lr $(6d^{1}7S^{2})$ 262	104 𬬻* Rf $(6d^{2}7S^{2})$ 261	105 𬭊* Db $(6d^{3}7S^{2})$ 262	106 𬭳* Sg $(6d^{4}7S^{2})$ 266	107 𬭛* Bn $(6d^{5}7S^{2})$ 264	108 𬭶* Hs $(6d^{6}7S^{2})$ 277	109 鿏* Mt $(6d^{7}7S^{2})$ 268	110 𫟼* Ds $(6d^{8}7S^{2})$ 281	111 𬬭* Rg $(6d^{9}7S^{2})$ 272	112* Uub $(6d^{10}7S^{2})$ 285	113* Uut $7S^{2}7P^{1}$ 284	114* Uuq $7S^{2}7P^{2}$ 289	115* Uup $7S^{2}7P^{3}$ 288	116* Uuh $7S^{2}7P^{4}$ 292		118* Uuo $7S^{2}7P^{6}$ 295

f区															
★镧系	57 镧 La $5d^{1}6s^{2}$ 138.9	58 铈 Ce $4f^{1}5d^{1}6s^{2}$ 140.1	59 镨 pr $4f^{3}6s^{2}$ 140.9	60 钕 Nd $4f^{4}6s^{2}$ 144.2	61 钷 Pm $4f^{5}6s^{2}$ 145	62 钐 Sm $4f^{6}6s^{2}$ 150.4	63 铕 Eu $4f^{7}6s^{2}$ 152.0	64 钆 Gd $4f^{7}5d^{1}6s^{2}$ 157.3	65 铽 Tb $4f^{9}6s^{2}$ 158.9	66 镝 Dy $4f^{10}6s^{2}$ 162.5	67 钬 Ho $4f^{11}6s^{2}$ 164.9	68 铒 Er $4f^{12}6s^{2}$ 167.3	69 铥 Tm $4f^{13}6s^{2}$ 168.9	70 镱 Yb $4f^{14}6s^{2}$ 173.0	
☆锕系	89 锕 Ac $6d^{1}7s^{2}$ 227	90 钍 Th $6d^{2}7s^{2}$ 232	91 镤 pa $5f^{2}6d^{1}7s^{2}$ 231	92 铀 U $5f^{3}6d^{1}7s^{2}$ 238	93 镎 Np $5f^{4}6d^{1}7s^{2}$ 237	94 钚 pu $5f^{6}7s^{2}$ 244	95 镅* Am $5f^{7}7s^{2}$ 243	96 锔* Cm $5f^{7}6d^{1}7s^{2}$ 247	97 锫* Bk $5f^{9}7s^{2}$ 247	98 锎* Cf $5f^{10}7s^{2}$ 251	99 锿* Es $5f^{11}7s^{2}$ 252	100 镄* Fm $5f^{12}7s^{2}$ 257	101 钔* Md $(5f^{13}7s^{2})$ 258	102 锘* No $(5f^{14}7s^{2})$ 259	

图2-3　元素周期表

元素。其中26种是人造的元素（包括43号元素Tc、61号元素Pm、93～118号元素），92种是存在于地球自然界中的。118种元素以序号从1到118依次排列，并分至7个横行，18个纵列中。每个横行组成一个周期，每一个纵列组成一个族。每个周期中的元素数目不完全一样。从第1周期到第7周期，分别有2、8、8、18、18、32、32种元素。其中57～71，89～103号元素在表中共同排列在一个位置上，在表外再分别列出。这种排列方式，看起来既整齐又有点奇怪，其中隐藏着什么秘密呢?

按这种排列，你会发现，我们熟悉的氧、氮、碳、硫等元素集中在周期表的右上方，而钠、镁、钾、钙等元素则集中在表的左上方；氦、氖等元素都排在周期表最右边的一个纵列中。我们还会发现，周期表中57～71号共14种元素，在表中都挤在一个格子里，在表外另列一行，89～103号共14种元素也如此排列，这是为什么呢?

周期表中有太多的秘密，等着我们去揭开。

2.3 不同元素有不同性质

已发现的118种元素，各有不同的性质。说不同，其实也并非完全不同，我们在周期表中看到，某些元素集中在表中的某个区域，这意味着它们在性质上有某些共同点。

自然界存在的92种元素，依照它们的原子结构（主要是原子核外最外电子层构造的特点）和性质特点，可以分成三类：金属元素、非金属元素、稀有气体元素。

周期表中排在最右边一列的6种自然存在的稀有气体元素，它们的化学活动性很小，原子核外最外电子层已经排满了可以容纳的最多电子数，形成了所谓的稳定结构。而其他84种元素原子的最外电子层上的电子数都没有达到最大可容纳的数目，还没有形成稳定的电子层结构。在这84种元素中，大多数元素原子最外电子层电子数较少（小于4），和可容纳的最大电子数相差较多，倾向于把最外层上的电子转移给其他能结合电子的元素原子，使次外电子层成为最外电子层，形成稳定的电子层结构，成为带若干个正电荷的阳离子（因为核电荷数比核外电子所带的电荷总数大）。这些元素表现出较强的化学活动性，主要显示金属元素的特征。84

种元素中，有十多种元素原子最外电子层电子数较大（大或等于4），接近于可容纳的最大电子数，它们倾向于从容易失去电子的元素原子获得电子，使最外电子层具有可容纳的最大电子数，形成稳定的电子层结构，转化为带若干个负电荷的阴离子（因为元素原子核所带正电荷数比核外电子所带的负电荷总数小）。这些元素原子在难以从其他的原子获得电子的情况下，也可以通过和其他原子相互作用，共用最外电子层上的电子，满足所需要的最大电子数，形成相对稳定的状态，并结合起来。这些元素主要显示出非金属元素的特征。

总之，元素原子的结构特别是它的电子层结构，和元素显示的性质（化学活动性、金属性、非金属性等）有密切的关系。表2-1中列出的钠元素、氧元素、碳元素、氩元素的原子结构和性质，作为我们以上所介绍的三类元素的代表。

表2-1 几种元素的原子结构和主要性质

元素	钠元素	氧元素	碳元素	氩元素
属类	金属元素	非金属元素	非金属元素	稀有气体元素
原子结构（示意图）	(+11) 2 8 1	(+8) 2 6	(+6) 2 4	(+18) 2 8 8
主要性质	原子易失去电子成为正一价阳离子，是活泼金属元素	原子倾向于结合2个电子成为负2价阴离子，是活泼非金属元素	原子倾向于以共价键和其他原子结合，对电子结合能力较强，表现非金属性	原子难失去、也难结合电子，化学活泼性极小

钾、钙、镁和钠相似，它们都是活泼金属，它们的原子倾向于把最外层上的电子转移给能接受电子的元素原子，转化为阳离子，和获得电子的元素结合成离子化合物。因此，它们在自然界里不会以单质存在，都是和其他元素形成各种化合物。溶解在海水中的食盐（$NaCl$）、氯化镁（$MgCl_2$），盐碱湖中的碳酸钠（Na_2CO_3）、硝酸钾（KNO_3），石灰石的主要成分碳酸钙（$CaCO_3$），石膏的主要成分硫酸钙（$CaSO_4$）等都是离子化合物，它们或溶于水中或成为矿物贮存在地壳、土壤中。

氯、氧、硫等比较活泼的非金属元素，在自然界中也都容易和其他元素形成化合物，以化合态存在。如氧元素是活泼的非金属元素，氧能和许多元素化合生成氧化物或其他的含氧化合物。地壳中的许多种岩石和矿物的主要成分都为氧化物或含其他的含氧化合物，如磁铁矿（Fe_3O_4）、赤铁矿（Fe_2O_3）、石英砂（SiO_2）、石灰岩（$CaCO_3$）、铝矾土（Al_2O_3）、硅铝酸盐［如长石（$K_2O \cdot Al_2O_3 \cdot 6SiO_2$）、高岭土（$Al_2O_3 \cdot 2SiO_2 \cdot 2H_2O$）］等。

2.4 元素的最小单位——原子

元素的最小单位是原子，原子是肉眼看不见的微粒。人体中含有的各种元素的原子数目大约是 7×10^{27} 个，这些元素的原子不是散乱地堆积在人体中。原子并非是一个简单的实心球，它是由更小的基本微粒构成，具有复杂的结构。原子还可以结合成分子，可以转变为带电的微粒——离子，原子以及由原子形成的分子、离子都是构成物质的微粒。原子在宇宙中大约已经存在 70 亿到 120 亿年。人体的主要组成成分，氢元素的原子早在 137 亿年前的宇宙大爆炸中就诞生了。碳和氧等更重的原子是在恒星的体内产生的，并在恒星爆炸时扩散到太空中。

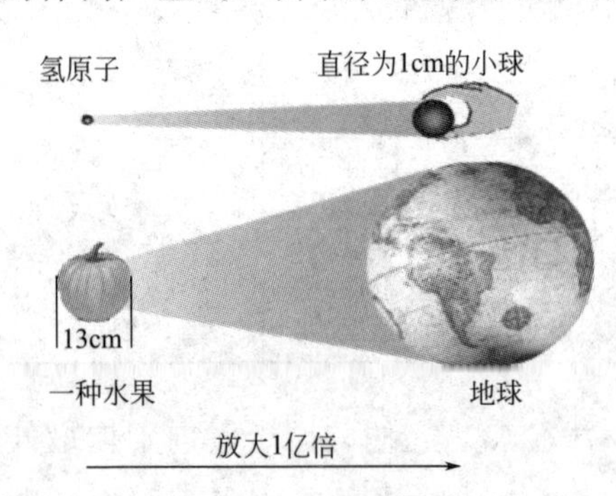

图 2-4　原子的大小

把氢原子看成一个小圆球，放大 1 亿倍也只有直径 1cm 的小球那么大。把一粒直径 13cm 的水果，也放大 1 亿倍，那么它就和地球一样大了（图 2-4）。

原子的质量非常小，例如，氧原子的质量是 2.657×10^{-26}kg，用通常的质量单位来表示或是计算都非常不方便。国际上规定，以一个碳 12 原子（原子核中含 6 个质子和 6 个中子的碳原子）的质量的 1/12(0.1661×10^{-26}kg）作标准，用某种原子的质量和它的比值，来表示该原子的质量，称为该原子的相对原子质量。各种元素原子的相对原子质量都接近整数，便于记忆与使用。氧原子的相对原子质量是：$(2.657\times10^{-26})/(0.1661\times10^{-26})\approx16$。从各种化学手册或者元素周期表中都可以查到各种元素的相对原子质量。

2.4.1 原子的构成

原子虽然非常微小，却是由更小的微粒构成的。原子是由带正电的原子核和带负电的核外电子构成的。两者所带的电量大小相等，电性相反，整个原子呈电中性。原子核在原子中所占体积很小，核外电子在核外空间高速运动。原子核由称为质子和中子的微粒构成（相对质量为 1 的氢原子的原子核仅由一个质子构成）的。质子带一个正电荷，中子不带电荷。核外电子带一个负电荷，质量仅是质子质量的 1/1847。原子中原子核内的质子数目和核外电子数相同，原子的质量几乎都集中在原子核。图 2-5 表示硅元素的原子结构。硅原子的原子核中含有 14 个质子和若干个中子（不同的硅原子核中含有的中子数，有 14、15、16 等几种），核外电子数和核内质子数相等，也是 14。

元素原子的质量，决定于该原子核中质子和中子的总数，因为核外电子的质量太小，可以忽略不计。中子和质子的相对质量以 1 计，原子的质量在数值上就等于原子核中的质子数和中子数的总和。如原子核中有 14 个质子和 14 个中子的硅原子，其相对质量是 28。科学家把一个原子中质子数和中子数的总和，称为该原子的质量数。

周期表中的 118 种元素，每一种元素的所有原子的原子核中，都有相同数目的质子。例如，排在最前面的 1 号氢元素的所有原子，原子核中都只有 1 个质子。8 号元素氧，所有的氧原子，原子核内都有 8 个质子。表中末尾的一种元素，原子的原子核中有 118 个质子。

通常人们也用元素符号表示该元素的原子，如氧原子表示为 O、氢原子表示为 H。如果要表示原子的个数在前面加上数字就好，如 5 个氧原子写成 5O。需要说明该原子的质子数、原子的质量数，可以分别在元素符号的左下角、左上角用数字标出，如：$^{28}_{14}Si$。

元素原子的原子核外有若干个核外电子，这些电子在离核远近不同的区域运动。图 2-5 中硅原子的 14 个核外电子在离核远近不同的核外空间运转。图中所绘制的电子运动轨迹像行星绕着太阳转，这并不完全符合实际，电子在原子核外高速运转，其实并没有一定的轨道，只是在核外空间的一定区域内运动。原子核外电子在核外空间的运动遵循一定的规律。电子经常出现的区域，有的离原子核远些，有的离核近些，好似有几个电子层。能量高的电子在离核较远的电子层高速运转，原子核对它的束缚力小些，最外电子层上的电子受核的束缚力最小；能量较低的电子在离核近的电子层高速运转，原子核对它的束缚力大些，最内层（第一电子层）的电子，能量最低，受原子核的束缚力最大。各电子层上能容纳的电子，有一定数目。最外电子层上容纳的电子数达到最大数目时，原子不容易失去电子，也不容易从别的元素原子获得电子，这种元素原子处于比较稳定的状态。相反，最外层上的电子数目和所能容纳的最大电子数相差较大（或者较接近）的元素原子，倾向于失去电子（或获得电子），形成相对稳定的电子层结构，处于相对稳定的状态。

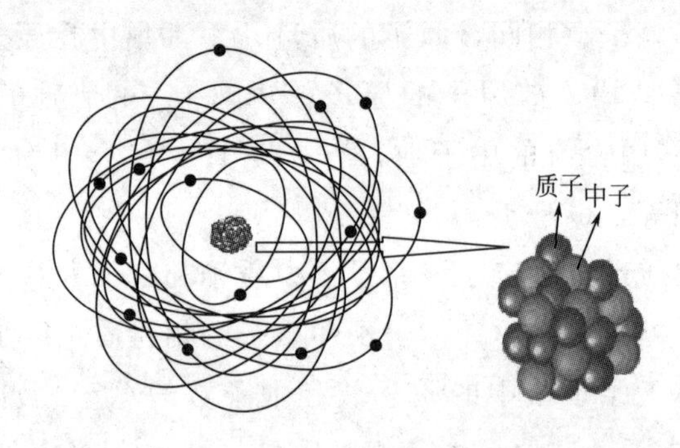

图 2-5　原子结构示意图（硅元素的原子）

物质在发生化学变化时，各种元素原子的核外电子的运动状态或数目可能会发生变化，而原子核不会发生变化，原子核中的质子数保持不变。所以，在化学反应中一种元素不会变成另一种元素。只有原子弹、氢弹爆炸，太阳中氢的“燃烧”，元素的原子核会发生变化，发生核反应，元素才会变成另一种或几种元素。

2.4.2　揭穿水变油的骗局

1993 年，一些媒体报道了一项“水变油”的技术发明，并把它誉为“中国第五大发明”。这项“技术”的发明者王洪成，从 1984 年开始，到处表演、宣传这项发明，说“只要把一种特殊的母液，按 1∶100000 的比例加到普通的水中，配制成‘水基燃料’，即可用这种燃料代替汽油用于发动汽车，成本仅为汽油的千分之一”。王洪成在长达 10 年的时间里四处进行诈骗活动，有十几个省、上百家单位上当受骗，诈骗金额达 4 亿元。

1995年春，41位科技界的政协委员联名提案，委托国务院成立调查组，对有关事件进行调查。同年7月，中国化学会发布声明，强调“中国化学会从未组织任何人代表本会或分支机构支持和参与‘水变油’的测试、考察与见证”。此后，国务院与中央政法委等相关部委召开了座谈会，王洪成进行经济诈骗的真相终于大白。1997年10月，王洪成被判处有期徒刑10年，剥夺政治权利2年，“中国第五大发明”的闹剧才终于结束。

水是氢、氧元素组成的化合物，而油（燃油）是碳、氢元素组成的一种或多种液态化合物的混合物。只含有氢、氧元素的水要变成含碳元素、氢元素的碳氢化合物，根本是不可能的。化学变化的最基本粒子是元素的原子，原子在化学反应中不可再分割，一种元素的原子不可能通过机械的混合或化学反应变成另一种元素的原子。没有哪种试剂能通过化学变化，使水中的氧转化为碳。在现代科学技术的条件下，即使通过核反应，也无法实现这一变化。

化学科学是揭露伪科学、揭穿以科学名义进行诈骗行为的有力武器。

2.4.3 焰色反应

原子核外的电子，在不同的电子轨道上运转，有不同的能量，不仅不同电子层上的电子能量不同，在同一电子层上运转的电子能量还有差异，有不同的能级。在不同能级电子轨道上运转的电子，在一定条件下会吸收一定的能量从低能级跃迁到较高的能级上，在较高的能级上不稳定，又会释放出所吸收的能量回到原来的能级上。电子的这种跃迁，使某些金属或它的化合物呈现一定的焰色反应，通过实验可以观察到焰色反应。

用一根洁净的较不活泼的金属丝（例如铂或镍铬合金，也可以使用洁净的粉笔）在稀盐酸里蘸洗后，放在酒精灯（或煤气灯）的火焰上灼烧，火焰的颜色和原来一样。而后用它蘸取某些金属或金属化合物，放到无色的火焰中（如酒精灯的火焰）灼烧，就会观察到焰色反应。因为这些金属或它们的化合物在无色火焰中灼烧，原子中的电子吸收了能量，会从能量较低的轨道跃迁到能量较高的轨道。处于较高能量轨道上的电子不稳定，会跃迁回能量较低的轨道，将多余的能量以光的形式放出。放出的光的波长在可见光范围（波长为400～760nm）内，能使火焰呈现颜色。由于金属的原子结构不同，电子跃迁时能量的变化不同，会发出不同波长的光，形成特征的谱线，呈现特征的焰色，这种变化称为焰色反应。不同的金属或它们的化合物发生焰色反应呈现的焰色不同。

利用焰色反应，人们在烟花中添加含有某些金属元素的盐，使焰火呈现绚丽的色彩（彩图 3）。化学上，常用焰色反应来检验某种金属化合物（检验钾要透过蓝色钴玻璃观察，因为钾盐中经常含有少量钠盐，钠的焰色反应为黄色，会干扰紫色的观察）。

早在中国南北朝时期，著名的炼丹家和医药大师陶弘景（公元 456—536 年）在他的《本草经集注》中就记载着“以火烧之，紫青烟起，云是真硝石（硝酸钾）也”。德国人马格拉夫于 1762 年观察到草木灰（即碳酸钾）与矿物碱（碳酸钠）在火焰中灼烧能使火焰出现不同的焰色。后来不少人也发现很多的金属盐类、氧化物在火焰中灼烧也能使火焰呈现不同的颜色。19 世纪中叶，德国著名化学家本生设计制造了使用煤气的本生灯，它能产生几乎无色的火焰，温度高达 1000 多摄氏度。他利用这种灯研究各种盐类在火焰中呈现不同焰色的现象，试图根据火焰中的彩色信号来检测各种元素。他发现钠的黄色火焰会把其他焰色掩盖，采用蓝色玻璃或靛蓝溶液作滤色镜来观察火焰可以消除黄色的干扰。

2.5 元素是怎样组成物质的

元素能组成各种单质或化合物，是由于元素的原子间可以通过核外电子的运动，例如原子核外最外电子层上电子的得、失（结合来自其他原子的电子或失去最外电子层上的若干个电子）等方式互相作用，按一定的原子数比而彼此结合的。

2.5.1 元素原子按一定的数量比相结合

自然界和人工制造的物质多数是由若干种不同元素组成的化合物。化学家研究了无数的化合物，发现不同元素结合形成化合物，总是按一定原子数比结合的。水中氧元素原子和氢元素原子，总是按原子数比 1∶2 结合；氧元素原子和硅元素原子，总是按原子数比 2∶1 结合形成二氧化硅；食盐是钠元素和氯元素按原子数比 1∶1 以一定方式结合形成的。

为了表示各种元素彼此结合形成化合物时以何种原子数比结合，化学家赋予各种元素一个称为“化合价”的数值。各种元素的化合价，有正价也有负价，数值可以是1、2、3、4、5、6、7、8等。在化合物中，彼此结合的元素，所呈现正化合价和负化合价的总数相等，代数和为0。例如，氧元素化合价为−2，氢元素化合价为+1，水分子（H_2O）中，氢元素的化合价总数和氧元素的化合价总数的代数和：$(+1)\times2+(-2)\times1=0$。二氧化硅（$SiO_2$）中，硅元素是+4价，氧元素是−2价，二氧化硅（$SiO_2$）中元素化合价的代数和也是0：$(+4)\times1+(-2)\times2=0$。

为了简洁而明确地表示单质和化合物是哪些元素结合而成的，各种元素以怎样的数量比（原子数比或元素的质量比）相结合，化学上用化学式表示物质的组成。如，水用H_2O表示，葡萄糖用$C_6H_{12}O_6$表示。分别说明，水中氢元素和氧元素的原子数比是2∶1，葡萄糖中碳元素原子、氢元素原子、氧元素原子的数目比是6∶12∶6。氯化钠用NaCl表示，说明氯化钠中钠离子和氯离子数目比为1∶1。石英（水晶）用SiO_2表示，说明石英是由硅元素和氧元素以原子数比1∶2组成的。

化学课本和化学资料在介绍、讲述某种物质的组成时，都会在介绍它的名称的同时，用化学式表示它是由哪些元素、以怎样的数量比相结合的。

2.5.2 原子可以结合形成分子

科学家研究发现，原子可以彼此结合形成分子。不同种类、不同数目的元素原子，可以以不同的方式、不同的顺序结合形成种类繁多的分子，形成多种多样的由分子组成的物质。

例如，两个氢原子可以结合形成氢分子，许多氢分子聚集形成氢气。氧气是由氧分子组成的，两个氧原子可以结合形成氧分子，许多氧分子聚集形成氧气。两个氢原子和1个氧原子可以结合形成水分子，水就是由无数这样的水分子聚集而成的。

图2-6是表示水分子结构的模型。从水分子的组成和结构，可以知道水是由氢元素、氧元素以原子数比2∶1结合形成的。

化学家用元素符号H表示氢原子、用O表示氧原子，用化学式H_2O表示水分子。化学式中的元素符号右下角的数字表示结合成分子的元素的原子数（原子数为1的，不必标注）。水分子由2个氢原子和1个氧原子

图 2-6 水分子结构模型图

结合而成。

1800 年，两位科学家尼科尔森和卡莱尔在实验室内发现了电解水可以产生氢气和氧气。这是为什么呢？当时，他们并不明白，直流电通入水中，水分子吸收了电能，构成水分子的氧原子和氢原子之间的结合力被削弱、分开了，水分子就分解了，成为两个氢原子和一个氧原子。氢原子和氧原子难以独立存在，两个氢原子结合成氢分子，无数氢分子聚集成为氢气。同样，两个氧原子结合成氧分子，无数氧分子聚集成为氧气。电解水时，水分子转化成氢、氧分子的过程，可以简单地用图 2-7 说明。化学家通常用如下的式子（化学方程式）表示水电解生成氢气和氧气的变化：

$$2H_2O \xlongequal{电解} 2H_2\uparrow + O_2\uparrow$$

如果让氢气在氧气或空气中燃烧，氢分子中彼此结合的两个氢原子被分开，氧分子中彼此结合的两个氧原子也被分开，每两个氢原子和一个氧原子结合形成水分子，同时放出热和光。氢原子和氧原子结合放出的能量大于分解水分子需要的能量。

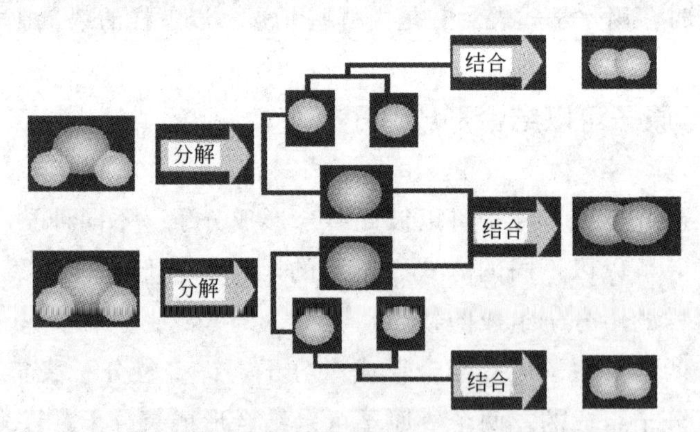

图 2-7 水电解时水分子发生的变化示意图

在自然界中以及我们生产生活中接触使用的物质，有许多是由分子形成的，这些物质的分子各自由不同种类、不同数目的原子构成。

例如，氢气分子由 2 个氢原子结合而成，氧气分子由 2 个氧原子结合形成，臭氧分子由 3 个氧原子结合形成，二氧化碳分子由两个氧原子和一个碳原子结合形成。许许多多的氢分子、氧分子、臭氧分子、二氧化碳分子，分别聚集成氢气、氧气、臭氧、二氧化碳气体。人们分别用化学式

H_2、O_2、O_3、CO_2表示氢分子、氧分子、臭氧分子、二氧化碳分子，这些化学式中的元素符号右下角的数字表示结合成分子的各元素的原子数。分子的结构可以用结构模型来表示。彩图 4 是二氧化碳分子的结构模型（模型中绿色小球代表碳原子、蓝色小球代表氧原子）。

硫黄（某些温泉水中含有少量硫黄）是硫元素的原子结合形成的单质，硫黄分子可以是 2 个或 8 个硫原子结合而成，如 S_2、S_8 分子。

制造蜡烛的石蜡，它的分子是由若干碳原子和若干氢原子构成的。不同的石蜡，其分子中含有的碳原子和氢原子数目不同，用化学式 C_xH_y 表示石蜡分子的组成。x 的数值为 17～35，y 的数值相应地为 36～72。由不同的石蜡分子形成的石蜡，熔点、沸点有所差异。

葡萄糖则由许多葡萄糖分子集聚形成，每个葡萄糖分子由 6 个碳原子、12 个氢原子和 6 个氧原子按一定顺序结合而成，可以用化学式 $C_6H_{12}O_6$ 表示它的分子组成。葡萄糖分子的结构模型（彩图 5）中蓝色小球代表碳原子、黑色小球代表氢原子、红色小球代表氧原子。

1985 年，三位外国科学家发现了由 60 个碳原子结合形成的形似足球的 C_{60} 分子（图 2-8）。他们的这一发现，获得了 1996 年诺贝尔化学奖。

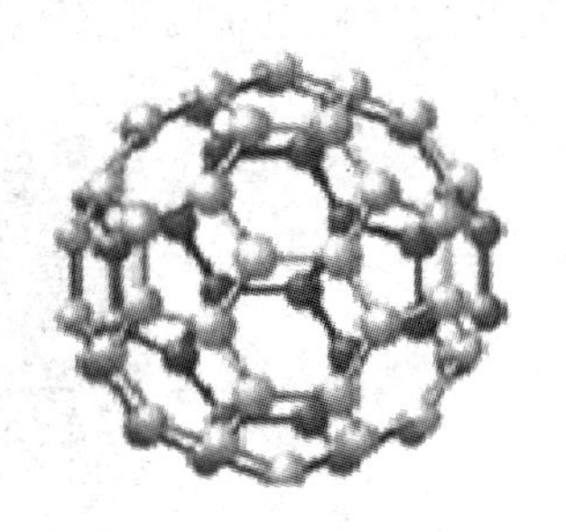

图 2-8 C_{60}分子的结构

分子的质量也是非常微小的，国际上也用相对分子质量来表示。分子的相对分子质量等于组成它的所有原子的相对原子质量的总和。所以，水的相对分子质量是 18；二氧化碳的相对分子质量是 44；葡萄糖的相对分子质量是 180。

不同的分子组成了不同的物质，不同的物质有不同的性质。空气中的氧气、氮气和少量二氧化碳、稀有气体，它们的分子组成、结构不同，由它们组成的气体性质也不同。空气中氧气可以供我们呼吸，可以助燃，而氮气就不能供我们呼吸，也不助燃。在空气中，它们均匀地混合在一起，但各自保持自己特有的性质。

2.5.3 原子可以直接结合构成物质

科学家发现，原子并不一定要先结合成分子，再由分子聚集形成物质。许多同种元素或不同种元素的原子可以彼此结合构成物质。例如，金刚石和石墨，就是由碳原子直接构成的。

金刚石中每个碳原子都和其他四个碳原子连接，许多碳原子彼此结合形成空间“大分子”，成为肉眼可见的金刚石晶体（图 2-9）。

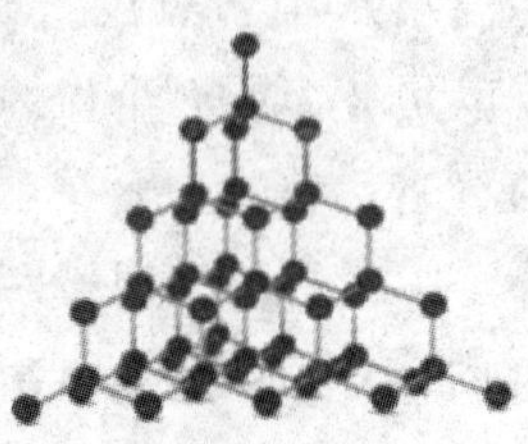

图 2-9 钻石及金刚石中碳原子的结合

我们使用的铅笔，它的笔芯是由石墨和黏土混合制成的，干电池的碳棒电极也是石墨制成的，自然界中有石墨矿。石墨晶体也是由碳原子按一定排列方式，彼此连接形成的。每个碳原子和其他三个碳原子连接，构成彼此连片、层状的平面六边形，许多片层重叠构成石墨晶体（图 2-10）。

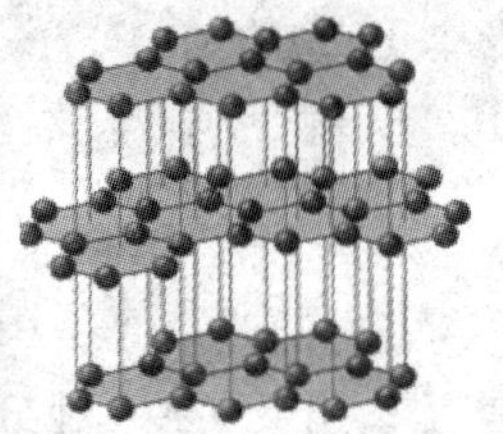

图 2-10 石墨矿石及石墨中碳原子的结合

从金刚石和石墨的结构模型可以知道，石墨和金刚石中碳原子连接、结合的方式很不同，所以它们性质有很大不同。但是，一旦让它们在高温下和氧气发生化学反应，都一样生成二氧化碳气体，说明它们都是由碳原子构成的。随着现代科学技术的发展，人们已经可以在很高的压力和温度下把石墨转变成金刚石。

现代高新材料石墨烯、碳纳米管也都是由碳原子在空间中按一定的方式连接、排列构成的。从图 2-11、图 2-12 可以观察到石墨烯、碳纳米管中碳原子结合和排列的方式和石墨、金刚石都不一样。

除了金刚石、石墨外，还有许多物质是由原子直接构成的。例如，制造晶体管的材料——硅，也是由硅元素的原子直接构成的，自然界中的石英晶体也是由硅原子和氧原子直接结合而成的。

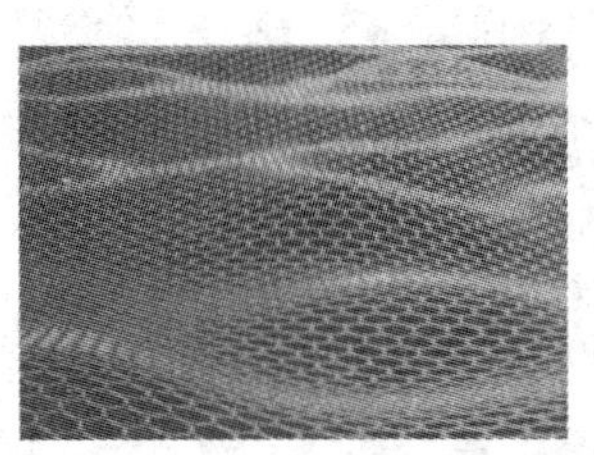
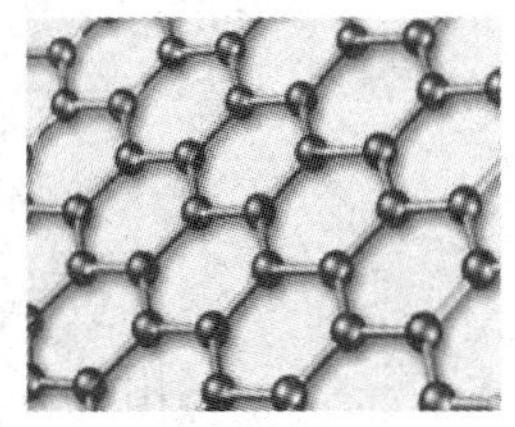

图 2-11 石墨烯中碳原子的结合排列方式

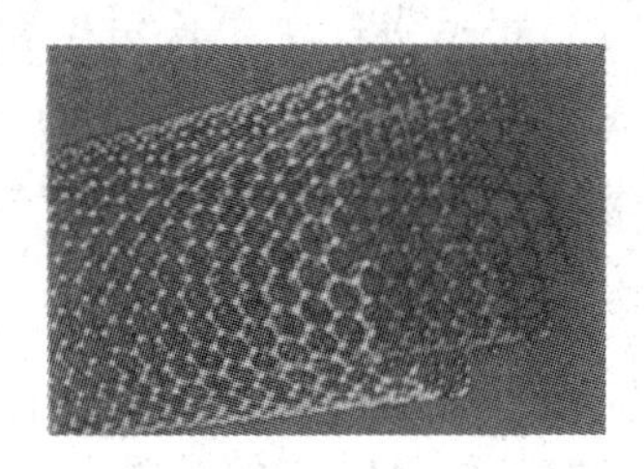

图 2-12 碳纳米管中的碳原子的结合排列方式

2.5.4 原子能变成离子，形成离子化合物

食盐水会导电，汗水中含有溶解在水中的盐，用带有汗水或潮湿的手接触电器容易触电。这是因为食盐的主要成分氯化钠（NaCl）是由钠的阳离子和氯的阴离子构成的，食盐溶于水，构成食盐的阴、阳离子分散到水中，成为可以自由移动的离子，在电场中可以定向移动，所以食盐水能导电。

食盐中的钠离子和氯离子是怎么形成的？它们又是怎么结合成食盐的呢？

我们已经知道元素的原子是由带正电的原子核和在核外高速运转的带负电的电子构成的，核外电子按一定规律排布在离原子核远近不同的区域，这些离核远近不同的电子运转的区域，科学家称之为电子层。如果一个原子中，在离原子核较远的电子层上运转的电子较少（少于 4），原子就处于不太稳定的状态，容易把这些电子转移给其他倾向结合电子的原子，原来的次外层成为最外电子层（多数情况下，这些次外层上有 8 个电子），成为相对稳定的阳离子；相反，如果一个原子中，在离原子核较远的电子层上运转的电子较多（多于 4，少于 8），原子也处于不太稳定的状态，容易接受别的原子转移的电子，也使最外层上的电子数达到 8 个，成

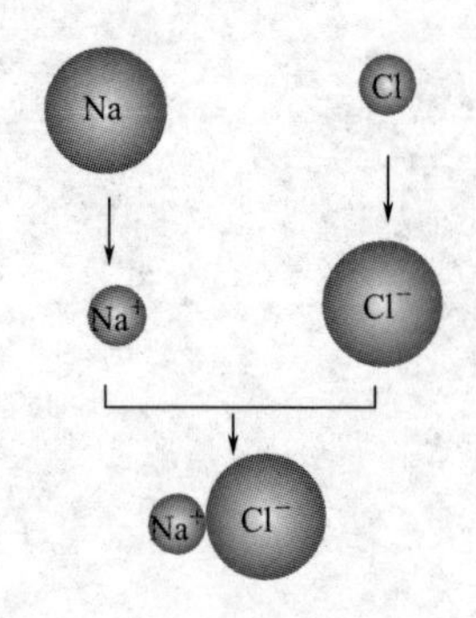

图 2-13 氯化钠的形成

为相对稳定的阴离子。钠原子最外电子层只有 1 个电子，氯原子最外电子层上却有 7 个电子，这两种元素的原子，如果有机会使最外层上的电子失去或得到 1 个电子，就成为较为稳定的钠阳离子（用符号 Na^+ 表示，右上角的＋表示带一个单位正电荷）、氯阴离子（用符号 Cl^- 表示，右上角的－表示带一个单位负电荷）。食盐就是由许多钠离子（Na^+）和氯离子（Cl^-）结合形成的。许多带异性电荷的钠离子和氯离子彼此靠静电作用结合起来，并在空间中有规则地排列，堆积成一个具有立方体结构的氯化钠晶体，图 2-13 为氯化钠形成的示意图。

氯化钠晶体中每个钠离子周围有 6 个氯离子包围着，相反，每个氯离子周围也有 6 个钠离子包围着。食盐中，阴离子、阳离子数量相等，阳离子所带的正电荷总数和阴离子所带的负电荷总数也是相等的，整体上不显电性。彩图 6 为氯化钠晶体及其结构模型图。彩图 6 右图中，紫色小球代表氯阴离子，绿色小球代表钠阳离子。

海洋中溶解的食盐，实际上在海水中以钠离子（Na^+）和氯离子（Cl^-）存在。海水在日光下晒盐，就是让海水中的水分蒸发变干，海水中的钠离子（Na^+）和氯离子（Cl^-）就形成细小的晶体析出。在一定条件下，许多的钠离子（Na^+）和氯离了（Cl^-）可以形成大的晶体。在我国青海、内蒙古的盐碱湖中就可以看到许多大颗的食盐晶体（图 2-14）。

图 2-14 内蒙古黄旗海的盐碱湖上的盐碱

钠离子和氯离子当然也是肉眼无法看到的微粒。因此，食盐溶解在水中，钠离子和氯离子分散到水中，我们就觉得它们消失了。但是，喝盐水我们会感到咸，在食盐水中通电，它会导电。食盐水不带电，因为食盐水中钠离子和氯离子所带的电荷总量相等，电性相反。钠离子和氯离子总是均匀地分散在溶液中或者排列在晶体中，我们也不用担心会在含食盐的食物中摄入数量不等的阴阳离子。

自然界中存在的离子，有的是一种元素的原子失去或得到一个或若干个电子形成的，如钠离子（Na^+）、氯离子（Cl^-）、钙离子（Ca^{2+}）、氧离子（O^{2-}）。也有更多的离子是不同种元素原子形成的带正电荷或负电荷的原子团，如碳酸根离子（CO_3^{2-}）、硫酸根离子（SO_4^{2-}）、氢氧根离子（OH^-）。这些原子团带有电荷，也是因为原子团中各原子核外的电子总数比各原子核所带的正电荷数多或者少若干个。自然界中有很多由阴阳离子结合形成的化合物，这些化合物中，阴离子所带的负电荷总数总是和阳离子所带的正电荷总数相等，整个化合物不显电性。离子化合物溶解在水中，阴阳离子就各自均匀分散到水中，在水中可以自由移动，整个溶液也是不带电的。你也许会担心，从离子化合物的溶液中取出一勺来，其中阴离子、阳离子会不会不一样多？这是绝对不会发生的，因为阴阳离子间存在作用力，它们总是“结伴”而行的，除非把他们置于电场里，强迫它们向相反的方向移动。

在自然界和生产生活中我们经常会见到、用到甚至食用许多由阴阳离子构成的物质，科学家称他们为离子化合物。例如，生活中使用的洗涤碱（北方地区盐碱地或盐碱湖中也含有这种碱），化学上称为碳酸钠（Na_2CO_3），也是由离子构成的。其中的阳离子是钠离子（Na^+），阴离子是碳酸根离子（CO_3^{2-}）。钠离子带 1 个单位正电荷，碳酸根离子带 2 个单位负电荷。碳酸钠中，钠离子和碳酸根离子的个数比是 2∶1，碳酸钠也不显电性。建筑材料使用的石灰石、消石灰，主要成分分别是碳酸钙（$CaCO_3$）、氢氧化钙［$Ca(OH)_2$］，它们都是离子化合物，含有的离子是钙离子（Ca^{2+}）、碳酸根离子（CO_3^{2-}）和氢氧根离子（OH^-）。

2.6 为什么原子的种类比元素种类多

科学家在研究物质结构时发现虽然已发现的元素有 118 种，但原子的种类远比 118 种更多。同一种元素可以有多种原子，例如氧元素有 3 种原子，氢元素也有 3 种原子。同一种元素为什么会有几种不同的原子呢？

我们已经知道，元素原子的核心部分是原子核。原子核由质子和中子两种微粒构成，质子、中子又由称为上夸克和下夸克的基本粒子组成。每个原子的原子核的质子数与中子数的质量之和，决定了原子质量的大小，人们把原子核中质子和中子质量之和的整数值称为原子的质量数，由于质子和中子的相对质量都等于 1，原子的质量数就等于质子数和中子数之和。科学家发现，同一种元素原子的原子核中含有相同数目的质子，但含有的中子数目可以不同，原子的相对质量也不同。例如，氢元素的所有原子，原子核内都只有 1 个质子，但含有的中子数有 0、1、2 三种，质子数和中子数的总和分别是 1、2、3。因此，氢元素有三种不同的原子：$^{1}_{1}H$、$^{2}_{1}H$、$^{3}_{1}H$（元素符号左上角的角标表示原子的质量数），分别称为氢、重氢和超重氢（或分别称为氕、氘、氚，分别用符号 H、D、T 表示）。氧元素所有的原子，原子核内都有 8 个质子，但含有的中子数目可以是 8、9、10。因此，氧元素的原子也有三种：$^{16}_{8}O$、$^{17}_{8}O$、$^{18}_{8}O$。科学家把含有相同质子数目的原子（不论原子核中有多少个中子）总称为元素，把含有相同质子数、中子数的原子总称为核素。因此，同一种元素可以有几种核素。但是同一种元素在元素周期表中只占有一个位置，所以把同一种元素的不同核素称该元素的同位素。

一种元素可以有几种核素。那么当元素的原子结合成分子时，可能由不同的核素的原子结合成。那么不是会形成不同的分子吗？例如，水由氢元素和氧元素形成，氢元素有三种核素，氧元素也有三种核素，那么由三种不同的氢原子和三种不同的氧原子，结合成的水分子，不就会有很多种吗？是的，我们用化学式 H_2O 表示水，表示纯净的水分子是由两个氢元素原子和一个氧元素的原子结合形成的，这些氢原子、氧原子的中子数可能有差异，但是都是氢、氧元素的原子。水分子中原子的结合方式、排列顺序、在空间的相对位置都一样，就是说，水分子的结构完全一样。从这个角度看，水分子只有一种。如果要分辨水分了中氢原了和氧原了是哪种核素的原子，那么水分子就远不止一种。氢元素有三种原子，氧元素有三种原子。因此，从这些原子结合生成的水分子，除了由$^{1}_{1}H$、$^{16}_{8}O$ 组成的水分子外，还有 17 种水分子，例如，由$^{2}_{1}H$(D)、$^{16}_{8}O$ 组成的水分子 D_2O。我们平时很少顾及这种差别，因为虽然自然界中水分子种类多，但是由$^{1}_{1}H$、$^{16}_{8}O$ 组成的普通的水分子占了 99.8%，它比其他 17 种水分子的任何一种都多好几十倍。也因为这样，我们可以无忧无虑地喝水，不怕因为水中含有放射性的 D、T 同位素而影响健康。

自然界的水中，含有的 D_2O（称为重水）的百分数很小，但绝对数量并不少。海水中重水的含量仅为 0.034g/L。但是，海水中含有的重水

总量可达 2×10^{14} t，其中含有的重氢（氘）有 50 亿吨之多。重氢是受控热核聚变的原料，如果从海水中大规模提取重水能实现，海洋就能为人类提供大量的能源。

2.7　怎么计量物质的微粒数

物质都是由原子、分子、离子等微粒构成的。物质的质量是构成物质的所有微粒的质量的总和。微粒的质量极小，例如，一个氢原子质量约为 1.6744×10^{-27}kg；一个水分子的质量约是 3.0166×10^{-26}kg。因此，即使质量只有 1g 的物质，所含的微粒数也是非常巨大的。人们在实际生产、生活中遇到的、用到的物质，都是大量微粒（原子或分子、离子）的集合体，例如一小滴水（约 1mL 水的 1/20）就含有 1.67×10^{21} 个水分子。要计量大量微粒的集合体的质量可以直接使用千克（kg）或克（g）为单位。但是，物质的相互作用，都是微粒间的相互作用。在研究物质的组成、结构和相互作用的过程中，经常需要知道相互结合或反应的微粒是以怎样的数量比进行的，然而微粒又太小，难以计数。科学家想出一个巧妙的方法：用 12g ^{12}C（原子核中含有 6 个质子、6 个中子的碳原子）作为标准，和它含有相同微粒数的微粒集合体（即该微粒组成的物质）称为 1 摩尔（mol）。通过计算可以发现，12g ^{12}C 的碳原子数是一定的，计算出来约是 6.02×10^{23} 个。任何微粒的集合体，只要其微粒数和 12g ^{12}C 的碳原子数相同，它的量就是 1mol。1mol 任何微粒集合体，它的质量以 g 为单位，在数值上一定等于它的相对原子质量或相对分子质量（原子、离子的集合体，数值上等于相对原子质量；分子集合体，数值上等于相对分子质量）。例如 1mol 氧原子，质量一定是 16g；1mol 氧分子，质量一定是 32g；1mol 水分子，质量一定是 18g。1mol 任何一种微粒集合体，含有的微粒数和 12g ^{12}C 含有的碳原子数相同，该数值称为阿伏伽德罗常数，常用 N_A 表示，在数值上约为 6.02×10^{23}。

使用摩尔为单位来计量物质，可以很方便地计算出一定质量的物质中所含有的微粒数。例如，36g 水，是 2mol 水，约含有 $2N_A$ 个（约 12.04×10^{23} 个）水分子（H_2O），这些水分子中共含有 $4N_A$ 个（约 24.08×10^{23} 个）氢原子，$2N_A$ 个（约 12.04×10^{23} 个）氧原子。按照世界

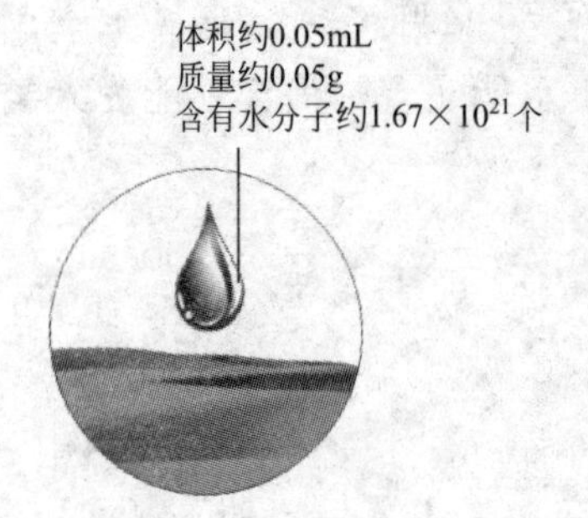

图 2-15 一滴水是多少

卫生组织规定，一个成年人，每日摄入的食盐（NaCl）的量最好不超过 6g。NaCl 的相对分子质量是 58.5，1mol NaCl 质量是 58.5g，6g NaCl，即 6/58.5（0.1026）mol，含有的钠离子和氯离子数都是 0.1026 N_A（约 6.17×10^{22}）个。

图 2-15 告诉你一滴水的体积、质量、含有的水分子数，你会推算吗？一滴水大约是 0.05mL，质量约 0.05g。我们知道，18g 水是 1mol，约含有 6.02×10^{23} 个水分子。因此，一滴水含有的水分子数约为 $[0.05g/(18g/mol)]\times6.02\times10^{23}$，即含有 1.67×10^{21} 个水分子。由此推算，大海中的水分子数，该是一个多么巨大的数字！

如果，一滴水不融入江河、大海，孤单地逗留在某个地方，其中的水分子在吸收了周围环境的热量后，运动加剧，将一个一个地脱离“伙伴”，消失在茫茫的空中。如果，这滴水融入大海，这滴水中所有的水分子将立即融入海水庞大的水分子“伙伴”之中。当然，江河、大海中的水分子，也会因为吸收了热能，加速运动，消失在江河、大海的上空，但是，江河、大海却不会因此而干涸。有人说，融入大海的一滴水才不会干涸，这句话很有哲理，从化学的视角看，用物质构成的知识分析，也是很有道理的。

2.8 核反应和放射性同位素衰变

原子核极小，体积只占原子体积的几千亿分之一，但原子核的密度极大，集中了 99.96%以上原子的质量。$1m^3$ 的体积如装满原子核，其质量将达到 10^{14}t（一百万亿吨）。构成原子核的质子和中子之间存在着巨大的吸引力，能克服质子之间所带正电荷的斥力而结合成原子核，使原子核在化学反应中不发生分裂。一旦某些重原子核分裂为两个或更多的核，发生核裂变时，会释放出巨大的原子核能，即原子能。铀 235 原子核受到中子的轰击，裂变形成钡 142 和氪 91，以及 3 个中子，引起链式反应。原子能发电站就是运用铀 235 的核裂变释放出的巨大能量（图 2-16）。

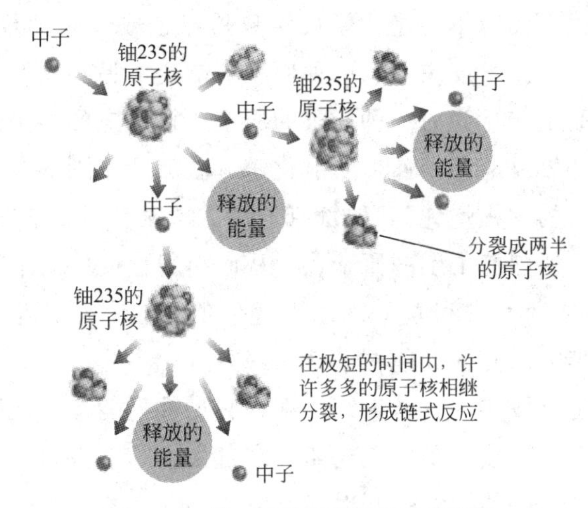

图 2-16 铀 235 的核裂变反应示意图

此外，一些轻原子核相遇时结合成为重核（发生核聚变）时，也会释放出巨大的原子核能。例如氘和氚，在一定条件下（如超高温和高压），发生原子核互相聚合作用，生成中子和氦 4，并伴随着巨大的能量释放。太阳就是由两个氢核聚合为一个氦原子核，而释放出巨大的能量（图 2-17）。

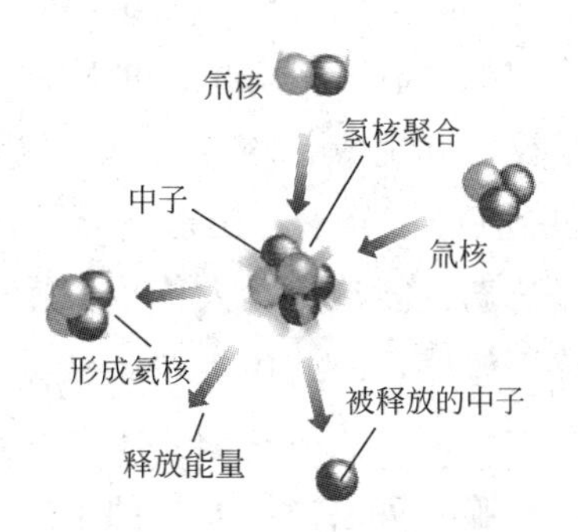

图 2-17 氢核的核聚变示意图

除了核裂变和核聚变反应，某些元素的原子会自发地放射出由某些粒子组成的射线，发生放射性衰变。α 射线、β 射线或 γ 射线是常见的三种射线。α 射线是由质量数为 4 的 He 原子核组成的射线流；β 射线是高速电子流，电子（e）带一个单位负电，相对质量约 1/1836，可看成 0；γ 射线是高能光子流，光子（γ）不带电荷，质量数为 0。能发生放射性衰变的核素，称为放射性同位素，不会发生放射性衰变的稳定性核素仅有 280 多种。例如，著名的物理学家、化学家居里夫妇经过不懈努力，发现的放射性元素镭（Ra）的同位素镭 226（$^{226}_{88}Ra$）能自动放射出 α 和 γ 两种射线，衰变为氦和放射性气体氡。用于制造原子弹的铀 238 放出一个 α 粒子后，核的质量数减少 4，电荷数减少 2，转化为钍 234。用于癌症治疗的放射性同位素钴 60，能放射 γ 射线束，杀死肿瘤细胞。

核反应和化学反应不同。化学反应只是原子或离子的重新排列组合，而原子核不变。在化学反应里，一种原子不能变成另一种原子；核反应则是一种元素的原子转化为另一种元素的原子。核反应的能量效应要比化学反应的大得多。核反应不是通过一般化学方法就能实现的，首先要用人工方法产生高能量的“核炮弹”（如氦原子核、氢原子核、氘原子核等），利用这些“炮弹”猛烈撞击别的原子核，从而引起核反应。中子也是“核炮弹”，中子不带电荷，它和原子核之间不存在电排斥力，因而用它来产生核反应，比用带电的其他高能粒子效果好得多。

放射性同位素放出的三种射线，都具有足够的能量，能撞击分子，打出分子的某些电子，使分子发生电离。来自太空的宇宙射线、X 射线都具有使分子发生电离的能力，这些射线是电离辐射，紫外光、可见光和红外辐射都是非电离辐射。电离辐射撞击分子可生成游离基，游离基是一种不稳定的含有未成对电子的物质，非常容易参与化学反应，可以参与各种化学反应并生成新的游离基，以不同的形式损坏、破坏人体组织中的分子，包括 DNA 分子，使这些分子死亡、变异，引起各种疾病。放射性辐射可以致病也能治病。人体中快速分裂生长的细胞（包括癌细胞）对电离辐射特别敏感，因此用核辐射或 X 射线可以治疗某些类型的癌症。以碘化钾形式存在的放射性碘 131 药片，可以治疗甲状腺机能亢进。放射性碘进入甲状腺，可以破坏亢进的甲状腺组织，恢复它的正常机能。

放射性同位素衰变的快慢有一定的规律。例如，氡 222 经过 α 衰变变为钋 218，如果隔一段时间测量一次氡的数量级就会发现，每过 3.8 天就有一半的氡发生衰变。也就是说，经过第一个 3.8 天，剩下一半的氡；经过第二个 3.8 天，剩有 1/4 的氡；再经过 3.8 天，剩有 1/8 的氡。科学家用半衰期来表示放射性元素衰变的快慢。放射性元素的原子核有半数发生衰变所需的时间，叫做这种元素的半衰期。不同的放射性元素，半衰期不同，甚至差别非常大。例如，铀 238 衰变为钍 234 的半衰期竟长达 45 亿年。放射性元素衰变的快慢是由核内部自身的因素决定的，跟原子所处的化学状态与核外部条件都没有关系。一种放射性元素，不管它是以单质的形式存在，还是与其他元素形成化合物，对它施加压力、提高温度，都不能改变它的半衰期。

放射性同位素碳 14（^{14}C）能发生 β 衰变，不断地缓慢转变为氮原子，它的半衰期较长（5730 年）。碳 14 是大气外层的氮气受宇宙射线的轰击

产生的，碳 14 在大气层迅速氧化成二氧化碳（CO_2），经大气对流进入大气内层，地球上的生物生存时，由于呼吸作用，体内的碳 14 含量和大气层中的含量保持一致，大致不变。一旦呼吸停止，生物体内的碳 14 随着时间慢慢衰变，缓慢减少，变得少于大气层中的含量。通过检测出土文物的碳 14 含量，和大气层中碳 14 的含量对比，利用碳 14 的半衰期，可以估算文物的大致年龄，这种方法称为放射性碳年代测定法。

放射性同位素能发出辐射线，在工业、医疗、科学研究等领域放射性同位素都有广泛的应用。例如，在工业上，用 γ 射线辐照食品（如水果和肉类），可延迟水果和蔬菜的熟化，杀死肉类中的细菌，使肉类较长时间保持新鲜，辐照的草莓两周后仍然坚挺和新鲜。用 γ 射线照相术，可检验金属管焊接中的缺陷。

在室内使用的电离烟雾探测器中有一个电离室（电离腔），其中有一个很小的纽扣状的镅放射源（放射性同位素镅 241），它被一层薄薄的金箔包裹着（图 2-18），带通气孔的电离室外盖已拆掉，可以看到其中的镅放射源。镅 241 不断地放射出 α 粒子射线，以高速运动撞击空气中的氮、氧等分子，使之局部发生电离，产生带正负电荷的离子，从而使得原来不导电的空气具有导电性，允许一定电流在两个电极之间通过。在电离室两端加上一定的电压，就能形成电离电流。当室内发生意外，产生烟雾，烟的小颗粒进入电离室，和离子结合，降低了电离室内空气的导电性，电流减小到预定值，探测器就会发出火警警报。

图 2-18　烟雾探测器

3 宇宙赐予地球的大气

笼罩在地球的大气层里有空气，对地球上的大多数生物来说，空气是须臾不可缺少的。但是，我们往往觉得空气太平凡了，对它熟视无睹。有些人用“喝西北风”形容衣食无着、走投无路的境况。风是空气流动的现象，有风就有空气。现在，我们知道宇宙中的星球中，只有地球上有大气层，大气层中有空气。空气是宇宙赐予人类最宝贵的资源之一。了解、保护、合理地利用空气，是关系到人类生存、社会可持续发展的问题。温室效应、大气污染、雾霾给我们带来的危害，实际上就是大气成分出了问题，空气质量下降造成的。

3.1 了解大气层

我们生活的地球的大气层是一层薄纱，把地球和外太空分割开来。我们常常称之为空气的物质，就是地球大气层中存在的气体。这些气体没有逃离地球表面，不离不弃地围绕在地球周围。这其实是由于地球有强大的吸引力，让空气不能离去。有了地球引力，80％的空气才能集中在离地面平均为 15km 的空间范围里。科学家把地球表面的大气层分为对流层、平流层（同温层）、中间层、电离层（热层）和散逸层（图 3-1）。地球上的生物生活在最下一层的大气中。在平流层，空气要稀薄得多，但臭氧（O_3）的含量多一点。臭氧可以吸收太阳光中大部分有害的紫外线，阻止大部分的紫外线进入对流层。自平流层顶到 85km 之间的大气层是中间层，再上一层是电离层。在电离层，空气处于部分电离或完全电离的状

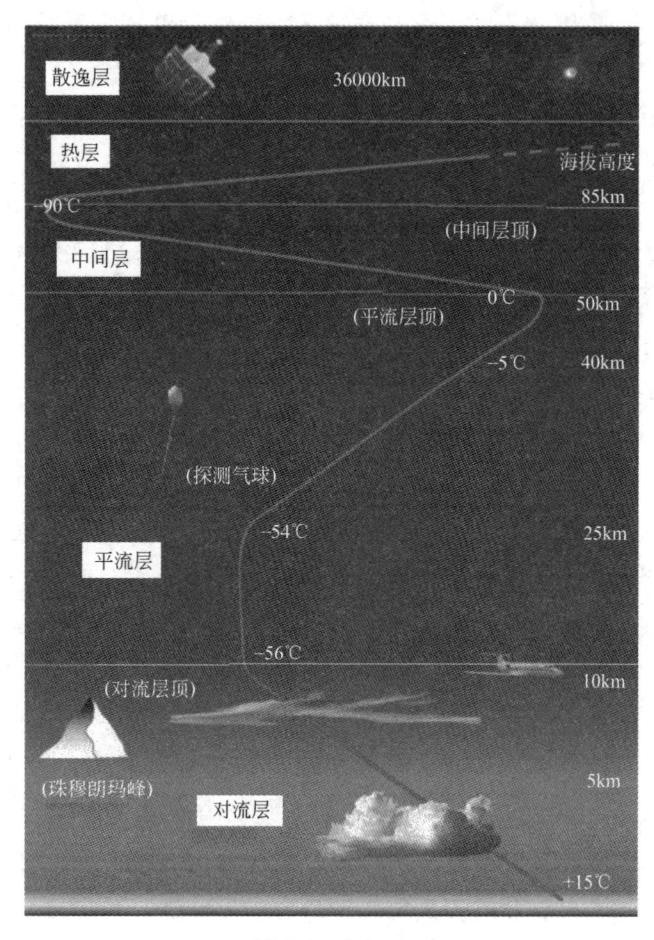

图 3-1 大气层

态，它可以将无线电波反射到世界各地。

在很长的历史时期里，人们一直认为空气是一种单一的物质。直到200多年前，法国科学家拉瓦锡（Lavoisier，1743—1794）才通过定量化学实验测定了空气成分，得到空气是由氧气和氮气组成的结论。当时，他把少量汞放在密闭容器中加热12天，发现部分汞变成红色粉末（HgO），同时，空气体积减小了1/5左右。通过对剩余气体的研究，他发现这部分气体不能供给呼吸，也不助燃。他当时认为余下的气体全部是氮气。拉瓦锡又把加热生成的红色粉末收集起来，放在另一个较小的容器中再加热，得到汞和氧气，且氧气体积恰好等于密闭容器中减少的空气体积。他把得到的氧气导入前一个容器，所得气体和空气性质完全相同。通过实验，拉瓦锡得出了空气由氧气和氮气组成，氧气占其中的1/5。

1892年，英国物理学家雷利发现从空气中分离氧气后得到的“氮气”的密度（1.2572g/L）与分解含氮物质所得的氮气密度（1.2505g/L）之间总是存在着微小的差异。他对这一微小的差异做了仔细研究，与英国化学家拉姆塞（William Ramsay，1852—1916）合作，终于发现空气中还存在着一种化学性质不活泼的“惰性”气体——氩气（Ar）。在接下来的几年中，拉姆塞等又陆续发现了氦气（He）、氖气（Ne）、氙气（Xe）、氪气（Kr）、氡气（Rn）这五种稀有气体。空气中约含0.94%（体积分数）的稀有气体，其中绝大部分是氩气。稀有气体元素在元素周期表中位于ⅧA族。稀有气体单质在常温常压下，都是无色无味的单原子气体，很难进行化学反应。天然存在的稀有气体有六种：氦（He）、氖（Ne）、氩（Ar）、氪（Kr）、氙（Xe）和具放射性的氡（Rn）。位于周期表中的第118号元素Og是以人工合成的稀有气体元素，它的原子核非常不稳定，据估计Og气态单质比氡更活泼。自稀有气体元素在19世纪被化学家发现以来，随着对这些元素的深入认识，它们多次被改名。原本人们认为它们很罕见，称其为稀有气体，但其中部分元素，并非少见。例如氩气在地球大气层的含量为0.923%，胜过二氧化碳（0.03%）；而氦气（He）在地球大气层的含量确实很少，但在宇宙中却是相当充沛，占有23%，仅次于氢（75%）。所以后来这六种元素又改称为惰性气体元素，表示它们的反应活性很低，不曾在自然中出现过化合物。不过，现代的研究已经发现它们可以通过人工合成和其他元素结合成化合物，因此又改称其为贵重气体，表示它们不易发生化学反应，但并非不能产生任何化合物。在我国，仍然称它们为稀有气体。

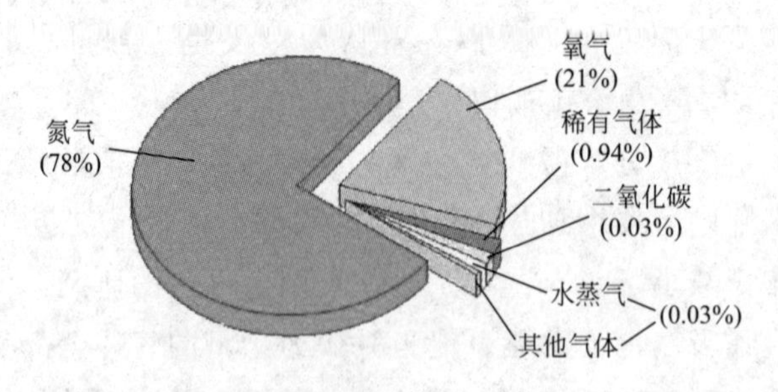

图3-2　空气的成分（体积分数）

现在我们都知道，空气是多种气体的混合物，它的主要成分是氮气（N_2）、氧气（O_2）、稀有气体、二氧化碳（CO_2）、水蒸气（H_2O）等。

各种气体在空气中所占的体积百分比，从图 3-2 可以粗略地了解。实验测定证明，地面至 100km 高度的空气，其中氮气、氧气、稀有气体的平均组成基本保持恒定。大气的最底层（对流层）集中了约 75%的大气质量和 90%以上的水汽质量，大气层高度越高，空气越稀薄。在高空，空气的组成随高度有所变化，且明显地同每天的时间及太阳活动有关。大气层中，二氧化碳和水蒸气在空气中的含量随地理位置和温度不同在很小的范围内会有微小变动。在海拔 10000m 的高空，空气中的含氧百分量仍保持在 20.93%，但是随着海拔高度的升高，单位体积内气体的分子数大大减小，氧分压降低。空气中还有少量其他含量不定的组成部分，如二氧化硫（SO_2）、臭氧（O_3）、一氧化二氮（N_2O）、甲烷（CH_4）等则在不同地区含量不同。也许你会问，动物不断消耗氧气，光合作用不断消耗二氧化碳，为什么空气中它们的成分是恒定的？在第 10 章你将会得到答案。

3.2 氧气和臭氧层

氧元素在地球上分布非常广，空气中就存在大量氧气，但是，直到 1774 年人类才首次分离得到纯氧。现在，我们可以从空气中分离得到纯氧，也可以从水等其他物质中通过化学方法来制得纯氧。

氧气是人类生存不可缺少的条件。一个成年人一天呼吸的空气超过 11000L，呼出的氮气占 75%，氧气占 16%、二氧化碳占 4%，与吸入气体相比，氧气含量减少，二氧化碳含量增大。吸入的氧气与我们摄取的各种食物中的营养成分发生各种复杂的化学反应释放出能量，驱动体内的各种化学过程，在新陈代谢过程中产生的二氧化碳气体通过呼吸排出。高原地区气压低，氧气分压也相应地降低，能吸进的氧气量不足，会引起呼吸困难、人体缺氧。短时间内进入高原地区，有些人数小时内发生头昏、头痛、心跳和呼吸加快，重者发生食欲减退、恶心、呕吐、失眠、疲乏和口唇发绀等症，更严重的可危及生命。

氧气在水中溶解度很小，常压下（空气压力）、37℃时，在含 21%（体积分数）氧气的空气中，1L 水大约可溶解 4.8mL 氧气。实际上，正常人的 1L 血液里溶解的氧气体积是 150～230mL（平均 190mL），几乎是在同样条件下能溶解在水中的氧气量的 50 倍。这是由于人体血液里有血红蛋白，它能与氧气结合，从而大大提高了氧气在血液中的溶解量。在人的动脉血里，如果 1L 血液溶解氧气 190mL，其中约 187mL 氧气是与血红蛋白（Hb）结合的，只约 3mL 是以分子状态分散在血液中的。血液中和血红蛋白结合的氧是怎么释放出来供人体需要的呢？血液中的血红蛋白中含有二价铁离子，它可与氧发生可逆的结合。结合氧气，形成氧合血红蛋白，呈鲜红色；与氧分离，释放出氧气后带有淡蓝色。二价铁与氧分子的结合能力取决于环境中的氧分压，它能从氧分压较高的肺泡中摄取氧，并随着血液循环把氧气释放到氧分压较低的组织中去，从而起到输氧作用。血红蛋白还可以与二氧化碳、一氧化碳结合，结合的方式也与氧完全一样，但结合的牢固程度不同。一氧化碳的浓度即使很低，也能优先和血红蛋白结合。一氧化碳一旦和血红蛋白结合就很难分离，使血红蛋白失去和氧分子结合的能力，致使通往组织的氧气流中断，造成一氧化碳中毒，使人窒息死亡。血红蛋白还可以与二氧化碳发生可逆结合，因此它又能携带组织代谢所产生的二氧化碳，经静脉血送到肺，再排出体外。

在大自然中，除了有可供呼吸的新鲜氧气，还有有益于健康的负氧离子。1889 年德国科学家 Elster 发现空气中不仅有不带电的中性氧分子，还有带电的氧离子存在，这就是空气负氧离子。空气分子是电中性的，但是在宇宙射线、紫外线、微量元素辐射、雷击闪电等作用下，空气中的分子会失去一部分最外层电子，发生电离。空气正离子有质子离子［$H_3O^+ \cdot (H_2O)_n$］和铵离子［$NH_4^+ \cdot (H_2O)_n$］，存在于地层表面的是铵离子；负离子有负氧离子、硝酸离子［$NO_3^- \cdot (HNO_3)_m \cdot (H_2O)_n$］和碳酸氢根离了（$IICO_3^-$）。空气中的氮对电了亲和力很小，只有氧和二氧化碳对电子有亲和力，但氧含量是二氧化碳含量的 700 倍，因此，空气中生成的负离子绝大多数是氧分子和一个或两个电子结合形成的带负电荷的负氧离子。空气的正、负离子，按其迁移率大小可分为大、中、小离子。小离子又称轻离子，它运动速度大，在大气中互相碰撞，可以不断聚集，形成大离子或中离子。只有小离子（或称之为小离子团）才能进入生物体。而小负氧离子（或称之为小负氧离子团），则有良好的生物活性。1902 年，美国学者 Aschkinass 明确指出了负氧离子的生物学意义以后，人们才逐渐认识到空气负离子功能。负氧离子有良好的生物活性，对人体有益。在负氧离子含量高的地方如森林、河边、瀑布，或经过雷声闪电的

雨后，令人感到身心愉悦，心旷神怡，这是由于空气负离子具有清洁空气、镇静安神、调节人体酸碱平衡的功能。随着当代科学发展，环境科学日益受人关注，人类活动范围从陆地扩展到太空、地球深处，以及海洋深处，在这些地方，人们要进入一个人造环境，比如在潜艇、宇宙飞船、密封的空调室内等特殊环境里，在公共场所，如电影院、宾馆、饭店、人员拥挤的百货商场等地方，均要适当增加空气中的负氧离子浓度，才能让人精神振奋、头脑清醒、情绪稳定，有效地提高工作效率。

绝大多数生物都需要氧气，燃烧、腐蚀过程都有氧气参加。许多化工生产过程要使用空气或氧气为原料。氧气在文明的星球上，有着举足轻重的作用。

在地球大气层的平流层（海平面以上 10～50km 的大气层）中，有一层臭氧层，90％以上的臭氧集中在那里。臭氧层能大量吸收从太阳来的紫外线，大大减弱紫外辐射的危害，就像撑了一把伞一样保护着地球上人类和其他生物的生存。臭氧层是高空氧气在太阳辐射的作用下产生的。高空氧气分子会吸收紫外辐射，分解成两个氧原子，生成的氧原子与氧分子迅速结合成臭氧分子。臭氧分子也会吸收紫外辐射，分解成氧分子和氧原子，还可与氧原子结合生成两个氧分子，发生慢反应，消耗氧原子和臭氧（图 3-3）。

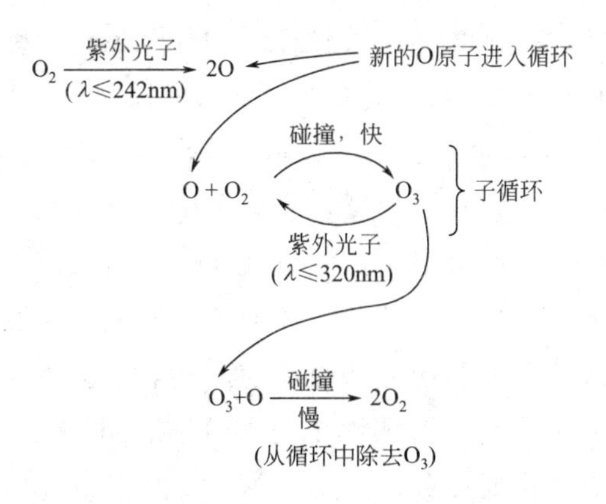

图 3-3　高空臭氧的形成与分解平衡

在平流层厚约 20km 的一层大气里上述反应循环进行，处于平衡状态，臭氧浓度相对较大，形成臭氧层。臭氧层中的氧气和臭氧能吸收紫外辐射，使达到地面的紫外辐射大大减少。但是，在 20 世纪末，科学家发现由于人类活动，特别是超音速飞机释放的一氧化氮气体和人工合成的氟氯烃进入平流层，造成了臭氧层中臭氧浓度的降低，形成臭氧空洞，导致达到地面的紫外辐射增多，紫外辐射到达地面可能使人的皮肤变黑、灼伤，甚至引起基因突变和癌变。喷气式飞机在飞行过程，燃油和空气在发动机会产生 NO 气体，从尾气中排出。在平流层，NO 分子能和氧原子反应，生成一氧化氮自由基·NO。自由基是一种不稳定的含有未成对电子的物质，非常容易参与化学反应。曾经被大量使用的制冷剂和其他工业领域产生的氟氯烃，挥发进入平流层，会吸收波长 220nm 的紫外光，转化为氯原子和其他自由基，也是引发臭氧分解的重要因素。

在联合国环境规划署的发起下，各国于 1985 年制定了《保护臭氧层公约》，接着于 1987 年制订了关于处理某些耗损臭氧层物质的《蒙特利尔议定书》，限制生产和使用氟氯烃。经过了全球范围内的多年努力，在 21 世纪的前十年中，臭氧空洞已大幅缩小。

地球上空的臭氧是地球人的保护伞。但在近地若存在臭氧，对人是有危害的。在汽车尾气、工厂排放的烟雾较多的地区，氮氧化物和挥发性有机化合物，在高气温和强太阳辐射下，会与氧气发生化学反应生成臭氧。接近地面空气中的臭氧是形成光化学烟雾的主要因素之一。电机运转中放出的火花、静电复印及电视机的工作过程，都会使空气中的部分氧气转变为臭氧。臭氧几乎能与人体中的任何生物组织反应，危害极大。臭氧对呼吸道的破坏性很强，会刺激和损害鼻黏膜和呼吸道，导致上呼吸道疾病恶化，还可能导致肺功能减弱、肺气肿和肺组织损伤。臭氧也会刺激眼睛，使视觉敏感度和视力降低。它还会破坏皮肤中的维生素 E，让皮肤长皱纹、黑斑。臭氧浓度大到一定程度，会损害中枢神经系统，让人头痛、胸痛、思维能力下降。臭氧会阻碍血液输氧功能，造成组织缺氧，使甲状腺功能受损、骨骼钙化。臭氧会破坏人体的免疫机能，诱发淋巴细胞染色体畸变，损害某些酶的活性和产生溶血反应。臭氧也会影响绿色植物的光合作用，降低农作物的产量。治理汽车尾气，防止近地空气中臭氧的形成，也是大气污染防治的重要任务。

3.3 氮气、二氧化碳和水蒸气

在自然界中，植物根瘤上的一些细菌能够在常温常压的低能量条件

下，把空气中的氮气转化为氮化合物，作为肥料供作物生长使用。雷雨闪电可以使氮气和氧气化合生成氮氧化物，随降水进入地面，成为硝酸盐，成为肥料。氮气是合成氨的原料，氨可用于来制作化肥，还是合成纤维（锦纶、腈纶）、合成树脂、合成橡胶等的重要原料。氮气化学性质不活泼，常用作保护气体。除了在化工、机械行业，用作保护气体防止生产过程中原料、产品等暴露在空气被氧气氧化外，氮气还可填充灯泡，延长灯丝使用寿命；填充粮仓，使粮食不霉烂、不发芽，以长期保存；作为食品保鲜保护气体。液氮可用作深度冷冻剂。高纯度的氮气和高纯度氦气、高纯二氧化碳可用于激光切割机的激光气体。氮气不活泼，分子比氧分子大，不易热胀冷缩，用于给汽车轮胎充气，可以提高轮胎行驶的稳定性和舒适性，减少爆胎的概率，减少油耗，延长轮胎使用寿命。

大气中的二氧化碳气体是光合作用不可缺少的原料，是几乎所有藻类、植物的唯一的碳的来源。绿色植物利用空气中的二氧化碳以及阳光和水合成营养物质，在此过程中，氧气被释放出来，人类和其他动物呼吸空气来获取氧气，动物还需要氧气从摄入的食物中获取能量。

大气层中的二氧化碳、水蒸气等气体可以引发温室效应，可以使地球上的温度保持相对稳定。“温室”是能透射阳光的密闭空间，由于它与外界缺乏热交换，不易散热，形成保温效应，温度较室外高。玻璃育花房和蔬菜大棚就是一种温室。太阳短波辐射可以透过大气射入地面，大气中的水蒸气（H_2O）、二氧化碳（CO_2）、氧化亚氮（N_2O）、甲烷（CH_4）、臭氧（O_3）等具有吸收太阳辐射中红外线的能力，还能将吸收的太阳辐射重新发射出来，这就像温室屋顶的厚厚玻璃，使地球变成了一个大暖房，科学家把这种现象称为温室效应（图 3-4）。

大气中的水蒸气可引发显著的温室效应。如果没有水蒸气的自然温室效应，白天温度会很高，而夜间温度会很低；地球将是一片苦寒死寂。正是凭借水蒸气的保温作用，地球上的生物才能生活繁衍。

空气中的水蒸气含量不大，但对人类和生物的影响也不可忽视。通常用湿度表示空气中水蒸气含量的高低（以%RH 为单位）。湿度越大，表示空气中水蒸气越接近饱和状态；相反湿度越小，空气越干燥。人类生存的最适宜湿度在 45%～65%RH，湿度太大、太小，我们都会感到不适，这是大家都能在生活中体验到的。干燥的空气容易使老人、幼儿等身体抵抗力较弱的人群感染疾病，流行病容易蔓延；容易产生静电，导致人身

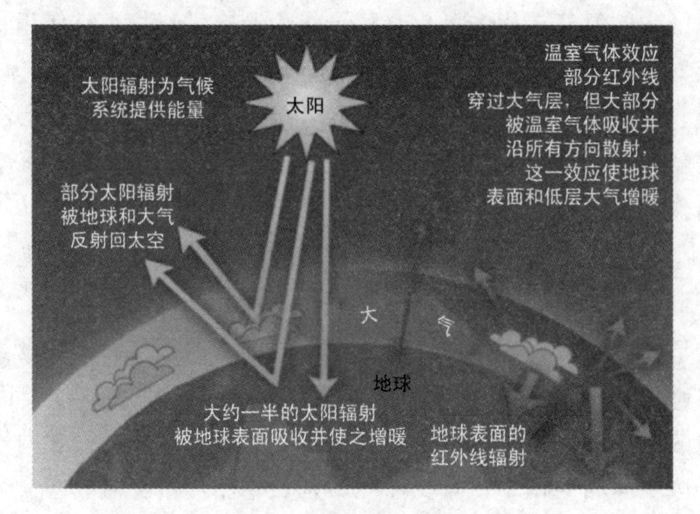

图 3-4　温室效应示意图

体不适；容易使皮肤肌纤维变形、断裂，形成不可恢复的皱纹。改变环境的干燥程度、增加室内湿度、保持皮肤的湿润是非常重要的。北方冬季供暖季节，人们在室内就感觉到格外干燥。而冬季供暖期间室内湿度一般只有 15%～20%RH，所以往往会出现上火、不舒服的感觉，此时要给室内加湿。

3.4　稀有元素气体

稀有元素气体（稀有气体），都是无色、无臭、无味的，微溶于水，溶解度随分子量的增加而增大。稀有气体的分子都是由单原子组成的，它们的熔点和沸点都很低，随着原子量的增加，熔点和沸点增大，它们在低温时都可以液化。稀有气体化学性质极不活动。

随着工业生产和科学技术的发展，稀有气体越来越广泛地应用在工业、医学、尖端科学技术以及日常生活里。

例如，一些生产部门常用它们来做保护气。焊接精密零件或镁、铝等活泼金属，制造半导体晶体管的过程中，常用氩作保护气。原子能反应堆的核燃料钚，在空气里会迅速氧化，也需要在氩气保护下进行机械加工。电灯泡里充氩气可以减少钨丝的气化和防止钨丝氧化，以延长灯泡的使用寿命。世界上第一盏霓虹灯是填充氖气制成的（霓虹灯的英文原意是“氖

灯”)。氖灯射出的红光，在空气里透射力很强，可以穿过浓雾。氖灯常用在机场、港口、水陆交通线的灯标上。灯管里充入氩气或氦气，通电时分别发出浅蓝色或淡红色光。在灯管里充入不同比例的氖、氩、氦、水银蒸气等气体混合物，可制得五光十色的各种霓虹灯（彩图 7)。人们常用的荧光灯，是在灯管里充入少量水银和氩气，并在内壁涂荧光物质（如卤磷酸钙）而制成的。通电时，管内因水银蒸汽放电而产生紫外线，激发荧光物质，使它发出近似日光的可见光，所以又叫做日光灯。

氦气是除了氢气以外最轻的气体，可以代替氢气装在飞艇里，不会着火和发生爆炸。液态氦的沸点为－269℃，是所有气体中最难液化的，利用液态氦可获得接近绝对零度（－273.15℃）的超低温。

氦气还用来代替氮气作人造空气，供探海潜水员呼吸。在压强较大的深海里，用普通空气供给呼吸，会有较多的氮气溶解在血液里。当潜水员从深海处上升，体内逐渐恢复常压时，溶解在血液里的氮气要放出来形成气泡，对微血管起阻塞作用，引起“气塞症”。氦气在血液里的溶解度比氮气小得多，用氦跟氧的混合气体（人造空气）代替普通空气，就不会发生上述现象。

温度在 2.2K 以上的液氦是一种正常液态，具有一般液体的通性。温度在 2.2K 以下的液氦则是一种超流体，具有许多反常的性质，例如具有超导性、低黏滞性等。它的黏度变为氢气黏度的百分之一，并且这种液氦能沿着容器的内壁向上流动，再沿着容器的外壁往下慢慢流下来，这种现象对于研究和验证量子理论很有意义。

氩气经高能的宇宙射线照射后会发生电离。利用这个原理，可以在人造地球卫星里设置充有氩气的计数器。当人造卫星在宇宙空间飞行时，氩气受到宇宙射线的照射。照射得越厉害，氩气发生电离也越强烈。卫星上的无线电机把这些电离信号自动地送回地球，人们就可根据信号的大小来判定空间宇宙辐射带的位置和强度。

氪能吸收 X 射线，可用作 X 射线工作时的遮光材料。

氙灯具有高度的紫外光辐射，可用于医疗技术方面。氙能溶于细胞质的油脂里，引起细胞的麻醉和膨胀，从而使神经末梢作用暂时停止。人们曾试用 80％氙和 20％氧组成的混合气体，作为无副作用的麻醉剂。在原子能工业上，氙可以用来检验高速粒子、介子等的存在。

氡是自然界唯一的天然放射性气体，将铍粉和氡密封在管子内，氡衰变时放出的α粒子与铍原子核进行核反应，产生的中子可用作实验室的中子源。氡还可用作气体示踪剂，用于检测管道泄漏和研究气体运动。

氡在作用于人体的同时会很快衰变成人体能吸收的氡子体，进入人体的呼吸系统造成辐射损伤，诱发肺癌。一般在劣质装修材料中的钍杂质会衰变释放氡气体，从而对人体造成伤害。体外辐射主要是指天然石材中的辐射体直接照射人体后产生的一种生物效果，会对人体内的造血器官、神经系统、生殖系统和消化系统造成损伤。

稀有气体在许多场合中用于提供惰性气氛。氩在化学合成时常用于保护对氮气敏感的化合物。固态氩也用于研究反应中间体等非常不稳定的化合物，方法是在超低温下将其隔离在固态氩构成的基质中。氦是气相色谱法中的载色剂、温度计的填充气，并用于盖革计数器和气泡室等辐射测量设备中。氦和氩都用作焊接电弧的保护气和贱金属的焊接及切割的惰性保护气，它们在其他冶金过程和半导体工业中硅的生产中同样有着广泛应用。

利用稀有气体可以制成多种混合气体激光器，如应用于测量和通信的氦-氖激光器。氦氖混合气体被密封在一个特制的石英管中，在外界高频振荡器的激励下，混合气体的原子间发生非弹性碰撞，被激发的原子之间发生能量传递，进而产生电子跃迁，并发出与跃迁相对应的受激辐射波。准分子激光在工业、医药和科学研究中有广泛用途。准分子激光器则要使用稀有气体，这些激光器产生波长较短的紫外线。高频率的激光可用于高精密成像技术，集成电路制造过程中的显微光刻法和微制造、医疗领域的激光手术（例如血管再成形术和眼部手术）都要用到准分子激光。

一些稀有气体有直接的医学用途，如：氦有时用于改善哮喘患者的呼吸；氙则因为在脂质中的高溶解度成为一种麻醉剂，比常用的一氧化二氮（俗称笑气）更为有效，且容易从体内排出，麻醉后苏醒也较快，氙在超极化核磁共振成像中用于拍摄肺的医学影像；具有强辐射性的氡只能微量制取，可用于放射线疗法。

3.5 保护大气层，防治大气污染

随着现代化工业的发展，排放到空气中的有害气体和烟尘进入大气层，改变了空气的成分，造成了对空气的污染（图 3-5）。

图 3-5 雾霾笼罩下的城市

大气污染物是人在生产、生活中排放到大气里的有害物质，可以分为以下几类：粉尘类（如炭粒等），金属尘类（如铁、铝等），湿雾类（如油雾、酸雾等），有害气体类（如一氧化碳、硫化氢、氮的氧化物等）。从世界范围来看，排放量较多、危害较大的污染物，主要是一氧化碳（CO）、臭氧（O_3）、二氧化硫（SO_2）、氮的氧化物（NO_x）和颗粒物（PM）。这些污染物大多是含碳燃料，特别是化石燃料燃烧排放的。其中浮尘、煤烟和烟雾看得见，但危害更大的是粒径小于 2.5μm 和 10μm 的肉眼看不见的微小颗粒物，它们可以进入我们的肺部、通过肺部进入血液，刺激肺部组织，引发各类疾病。

我们生活在大气里，每呼吸一次，大约可以吸入 500mL 空气，含有 2×10^{22} 个分子。如果空气中一氧化碳浓度以 9mL/m^3 的最低允许值计算，我们每呼吸一次，相当于吸入 2×10^{17} 个一氧化碳分子。因此，我们在生活中不可能享用到纯净的空气。但是，如果空气中污染物超过我们身体可以承受的限度，就会危害健康，甚至危及生命。

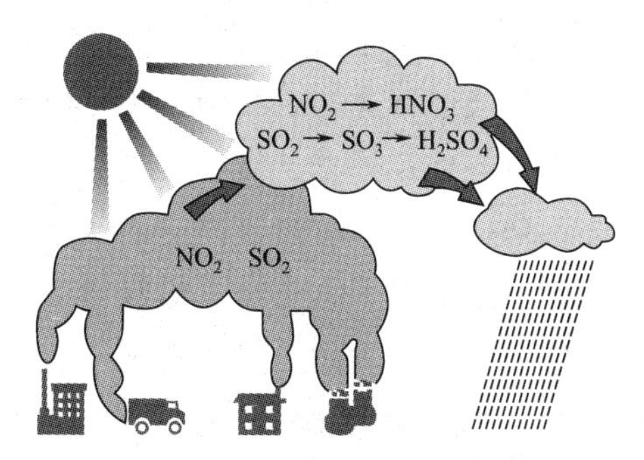

图 3-6 酸雨的形成

化石燃料燃烧排放的二氧化碳量剧增，产生了全球增强的温室效应。排放的二氧化硫、氮的氧化物，溶解在降水中，形成了酸雨（图 3-6）。汽车等交通工具发动机工作排放的氮氧化物、燃油不完全燃烧的各种产物，污染近地面的空气，使空气中PM2.5浓度超标、产生光化学烟雾、雾霾，严重地损害人体的健康，影响作物的生长，还造成对自然资源以及建筑物等的破坏。进入大气层的某些有害气体，进入高空平流层，破坏了臭氧和氧气的平衡，一度造成南极上空臭氧空洞，对人类健康产生威胁。

图 3-7　一氧化碳检测仪

为了了解大气污染情况，人们用各种方法检验、测定大气中各种污染物的存在和含量，制定大气质量标准。图3-7是一种测定空气中一氧化碳含量的检测仪。

大气污染的防治一般可以从下列几个方面规划实施。

(1) 减少或防止污染物排放　例如，改革能源结构，努力开发使用太阳能、风力、水力等无污染能源或低污染能源（如天然气、沼气、酒精）；对燃料进行预处理，例如燃料脱硫、煤的液化和气化，减少燃烧时产生污染大气的物质；改进燃烧装置和燃烧技术（如改革炉灶、采用沸腾炉燃烧等），提高燃烧效率和降低有害气体排放量；有污染物排放的企业要采用无污染或低污染的工业生产工艺，化学工业要倡导绿色化学工艺（如不用或少用易引起污染的原料，采用闭路循环工艺等）；节约能源和开展资源综合利用，加强企业管理，减少事故性排放和逸散；及时清理和妥善处置工业、生活和建筑废渣，减少地面扬尘。

(2) 治理排放的主要污染物　燃料燃烧过程和工业生产过程，不可避免会产生一些污染物并被排放到大气中，此时，必须注意控制排放浓度和排放总量，使之不超过该地区的环境容量。例如，利用各种除尘器去除烟尘和各种工业粉尘；采用气体吸收塔处理有害气体；应用各种方法回收利用废气中的有用物质，或使有害气体无害化。

(3) 扩大绿地面积，利用植物净化空气　植物具有美化环境、调节气候、截留粉尘、吸收大气中有害气体等功能。在城市和工业区有计划地、有选择地扩大绿地面积是大气污染综合防治中长效能和多功能的措施。

(4) 利用大气自净能力，降低大气中污染物浓度　大气环境可以通过各种物理、化学作用和生物作用，得到自净。在排出的污染物总量恒定的情况下，污染物浓度在时间上和空间上的分布同气象条件有关，认识和掌握气象变化规律，充分利用大气自净能力，可以降低大气中污染物浓度，

避免或减少大气污染危害。例如，依据不同地区、不同高度的大气层运动和变化规律，确定不同地区厂、矿的烟囱高度，使经烟囱排放的大气污染物能在大气中迅速地扩散稀释。

当今世界，尤其是城市中汽车被大量使用，汽车尾气的排放成为城市大气的重要污染源。汽车尾气中的主要污染物有：①气态的氮氧化物，包括一氧化氮（NO）、少量二氧化氮（NO_2），它们在地面附近能形成含有臭氧的光化学烟雾；②未燃烧的燃料、燃料在发动机中分解没有燃烧的物质；③成分很复杂的固体悬浮颗粒（PM）；④一氧化碳（CO）。

为了防治汽车尾气对大气的污染，世界各国都做了很多努力，如：①禁止使用含铅汽油。汽油中加入了抗爆剂四乙基铅 $Pb(C_2H_5)_4$，抗震性能提高，但是燃烧产生的铅粉末以及烟，严重污染大气，影响健康。被铅污染的空气、水、食物，进入人体，能在人体中蓄积，引起慢性中毒。②在汽油中掺入甲醇等添加剂，改变燃料成分，或使用甲醇（乙醇）的汽油，减少或消除污染物排放。③选用恰当的润滑添加剂、机械摩擦改进剂，提高发动机性能，使燃料燃烧更完全，减少污染物排放。④采用新能源和绿色燃料，例如，使用氢气、电能，减少汽车尾气有毒气体排放量。⑤安装三元催化转换器净化装置，让高温汽车尾气中 CO、HC（气态碳氢化合物）和 NO_x 三种气体发生氧化-还原反应，转化为无毒的 CO_2、H_2O 和 N_2，得到净化。

4 神奇复杂的化学变化

自然界存在的化学变化，生产、生活和科学研究中应用的化学变化，种类繁多、千奇百怪。我们讨论过的燃烧现象只是人们最早从自然界中发现并利用的化学变化之一。化学变化无处不有、无刻不在。这些变化，有的看起来十分平常，却须臾不可或缺；有的化学变化剧烈壮观，像炸药燃烧、爆炸；有的化学变化悄无声息，但后果却很严重；有的变化瞬间就能完成，有的变化非常缓慢，历经成百上千年才能被察觉。走进化学大观园，我们可以了解，人们如何利用有利于社会发展的化学变化造福人类，如何防止、规避不利于社会发展的化学变化，保护地球、保障社会物质文明和精神文明的发展。认识化学变化，让我们看到多姿多彩的化学变化与我们的生活息息相关，了解化学科学的魅力和价值。

4.1 自然界中的化学变化

在地球的各个角落，从海洋到陆地，从地壳到太空，自然界中存在的各种生物体内不断发生着各种化学变化。这些变化多得难以论说，我们只能列举一些最常见的化学变化做粗浅分析。

4.1.1 光合作用

绿色植物的光合作用（图 4-1）是自然界中最重要、最神奇的化学变化。光合作用的发现是科学家对自然现象潜心观察、仔细探究的成果。自然界中，花草、树木从幼芽慢慢长大，靠的是什么？

早在1642年，比利时科学家赫尔蒙特（J. B. van Helmont）做了一个实验：将一棵重2.5kg的柳树苗栽种到一个木桶里，木桶里盛有事先称过重量的土壤。以后，他每天只用纯净的雨水浇灌树苗。为防止灰尘落入，他还专门制作了桶盖。五年以后，柳树增重80多千克，而土壤却只减少了100g，赫尔蒙特为此提出了“建造植物体的原料是水分”的观点。此后，又有不少科学家继续研究植物的生长。1771年，英国化学家普里斯特利（J. Priestley，1733—1804），通过实验发现植物可以把燃烧蜡烛和小鼠呼吸生成的二氧化碳气体吸收；1779年，荷兰的英格豪斯（J. Ingen-housz）发现植物只有在光照下才能吸收二氧化碳气体；1782年，瑞士的塞尼比尔（J. Senebier）用实验证明，光合作用必须有CO_2参加，O_2是光合作用的产物；1864年，德国的萨克斯（J. V. Sachs）通过实验证明，把绿色植物的叶片放在太阳光照下，可以利用水和二氧化碳气体产生淀粉。

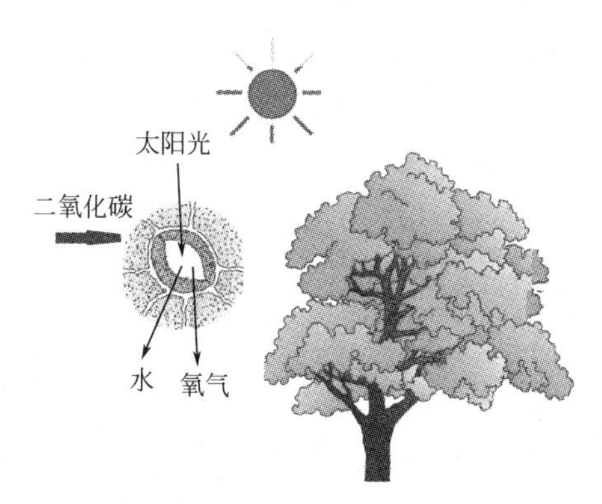

图4-1 光合作用

现在，人们都知道绿色植物的光合作用是利用太阳的光能把水和二氧化碳气体转化为葡萄糖、淀粉和纤维素，太阳的光能转化为化学能贮存在葡萄糖、淀粉和纤维素中。

$$CO_2+2H_2O \xrightarrow[\text{叶绿体}]{\text{光}} (CH_2O)+H_2O+O_2$$

上式中，(CH_2O)表示葡萄糖、淀粉和纤维素，生成的氧气来自水。

植物的生长，实际上就是利用从大气、土壤中吸收的水分和各种营养物质通过化学变化转化成可以构成细胞的各种有机物质，形成根、茎、叶，开出花朵、结出果实。动物能把摄入体内的植物或动物消化、转化为各种营养物质，吸收转化为构成自己躯体的蛋白质、脂肪等，获得体能，也全靠化学变化。动、植物死亡、腐烂，机体中的各种物质重新回归自然界，也全靠化学变化。

科学家推测，地球最初诞生时是没有氧气的，在地球上出现了能进行光合作用的原始生命蓝菌之后，在大气圈中才开始有氧气积累，才有生物的进一步繁衍，才会有人类的出现。人类所需要的多种生产、生活资料都是由光合作用产生的，如果没有光合作用就不会有人类的生存与发展。

光合作用和蜡烛的燃烧都是化学变化，都有新物质生成，都伴随有能量的转化。但是，二者所发生的物质变化和能量变化却很不同。蜡烛燃烧发生的变化人人都可以观察到，要观察到光合作用发生的变化可不容易，光合作用是在无声无息地进行着。蜡烛燃烧，组成石蜡的碳氢化合物中的碳、氢分别转化为二氧化碳和水，发生氧化反应，放出热能和光能。光合作用，叶绿体吸收太阳光的光能，通过一系列复杂的氧化还原反应，把水中的氧转化为氧气，利用水中的氢和二氧化碳中的碳、氧形成糖类化合物（如葡萄糖、果糖、淀粉、纤维素等）。光合作用的发现、研究，已经历经200多年。在《化学世界漫步》一书中粗浅地介绍了科学家研究光合作用的成果。人类要彻底揭开光合作用的奥秘，还需要更多科学家更深入的研究。

4.1.2 石灰岩中悄悄发生的化学变化

在地壳中，化学变化也在不断地进行着。火山爆发，在高温的熔岩中有许多复杂的化学变化发生，地壳中的一些矿藏也在逐渐发生着各种我们难以观察到的非常复杂的化学变化。

石灰石是地壳中最常见的岩石之一，也是贝类海洋生物外壳的主要组成成分。人类可以直接利用石灰石作为建筑材料，也可以把它烧制成生石灰，做成石灰浆，用于砌砖、抹墙，或作为化工原料生产其他化学品。

在石灰岩地区，地下水中溶解有较多的二氧化碳气体，石灰岩在地下水的不断侵蚀下，逐渐溶解，经过成百上千年，形成溶洞（图4-2）。坚硬的石灰石的主要成分是一种称为碳酸钙（$CaCO_3$）的物质，水不会使它溶解，但溶解有较多二氧化碳的水可以慢慢和它发生化学反应，把它转变成可以溶解的碳酸氢钙［$Ca(HCO_3)_2$］，溶解在地下水中：

$$CaCO_3+CO_2+H_2O = Ca(HCO_3)_2$$

溶解有较多碳酸氢钙的地下水，在一定条件下会逐渐分解，把“吃掉”的石灰岩重新“吐”出来，形成碳酸钙沉积下来，形成了钟乳石：

$$Ca(HCO_3)_2 = CaCO_3\downarrow+H_2O+CO_2\uparrow$$

贝类海洋生物的外壳，主要成分也是碳酸钙。科学家研究发现，贝类

图 4-2 石灰岩溶洞

海洋生物在生存期间不断地从海水中含碳、含钙的有机物和大气的二氧化碳摄入碳元素和钙元素。它们的血液中含有大量的钙元素、碳元素。贝类软体动物体内有一种特殊腺细胞，能分泌一种物质，可以将血液中的钙元素、碳元素，通过复杂的化学变化和新陈代谢过程，形成由碳酸钙结晶组成的外壳层。珍珠贝类和珠母贝类软体动物体内形成的珍珠（图 4-3），也是由其体内的内分泌作用把钙元素和碳元素转化成含碳酸钙的矿物珠粒。

图 4-3 珍珠贝类的外壳和体内形成的珍珠

生活在海边的人都知道用贝壳可以烧制成石灰。这是由于贝壳的主要成分碳酸钙在高温下会分解生成白色的生石灰（化学名称是氧化钙，CaO）和二氧化碳气体：

$$CaCO_3 \xlongequal{高温} CaO + CO_2 \uparrow$$

上述反应中，一种物质发生化学反应生成两种（或多种）物质，属于分解反应。

卵生动物的卵的外壳基本成分也是碳酸钙（含量为 95%～98%）。卵生动物成熟的卵泡进入输卵管，输卵管分泌的蛋白将卵黄包住，然后逐渐下行，形成内外壳膜，最后到达子宫，子宫是蛋壳形成的地方。子宫利用自身代谢产生的 CO_2 在体内碳酸酐酶的作用下与水结合成碳酸（H_2CO_3），离解产生碳酸根离子（CO_3^{2-}），CO_3^{2-} 与血液中的 Ca^{2+} 结合成碳酸钙（$CaCO_3$），均匀地沉积于蛋壳膜上，形成坚硬的蛋壳。

石灰石和贝壳一样，在高温煅烧时，会分解形成白色的生石灰。明代

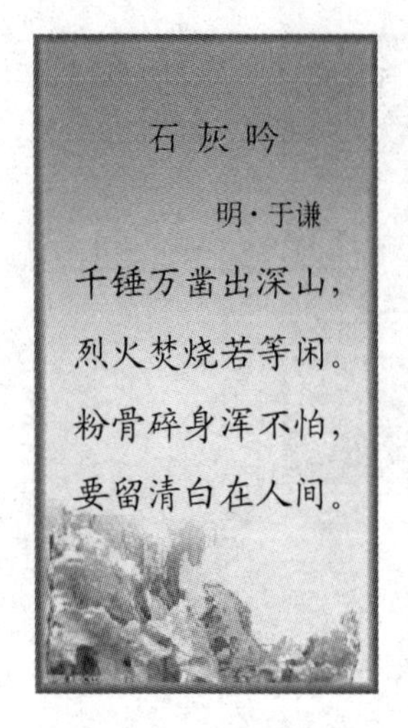

图 4-4 《石灰吟》

政治家于谦的托物言志诗——《石灰吟》（图 4-4），就是一首以石灰石煅烧生成生石灰为题的咏物诗。

该诗用象征手法，字面上是咏石灰，实际上是借物喻人，托物寄怀，表现诗人高洁的理想、积极进取的人生态度和大无畏的凛然正气。

石灰石不仅在高温下能发生化学反应，分解生成氧化钙和二氧化碳。如果把它投入醋酸或盐酸的水溶液中，也会和酸发生化学反应，由碳酸钙组成的坚硬外壳会逐渐溶解消失，转化为由钙离子和氯离子组成的氯化钙，同时生成碳酸（H_2CO_3），碳酸分解，生成水并放出二氧化碳气体：

$$CaCO_3 + 2HCl = CaCl_2 + H_2O + CO_2\uparrow$$

这一反应，实际上是有离子参加的反应——盐酸溶液中的氢离子（H^+）与石灰石表面上的 CO_3^{2-} 结合，生成碳酸（H_2CO_3）分子，后者分解出 CO_2 气体，$CaCO_3$ 失去碳酸根离子，钙离子（Ca^{2+}）溶解到溶液中。人们称这类有离子参加的反应为离子反应。离子反应可以用参加反应和生成的离子的符号来书写化学反应方程式。反应系统中，如果参加反应（或生成）的物质是固体或是难电离的物质，仍然用化学式表示。

碳酸钙和盐酸反应的离子方程式可以写成：

$$CaCO_3 + 2H^+ = Ca^{2+} + H_2O + CO_2\uparrow$$

食醋中含有醋酸，把鸡蛋放入食醋中，由于鸡蛋密度大于水，所以沉在底部，过一会儿，蛋壳中的碳酸钙和醋酸发生化学反应，放出的二氧化碳气体附着在蛋壳表面，好似给蛋穿上了一件救生衣，能使蛋浮到液面上。过一会儿，附着在蛋壳表面的二氧化碳气体逸散，蛋脱掉了救生衣又下沉了。过一会又会自动上浮、下沉，直至蛋壳变得非常薄或几乎消失，不再有足够的二氧化碳气体生成，就不再会自动浮沉了。

碳酸钙和食醋中醋酸（CH_3COOH，可以简写为 HAc）的反应，若用离子方程式表示，可以写成：

$$CaCO_3 + 2HAc = Ca^{2+} + 2Ac^- + H_2O + CO_2\uparrow$$

从石灰石高温煅烧得到的生石灰，是重要的化工原料，也是建筑材料。生石灰若用水调制，与水发生反应，放出大量热，生成熟石灰［氢氧化钙，$Ca(OH)_2$］：

$$CaO + H_2O = Ca(OH)_2$$

上述反应中，两种物质相互作用形成一种物质，属于化合反应。反应生成的熟石灰在水中只有一小部分溶解，溶解的部分电离成钙离子（Ca^{2+}）和氢氧根离子（OH^-）。熟石灰和水混合形成白色浆状的石灰浆，其中有 $Ca(OH)_2$ 固体，也有 Ca^{2+} 和 OH^-。在水泥还未普遍使用的年代，人们用石灰配制成石灰浆用于粉刷墙壁，用石灰和沙土制成石灰砂浆，用于砌砖、配制三合土，铺设地面。石灰浆在空气中逐渐吸收二氧化碳气体，转化为难溶解于水的碳酸钙，从而变得坚硬：

$$Ca(OH)_2 + CO_2 = CaCO_3 \downarrow + H_2O$$

4.1.3 树叶、花朵变色的秘密

植物的叶子、花朵中含有各种呈现不同颜色的色素（某些有机化合物）。例如，树叶中含有绿色的叶绿素。此外，很多树叶、花朵的花瓣中还含有黄色、橙色以及红色等其他色素，如胡萝卜素（黄色）、叶黄素（黄色）、花青素（红色）。这些色素虽然不能像叶绿素一样进行光合作用，但是其中有一些能够把捕获的光能传递给叶绿素。植物叶子和花朵的颜色会在不同时期和不同环境下表现出不同的颜色，颜色的深浅也会发生变化（彩图 8）。这是由于不同植物或同一植物在不同发育时期，细胞中所含各种色素的比例会发生变化，色素浓度也会改变，叶子、花朵中细胞液的酸碱性也会发生变化，这些因素使叶子和花朵的颜色发生改变。在春天和夏天，植物叶子中叶绿素的含量比其他色素要丰富得多，所以叶子呈现出叶绿素的绿色，而看不出其他色素的颜色。秋天，白天短夜晚长，树木不再像春天和夏天制造大量的叶绿素，已有的叶绿素会逐渐分解。随着树叶中叶绿素含量的逐渐减少，其他色素的颜色就会在叶面上渐渐显现出来，树叶就呈现出黄绿色、黄色、红色等颜色。一些植物花朵刚开放时，花瓣内环境偏碱性，花青素颜色偏蓝，随着开放时间增加，花瓣中二氧化碳浓度增加，酸性增强，所以花青素由蓝转紫，最后凋谢的时候显示红色。还有一些植物，在花蕾期颜色较深，开花后由于含水量增加、体积增大，色素溶液稀释，颜色会变浅。

300 多年前的一天，英国年轻的科学家罗伯特·波义耳正准备到实验室去做实验，一位花木工为他送来一篮紫罗兰。波义耳非常喜爱鲜花，他随手取下一朵带到实验室，放在实验桌上，而后开始进行他的实验。

当他从试剂瓶中倾倒浓盐酸时，淡黄色冒着白雾的盐酸沫飞溅到鲜花上，他立刻用水冲洗鲜花，却发现紫罗兰颜色变红了，波义耳十分惊奇，他意识到可能是盐酸使紫罗兰颜色变红。为验证他的设想，他立即返回住所，把那一篮鲜花全部拿到实验室。他把紫罗兰花瓣分别浸入当时已知的几种酸的稀溶液中，发现各种酸的稀溶液都可以使紫罗兰变红。他断定，各种酸溶液都能使紫罗兰变为红色。他想，以后要辨别溶液是不是酸，只要用紫罗兰花瓣来检验。后来，他又弄来其他花瓣、药草，如牵牛花、苔藓、月季花、树皮和各种植物的根做试验，把它们制成水或酒精的浸出液，加入酸和碱溶液，观察到许多溶液变色现象。他发现有些浸出液遇酸溶液变色，有些浸出液遇碱溶液变色。他发现石蕊苔藓中提取出的紫色浸出液，酸能使它变红色，碱能使它变蓝色，就把它称作指示剂。为使用方便，波义耳用一些浸液把纸浸透、烘干制成纸片，使用时只要将小纸片放入被检测的溶液，纸片上就会发生颜色变化，从而显示出溶液是酸性还是碱性。现在化学实验中经常使用的检验溶液酸碱性的石蕊试纸、酚酞试剂，就是根据波义耳的发现研制的。随着科学技术的进步和发展，许多其他的指示剂也相继被科学家发现。

为什么这些植物的根、叶、花朵的浸出液能在酸、碱溶液中变色呢？化学家研究发现，这些能作为酸碱指示剂的物质是一些具有弱酸性或弱碱性的有机物。它们在不同的酸碱性溶液中，由于分子结构会发生变化，呈现不同的颜色。

石蕊在水溶液里可以以分子状态存在，呈现红色，当它发生电离，生成呈现蓝色的阴离子和无色的氢离子。在酸性溶液里，石蕊存在的主要形式是分子，溶液显红色；在碱性溶液里，主要以离子状态存在，溶液显蓝色；在纯水或氯化钠等中性溶液里，红色的分子和蓝色的酸根离子同时存在，所以溶液显紫色。

酚酞在酸性较强的溶液中，主要以无色分子存在。随着溶液酸性降低，酚酞分子会更多地电离，形成红色的离子。因此，酚酞在酸性溶液里呈无色，在碱性溶液呈红色。但是当溶液碱性很强时，形成的红色离子不稳定，结构会改变，转化成无色的离子。

在自然界、生活中会遇到许多有趣、神秘的显色、变色和褪色的现象。从化学视角看，这些现象只不过是伴随物质的化学变化发生的。化学家在探究这些神秘现象的过程中，通过对实验的观察、分析、推理和判断，发现了其中蕴藏的化学变化，揭开了这些现象的神秘面纱，运用其中蕴含的化学原理，还发明、创造了不少能解决生产生活实际问题的新思路、新方法、新技术，推进了化学科学的发展。

4.2 呼吸与化学反应

人在呼吸过程吸入的空气中氧气约占总体积的 21%，二氧化碳仅有 0.03%～0.04%，但是呼出的气体中氧气只占约 13%，而二氧化碳约占 5.3%。氧气消耗了，二氧化碳增多了，这是为什么？

我们一般所说的呼吸，指高等动物和人的机体与外界环境之间的气体交换过程（图 4-5）。机体从大气摄取新陈代谢所需要的 O_2，排出所产生的 CO_2。呼吸是维持机体新陈代谢和其他功能活动所必需的基本生理过程之一。呼吸过程包括外界空气与肺之间的气体交换过程、肺泡与肺毛细血管之间的气体交换过程、气体在血液中的运输，以及血液与机体的组织、细胞之间的气体交换过程。

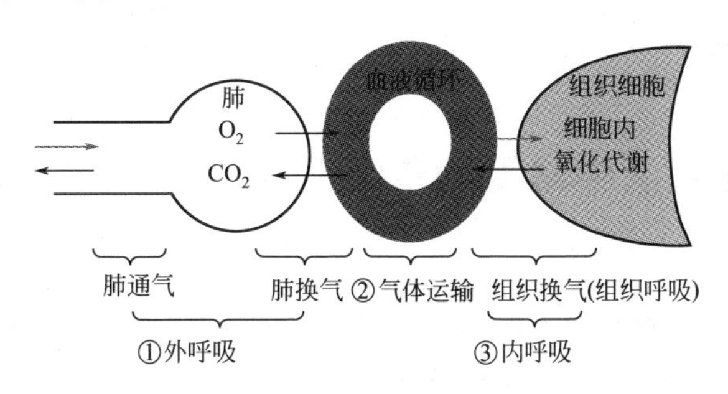

图 4-5 呼吸过程

血液与机体的组织、细胞之间的气体交换，实际上就是机体的组织、细胞从血液中获得氧气，在组织、细胞中氧气参与新陈代谢过程发生的各种复杂的化学变化被消耗，体内的营养物质在变化过程中产生了二氧化碳气体排出到血液中。吸入的气体和呼出的气体成分的差异，就是由氧气在组织、细胞中参与复杂的化学变化所造成的。

氧气分子参与体内有机物的氧化分解，生成二氧化碳、水、氨等无机物，并供给能量（形成生物体可利用形态的能量，主要为 ATP）。人体就像一座活的化工厂，摄入的各种营养物质和吸入的氧气在体内发生呼吸反应，转化为能量，排出二氧化碳等废物，为生命活动和进行各种活动提供能量。

3.2 节曾介绍过，人的血液通过血红蛋白来输送氧气和二氧化碳气体。在氧气（或二氧化碳气体）分压高的情况下，血红蛋白和氧气分子（或二氧化碳分子）结合；在氧气（或二氧化碳气体）分压低的情况下，血红蛋白释放氧气分子（或二氧化碳分子）。在肺部，血红蛋白能在氧分压较高的肺泡中和氧气分子结合，摄取氧气，并随着动脉血，经血液循环把氧气释放到氧分压较低的组织中去再释放出氧气，参与新陈代谢过程中的各种复杂的化学变化，并在组织细胞中与二氧化碳气体分子结合，摄取代谢所产生的二氧化碳气体，经静脉血送到肺部，排出体外。

血红蛋白能与氧气结合，从而大大提高了氧气在血液中的溶解量。正常人血液中能结合和输送的氧气足够满足生命活动的需要。如果血液中血红蛋白含量不足，溶解在血液中的氧气将减少，会影响生命活动的正常进行。大气中氧气的含量要达到 17%～25%，人才能正常生活。如果空气稀薄，氧气分压太低，溶解在血液中的氧气也会减少。氧气含量降低到一定程度，人无法靠加快呼吸来维持血液中足够的氧气，也会影响生命活动的正常进行。

4.3 日常生活中常见的化学变化

(1) 粉笔是怎么制成的 粉笔（图 4-6）是课堂教学最常见、最普通的教具。粉笔的制造，也利用了化学变化。

制造粉笔的主要原料是粉末状的碳酸钙和烧石膏。烧石膏是用石膏矿石粉碎成石膏粉烧制而成的。石膏矿石的主要成分是硫酸钙（$CaSO_4$）和水结合形成的二水合物 $CaSO_4 \cdot 2H_2O$，俗称石膏（或生石膏）。石膏加热至 128℃，晶体中结合的结晶水会释放出来，变成熟石膏（也称烧石膏）：

$$2[CaSO_4 \cdot 2H_2O] \xlongequal{\text{加热}} 2CaSO_4 \cdot H_2O + 3H_2O$$

熟石膏中仍然保留了一些结晶水，硫酸钙和水分子的数目比是 2∶1，是硫酸钙的半水合物（$2CaSO_4 \cdot H_2O$）。生石膏如果再加热到 163℃ 以上，生石膏中的结晶水会全部失去。因此，从石膏烧制熟石膏，要控制好温度。

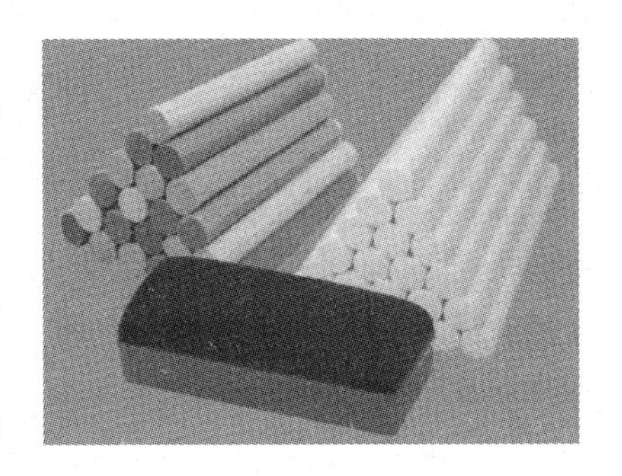

图 4-6 粉笔

熟石膏粉末与适量水混合，可形成具有可塑性的浆状固体。放置一段时间，硫酸钙的半水合物会再结合水硬化，又变成石膏：

$$2CaSO_4 \cdot H_2O + 3H_2O = 2[CaSO_4 \cdot 2H_2O]$$

硬化过程会放出大量热并膨胀，因此可用熟石膏粉来铸造模型和雕塑。

制造粉笔的配方一般是：熟石膏 8（或 6）份、碳酸钙（或光粉）4 份、水 10 份。将碳酸钙及熟石膏混合，加水调匀，成为薄的浆料，然后迅速浇入预先用蘸了油类（一般为橄榄油或火油）的布擦拭的金属模型孔内。十几分钟或半小时后，待浆料全部凝固，拆开模型，取出成型的粉笔晒干就可以了。

制成的粉笔主要成分是石膏（$CaSO_4 \cdot 2H_2O$）和碳酸钙。制造过程中加入碳酸钙粉末是为了加大粉笔的硬度，使粉笔不易折断。如果要调制彩色粉笔，可以选择添加曙红、孔雀绿、普鲁士蓝或群青、铬黄、铬橙、紫粉、印度红或茶红等染料，分别制得红、绿、蓝、黄、橙、紫色的粉笔。

要想把粉笔书写后留下的粉笔灰重新用水调匀来制造粉笔，是做不成的，可以依据上面介绍的制造粉笔的原理来解释。

石膏和硫酸钙可用作制造硫酸和水泥的原料，还可做油漆的白颜料、纸张的填料和豆腐的凝结剂。

（2）牛奶是怎么变成酸奶的 早期游牧民族为了保存牛奶，并方便携带，往往让牛奶发酵，使它转变成半固态的酸奶（图 4-7）。酸奶含有多种乳酸、乳糖、氨基酸、矿物质、维生素、酶，富有营养，比较可口，而且容易消化，已经成为大众喜爱的食品。

牛奶发酵制成酸奶的过程，发生了一系列化学变化。牛奶中的糖类、

图 4-7　酸奶

蛋白质有20%左右分别被分解成为半乳糖、乳酸、小的肽链和氨基酸等小分子物质。发酵后，脂肪酸可比原料奶增加2倍。除保留了鲜牛奶的全部营养成分外，在发酵过程中乳酸菌还可以产生人体营养所必需的多种维生素，如维生素B_1、维生素B_2、维生素B_6、维生素B_{12}等。这些变化使酸奶更易被消化和吸收，各种营养素的利用率得以提高。

可以用新鲜牛奶自己制造酸奶，制造过程中要注意使用消过毒的容器。在新鲜牛奶中加入12%的砂糖，加热到82℃左右，进行消毒，杀死牛奶中可能存在的微生物，冷却到常温后加入2%～4%的含有乳酸菌的培养基(也可以用酸奶代替，但用量要多一些)，搅拌混合均匀后，装满，密闭保存在消毒的容器中，在42℃左右保持6～8小时（加酸奶的可以多放一段时间)。在这个过程中，乳酸菌大量繁殖，牛奶中的乳糖（$C_{12}H_{22}O_{11}$）在乳酸菌分泌的酶的作用下发酵，生成乳酸（$C_3H_6O_3$）。乳酸可以使牛奶中的蛋白质长链交叉连接，形成网络结构，使原来液态的牛奶变成带有酸味的、半固态的酸奶。乳糖不耐受的人，喝酸奶就不会出现腹胀、腹泻等不适。乳酸可以提高牛奶中钙、磷等矿物质在人体中的利用率，使其更易被人体吸收。蛋白质也在发酵过程中被水解成更易被人体吸收的小分子。

(3) 暖宝宝和自热盒饭的秘密　暖宝宝（暖贴、暖身宝）或取暖袋、便利怀炉等，是20世纪70年代出现的。它不用火、电、水或其他能源，撕开外袋，就会发热，持续时间可达12小时，平均温度约53℃，贴在需要保暖或需要缓解生理病痛的部位。冬季在户外活动时，用它可以防止肌肉过冷而紧张，防止手部冻伤、预防感冒；还可以缓解腰痛、腿痛、肩痛等。

图 4-8　暖贴

暖贴（4-8）由原料层、无纺布袋和明胶层组成。无纺布袋采用微孔透气膜制成。袋中的原料层里有非常容易和氧气反应放热的铁粉、活性炭粉（吸附了水蒸气)、食盐（NaCl）以及镁、铝的盐类组成的发热物质，还含有保温

矿物材料蛭石。无纺布袋的外面有一个不透气的明胶层外袋。使用时，撕掉外袋，让无纺布袋暴露在空气中，空气中的氧气通过透气膜的微孔进入袋中。袋内的铁粉在食盐、活性炭、水等物质的存在下，和氧气发生氧化反应。铁粉被氧化，生成 $Fe(OH)_2$，并进一步转化为 $Fe(OH)_3$。反应原理类似电池中的电化学反应，反应较快但没有产生电能，而是放出较大量的热。反应一结束，就不会再发热，靠保温材料保持热量。由于反应放热，生成的 $Fe(OH)_3$ 会分解生成 Fe_2O_3。所发生的化学反应可以简单表示为：

$$2Fe+O_2+2H_2O = 2Fe(OH)_2$$

$$4Fe(OH)_2+2H_2O+O_2 = 4Fe(OH)_3$$

$$2Fe(OH)_3 \xlongequal{加热} Fe_2O_3+3H_2O$$

市场里出售的自热米饭（图4-9）、自热盒饭，部队使用的野战用饭盒，包装盒里都带有一个发热包，是用无纺布包装的发热剂，利用发热剂在少量水或氧气的作用下，发生反应，放出热量，煮熟或加热米饭、菜肴。

图 4-9　自热米饭

例如，一种自热米饭包装里提供有发热包、米饭和菜肴及纯净水包。发热包中装有焙烧硅藻土、铁粉、铝粉、焦炭粉、活性炭、盐。食用前，把发热包中的发热剂加水混合均匀，加热包中的物质发生化学反应放热，在3～5秒内温度就迅速上升，发热时间较长，温度最高可以达到120～150℃，8～15分钟即可将米饭和菜肴蒸熟。由于反应放热温度高，使用时要注意安全，防止烫伤。

图 4-10　变色眼镜

(4) 变色眼镜的奥秘　夏季的晴天，当室外阳光非常刺眼的时候，人们喜欢带上变色眼镜（图4-10）。变色眼镜在室外阳光刺眼的时刻，镜片呈浅灰或茶褐色，把部分阳光挡住，人们走在阳光下，不会再感到阳光耀眼难受；进入室内或阴天了，镜片又自动变得无色透明，不会影响视线。变色眼镜的镜片里有什么秘密呢？

原来，变色眼镜的镜片是用变色玻璃制成的。变色玻璃中含有溴化银（AgBr）、氯化银（AgCl）（溴化银、氯化银可统称为卤化银）和微量氯化亚铜（CuCl）。卤化银是由银离子（Ag^+）和卤素离子（如 Br^-、Cl^-）组成的化合物。每立方厘米的变色镜片中含有的卤化银微晶粒子可达到 4×10^{15} 个，它们在变色玻璃中形成无色的卤化银微晶体。在室外受到紫外线或者可见光照射，无色的卤化银分解成银原子和卤素原子，如：

$$AgBr = Ag + Br$$

分解生成的许多暗色的金属银微粒，均匀地分布在镜片里。银微粒吸收可见光，阻挡光线，使镜片透光率降低，原来无色透明的镜片，就会变成灰黑色或茶色。卤化银分解生成的卤素原子和氯化亚铜中的一价铜（Cu^+）作用，把 Cu^+ 氧化为 Cu^{2+}，卤素原子本身被还原为卤素离子（如 Br 原子转化为 Br^-）也留在镜片中：

$$Br + Cu^+ = Cu^{2+} + Br^-$$

当强光消失，Cu^{2+} 和银原子作用，把银原子重新转化为银离子，和卤素离子结合成无色的卤化银微晶，如：

$$Cu^{2+} + Ag = Ag^+ + Cu^+$$

$$Ag^+ + Br^- = AgBr$$

镜片又会变成无色透明或透明的浅色调。变色镜片的原始透光率约为 90%，在太阳光照射下，透光率可降低到 20%～30%或 40%～50%。

像变色玻璃这样的材料还有不少，它们会随着光线强度的改变发生颜色的变化，而且这种变化是可逆的。光线增强，颜色变化；光线恢复正常，颜色也恢复到原来状态。这种材料称为“光致变色材料”。如果房间、汽车驾驶室和游览车窗口的玻璃都用光致变色玻璃安装，晴天时，太阳光射不进，烈日下透过的光线变得柔和、会给人阴凉的感觉；阴天或者早晨、黄昏，室外的光线不被遮挡，室内依然明亮，似乎每扇窗户都挂上了自动遮阳窗帘。

（5）怎么把普通竹子变成“斑竹” 斑竹的绿色表面散布着大小不一的棕色斑块或斑点。不少人喜欢用斑竹制成的古色古香、别有韵味的工艺品和家具（图 4-11），但是斑竹材料比较难得，市面上有不少商家用化学方法把普通竹子做成的家具进一步加工，把它变成仿真“斑竹”家具或工艺品。

怎么把普通竹子变成仿真“斑竹”呢？说起来很简单。工艺师是利用浓浆状的“酸泥”，小心地洒泼在普通竹子的表面上，形成小块状或点状黏附在竹子表面。用微火慢慢烘干竹器上的酸泥，使酸泥中的水分蒸发，

图 4-11 斑竹和斑竹工艺品

变浓的酸和竹子表面发生化学作用，使竹子表面组织被腐蚀，形成棕色斑块或斑点。当竹器上的酸泥里的水分完全蒸干了，酸泥就会脱落。用水清洗掉还粘在竹器表面的残余酸泥后，就可以看到竹子表面出现或深或浅、大小形状不一的棕色斑块或斑点，看起来仿佛是天然斑竹。酸泥是用稀的硫酸（H_2SO_4）溶液和上经过筛分的细泥土制成的。浓硫酸有很强的脱水性，洒泼在竹子表面的酸泥，在烘干过程中逐渐变浓，可以把竹子表面竹纤维中的氢氧原子以 2∶1 的比例变成水分子脱出，竹子表面的竹纤维由于脱水被炭化、变焦，就形成棕色的斑纹。

硫酸是强酸，有很强的腐蚀性。使用它要十分小心，注意避免让硫酸沾在皮肤、衣服上，否则沾了硫酸的皮肤、衣服会被腐蚀、炭化，伤害皮肤，在衣服上留下破洞。浓硫酸和水混合，会放出大量热，如果把水倾倒到浓硫酸中，少量水在硫酸液面上和硫酸作用，放出的热量，使水沸腾飞溅，十分危险。把浓硫酸稀释成稀硫酸时，一定要慢慢地把浓硫酸沿容器壁加到水中，并搅拌溶液，使放出的热量扩散，防止局部过热。

利用化学试剂和某些材料的表面发生化学反应，引起材料表面特定的地方被化学试剂腐蚀，可以在材料表面上形成花纹、图案。例如，氢氟酸（化学式 HF，一种腐蚀性很强、有毒性的酸）可以腐蚀玻璃，在玻璃表面敷上石蜡，在石蜡上刻画花纹图案或文字图画，图案线条上石蜡被除去，而后再涂上氢氟酸，利用氢氟酸腐蚀图案线条处的玻璃，就可以在玻璃上雕刻花纹图案或字画。

在电子工业上，也可以利用化学试剂腐蚀塑料底板上覆盖的薄铜板，制作成线路板。

(6) 衣服上的碘酒污迹的去除 如果你使用碘酒涂搽伤口时，不小心把碘酒洒到衣服上，特别是白衬衫上，没有几天时间，沾上的棕红色是很难消失的，还可能留下难以清洗的污迹。如果有人给你一瓶神奇的药水，用它立马可以把碘酒污迹漂白清洗干净，你一定会喜出望外。

这瓶神奇的药水，其实非常普通，它是以前用胶卷拍照时，冲洗底片要用的大苏打的水溶液。大苏打也叫海波，化学名称是硫代硫酸钠（$Na_2S_2O_3$），很容易从化工商店买到，也很便宜。它易溶解在水中，用水溶解后就得到无色的水溶液，好似原来的清水。把衣服沾有碘酒污迹的地方浸入溶液，碘的污迹便无声无息地消失了，药水也仍然是无色的。再用水漂洗一次衣服，就大功告成了。

原来，硫代硫酸钠（$Na_2S_2O_3$）能和碘溶液发生氧化还原反应，生成物也是无色可溶于水的物质碘化钠（NaI）和四硫磺酸钠 $Na_2S_4O_6$：

$$2Na_2S_2O_3+I_2 = 2NaI+Na_2S_4O_6$$

在反应中溶解在酒精中的碘单质，被 $S_2O_3^{2-}$ 还原为无色的碘离子（I^-），$S_2O_3^{2-}$ 氧化为无色的 $S_4O_6^{2-}$。

有的人夏天会长汗斑（花斑癣的俗称），汗斑是马拉色菌感染表皮角质层，形成的浅表真菌，会使胸部、背部、上臂、腋下的皮肤形成分散或融合的色素减退或色素沉着斑。除了用汗肤宁等外用药涂搽外，还可以用20%～40%硫代硫酸钠溶液涂抹，待干后再以米醋（或2%稀盐酸溶液）重复涂搽，每日一次，坚持4～6周即可见效，因为稀的硫代硫酸钠溶液可以杀灭真菌。

4.4 工业生产中的化学变化

人们从事的各项生产活动，实际上也都在引发、利用各式各样的化学变化。煤炭、汽油在锅炉、发动机气缸中燃烧，燃油变成二氧化碳气体、水蒸气，放出热能，为我们提供动力和热量。从各种矿石冶炼各种金属，也靠化学变化。利用空气、石油、煤炭、石灰石、食盐和水等自然物质制造、合成自然界没有的化学肥料、塑料、合成纤维、合成橡胶等，也是化学变化的功劳。

(1) 从矿石冶炼金属 人们从地壳的矿石中冶炼各种金属，生产各种金属材料。金属矿物冶炼成金属或合金，期间经过了一系列的神奇的化学变化。

钢铁在高层建筑和铁路建设、机械制造业中，都是不可缺少的重要资源。炼铁厂、炼钢厂是钢铁工业的最主要的企业。炼铁厂用高炉炼铁，用铁矿石、焦炭、石灰石为原料，在高温下把铁矿石炼成生铁（图 4-12）。炼钢厂用高炉炼制得到的铁水或生铁与废钢铁来炼钢。

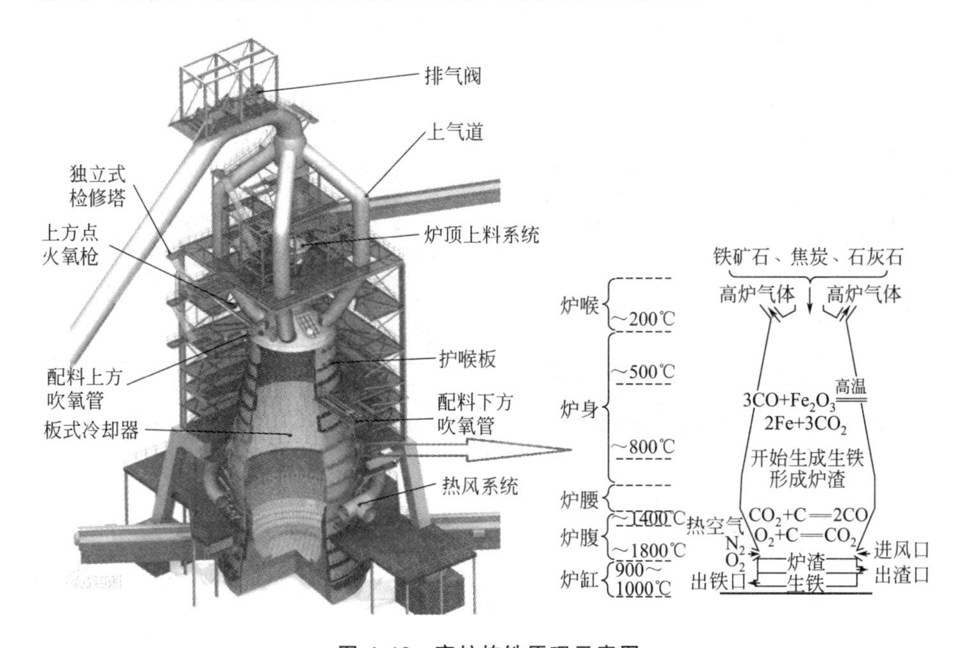

图 4-12 高炉炼铁原理示意图

从矿山开采得到的铁矿石，含有可以冶炼成铁的成分，主要是铁的氧化物，如氧化铁（Fe_2O_3）、四氧化三铁（Fe_3O_4）等。高炉中，焦炭燃烧形成高温，同时还生成大量一氧化碳气体。高温条件下，一氧化碳和铁的氧化物发生化学反应，铁的氧化物还原为铁，一氧化碳被氧化转化为二氧化碳：

$$Fe_2O_3 + 3CO \xlongequal{高温} 2Fe + 3CO_2$$

在高温下生成的铁，处于熔融状态，还融入了碳、矿石中存在的少量硫、磷等杂质，称为生铁。石灰石在高温下分解生成的生石灰和矿石中的脉石（主要成分是二氧化硅）发生化学反应，转化为炉渣。把铁矿石冶炼成铁，要消耗大量的热能。高炉炼铁，这些热能靠焦炭燃烧发出的热供给。

氧化铁和一氧化碳反应，把氧化铁中的化合态三价铁还原成单质铁，一氧化碳氧化为二氧化碳。这类化学反应，在反应前后物质中元素的化合价发生了变化（升高或降低），称为氧化还原反应。物质和氧气的反应，都是氧化还原反应。

铁水中含有过多的碳、硫、磷等杂质，影响强度，需要向铁水中吹入氧气（或加入某种氧化剂）、加入脱氧剂和造渣材料，将铁水中的杂质氧化除去，再加入铁合金等材料，调整钢的成分，得到钢水。炼钢炉除了平炉（图 4-13）外，还有转炉（图 4-14）和电炉。

图 4-13　平炉炼钢

图 4-14　转炉炼钢

（2）石英砂变成光导纤维　光导纤维简称光纤［图 4-15(a)］，它是一种由玻璃或塑料制成的纤维，可作为光传导工具。2009 年诺贝尔物理学奖获得者物理学家高锟和 A. H. George 于 1965 年首先提出了光纤可以用于通信传输的设想。高锟因此在国际上被公认为“光纤之父”，也因此获得 2009 年诺贝尔物理学奖。

通常用作长距离的信息传递［如有线电视、局域网（LAN）和光通信］的光导纤维是单模光纤。它的构造从里到外可分为三层［图 4-15(c)］，分别是纤芯（透明度很高的石英玻璃纤维，其中掺入了微量折射率高的物质，直径约 8～10μm）、包层（石英玻璃掺入微量折射率低的物质，直径为 125μm）、树脂涂敷层。包层为光的传输提供反射面，可阻止射入纤芯的光线透出，也起到机械保护作用。涂敷层保护光纤不受水汽侵蚀和机械擦伤。涂敷层外再包覆绝缘层，防止周围环境如火、电击对光纤

的危害。光导纤维使用时，由几十到几百根光导纤维合并组成光导纤维芯线，外层包覆塑料皮，组合成光缆。

光是沿着直线传播的，能在光导纤维中弯曲传输，是利用光的全反射原理。光导纤维的纤芯的折射率大于包层的折射率。当光源发射的光射入石英玻璃纤维的入射角大于某一角度时，折射光线消失，全部光线都被反射。入射光在光纤的内表面上发生了多次全反射，就好像在光纤中是弯曲前进、传播的［图 4-15(b)］。光在光导纤维的传导损耗比电在电线传导的损耗低得多，一根头发那么细的光导纤维可以通几万路电话或 2000 路电视。光纤通信损耗低、工作稳定可靠、保密性强，可用作长距离的信息传递。用光纤代替电缆，每千米可节省铜 1.1t、铅 2～3t。

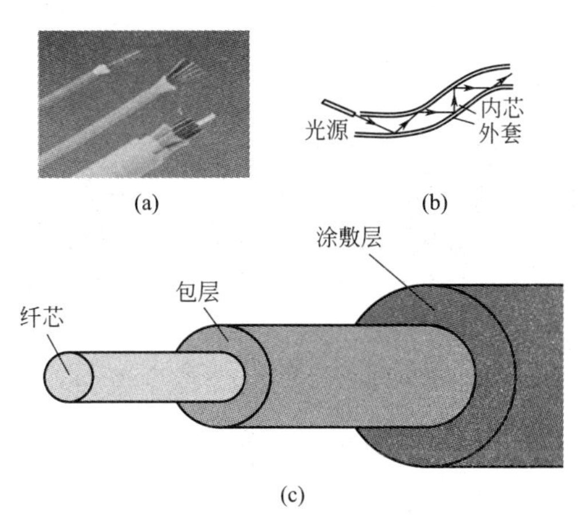

图 4-15　光导纤维（a）、光在光导纤维中的传输（b）及光导纤维结构示意图（c）

石英玻璃光纤是以纯度比半导体材料还高两个数量级的二氧化硅（SiO_2）为主要原料，添加微量的掺杂剂制成的。高纯度的二氧化硅，不能直接从含有较多杂质的石英砂（SiO_2）来制造。要用氯气和石英砂反应，把石英砂中硅（Si）元素转化成气态的四氯化硅（$SiCl_4$），再将四氯化硅在一定量的氢和氧（或空气）形成的氢氧焰中，在 1800℃左右的高温下发生水解反应，得到高纯度的二氧化硅：

$$SiO_2 + 2C \xlongequal{高温} Si + 2CO$$

$$Si + 2Cl_2 \xlongequal{高温} SiCl_4$$

$$SiCl_4 + O_2 + 2H_2 \xlongequal{高温} SiO_2 + 4HCl$$

几克二氧化硅即可制得 1km 长的石英玻璃纤维。制造石英玻璃纤维，要先在高温下把高纯度的石英做成预制棒，然后在高温炉中加温软化，拉成内外两层的石英玻璃长丝，再进行涂覆、套塑，成为光纤芯线。光纤的制造除了要求光纤原材料的纯度很高之外，还要求每道工序由计算机控制，要做到相当精密，要保证不受杂质污染、不能使气泡混入光纤，还要准确控制纤芯和包层的折射率的分布，正确控制光纤的结构尺寸，尽量减小光纤表面的伤痕损害，提高光纤机械强度。

(3) 干电池为什么能供给电能 我们日常生活或者工业生产、交通运输、航空航天产业中要使用各种各样的电池（化学电源）。这些电池都是利用化学反应把物质中蕴含的化学能转化为电能。图 4-16 是我们常见的一些电池。

图 4-16 常见的电池

我们可以用最简单、最常用的干电池来简单地说明，化学反应是怎么实现化学能到电能的转变。

现在使用的干电池大都是碱性锌锰干电池，它的构造如图 4-17 所示。它有两个电极，用钢筒作正极，与正极材料粉状二氧化锰（MnO_2）和碳粉的混合物紧靠着，负极材料是锌粉，和作为负极的金属片连接，作正极的钢筒和作负极的金属片不相连。电池内部有称为电解质的化学试剂——氢氧化钾（KOH）溶液。当把两极和电珠或其他用电器连接，电池就会工作（放电），输出电流。电池工作过程中，锌粉、二氧化锰和氢氧化钾溶液中的水发生化学反应，逐渐消耗：

$$Zn + 2MnO_2 + 2H_2O = 2MnO(OH) + Zn(OH)_2$$

上述反应中，锌粉在负极被氧化，转化为 2 价锌的氢氧化物（氢氧化锌）；二氧化锰（其中锰呈 +4 价）在正极被还原为 +3 价锰的化合物 MnO(OH)。电池释放的电能正是电极材料在电池内部发生氧化还原反应的结果。

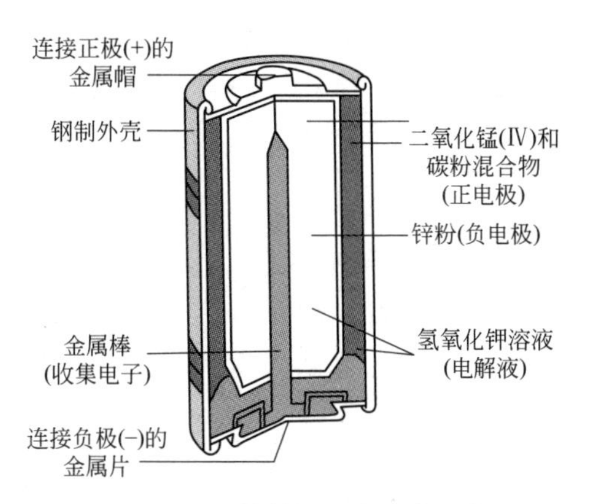

图 4-17 碱性锌锰干电池的构造

4.5 化学游戏和化学魔术中的化学变化

许多化学变化看起来非常神奇，变幻莫测，人们常常利用化学变化发生的种种神奇现象作为化学游戏、化学魔术的素材，编排成人们喜闻乐见的化学魔术、青少年喜欢动手试一试的趣味化学游戏。在第 1 章我们介绍了几个与燃烧有关的化学游戏。下面，我们还要介绍几个运用各种化学变化设计的化学魔术和化学游戏。如要动手尝试，请务必在成人监护下进行，注意实验安全。

(1)“金币”变“银币”、“银币”变“金币”的秘密 取锌粉 5g 置于蒸发皿中，加 20%氢氧化钠溶液约 20mL，加热蒸发皿至溶液几近沸腾。用洁净的厚铜片剪成圆形作为“铜币”，用镊子夹持放入锌粉的氢氧化钠热溶液中 3～5 分钟，铜片很快被镀上一层锌，成为银色的“银币”，取出后用水轻轻冲洗、擦干。用镊子夹“银币”在酒精灯的火焰中加热 3～5 秒，可以看到“银币”表面从银色变成金黄色，取出冷却，好似“银币”变成了“金币”（不能加热过久，否则表面被氧化，会失去光泽）。

这些变化是怎么发生的呢？原来蒸发皿中的锌粉，在加热时有一部分和氢氧化钠发生反应，生成锌酸钠（Na_2ZnO_2），溶解在溶液中。铜片、剩余的锌粉在溶液中发生原电池反应，锌粉氧化溶解生成 ZnO_2^{2-}，在铜片上 ZnO_2^{2-} 被还原为金属锌，覆盖在铜片上，变成“银币”。将“银币”

放在火焰中加热，“银币”表面的靠近铜片的锌原子通过热运动从表面向金属内部运动，锌下面的铜原子则通过热运动向外层移动，原来的镀锌层，成为含有锌和铜的合金，类似黄铜（含Zn18%～40%，含Cu60%～82%），呈现金黄色。

(2) 酒精灯火焰可以把铜丝熔化吗 金属铜的熔点比较高，在超过1083℃的高温下，才能熔化，普通酒精灯火焰温度最高不超过800℃。按理来说，用酒精灯是无法把铜加热到熔化的。但是，我们可以做一个有趣的实验，证明用酒精灯可以把铜熔化。

用直径为0.23mm的纯铜丝横穿过酒精灯火焰中段，灼烧一段时间，看到铜丝顶端会熔化为一个小球，将铜丝慢慢向前推进，顶端铜丝不断熔化，小球会逐渐增大，当小球直径增加到2mm左右时，受到重力作用，不会再黏附在铜丝上，会掉落下来。除去表面一层的铜氧化物（在加热过程中表面物质和氧气反应生成的），进行检测，可以证明小球是纯铜，是铜丝熔化凝结形成的。

酒精灯火焰为什么能熔化熔点高于火焰温度的铜丝呢？

秘密在于铜丝在酒精灯火焰加热的过程中，还发生了化学反应。铜丝在火焰中加热同时与空气中的氧气反应，表面生成黑色的氧化铜；而氧化铜又能与火焰中未燃烧的酒精蒸气（CH_3CH_2OH）反应，重新变成铜，同时酒精在铜丝表面被氧化，生成另一种化合物乙醛（CH_3CHO），放热。这一过程反复发生，反应产生的热使铜丝表面温度急剧提高，达到或超过铜的熔点，就把铜丝熔成小球。

发生的反应可以表示为：

$$2Cu+O_2 \xlongequal{\text{加热}} 2CuO$$

$$CuO+CH_3CH_2OH = Cu+CH_3CHO+H_2O$$

铜丝在空气中加热生成的氧化铜能和酒精发生化学反应放出热量，可以很容易用实验证明。如彩图9所示，在一支试管中加入约4mL无水酒精，将一段绕成螺旋状的铜丝在酒精灯外焰上加热，铜丝表面很快发黑，生成氧化铜，把烧热的铜丝迅速插入装有乙醇的试管中，会看到铜丝表面从黑色又还原成紫红色。这个实验可以重复多次。

(3) 制作人造“海底花园” 彩图10是一个梦幻的“海底花园”。用几种普通的化学试剂、水和一个玻璃水槽，自己动手就可以做好。

在一个玻璃水槽里，在100份热水中加入45份硅酸钠（Na_2SiO_3）固体粉末，搅拌，使固体完全溶解，得到温度为50℃左右的硅酸钠水溶液。溶液以约占水槽容积的3/4为宜，液面高度不可低于水槽底部4cm。在水槽中加入一些洁净的细沙，铺在水槽底部。准备好下列固体试剂：氯化铁晶体（$FeCl_3$）、氯化锰晶体（$MnCl_2$）、氯化钴晶体（$CoCl_2$）、硝酸铅晶体［$Pb(NO_3)_2$］、硝酸镍晶体［$Ni(NO_3)_2$］、硝酸钙晶体［$Ca(NO_3)_2$］、硫酸亚铁晶体（$FeSO_4$）。用镊子先后选取一小粒上述各种晶体加入Na_2SiO_3溶液中，注意让不同晶体置于不同方位，搭配好颜色，使生长的各色“海草”搭配的比较美观。$FeCl_3$晶体少放些，置于水槽边沿较好，$MnCl_2$晶体可多放些。放好晶体后不要搅动溶液，静候各种不同颜色的“海草”从沙子中往上生长，形成美丽的“海底花园”。

硅酸钠在水中电离形成钠离子和硅酸根离子（SiO_3^{2-}），在溶液投入的各种固体试剂都是由金属阳离子和酸根阴离子组成的可溶性盐。这些盐的晶体投入溶液后，晶体表面发生溶解形成一薄层溶液，其中的金属阳离子和硅酸钠溶液中的硅酸根离子结合，发生离子反应，在盐晶体表面形成难溶性的硅酸盐薄膜。这种薄膜具有半渗透性，薄膜里面盐的浓溶液的渗透压大于薄膜外硅酸钠溶液的渗透压，当压力达到一定值，使薄膜破裂，金属盐溶液渗出又与硅酸钠作用，往上再生成一层难溶的硅酸盐薄膜。发生的反应如：

$$2Fe^{3+} + 3SiO_3^{2-} \xlongequal{} Fe_2(SiO_3)_3 \downarrow$$

$$Ca^{2+} + SiO_3^{2-} \xlongequal{} CaSiO_3 \downarrow$$

$$Co^{2+} + SiO_3^{2-} \xlongequal{} CoSiO_3 \downarrow$$

这一过程不断重复，形成了粗细不等、长条状、难溶的硅酸盐“海草”。各种盐的晶体在硅酸钠溶液中溶解能力不同，和硅酸钠溶液反应形成难溶硅酸盐的难易和速度不同、溶解度不同、疏松程度不同、颜色不同，以此形成了长度、粗细、弯曲倾斜程度不同的“海草”。例如，棕黄色$FeCl_3$晶体能形成比较疏松的棕黄色硅酸铁；$MnCl_2$晶体和硅酸钠溶液反应，形成粉红色的难溶性硅酸锰；红色的$CoCl_2$晶体和硅酸钠溶液作用，慢慢形成紫色短草似的硅酸钴，它不易长长（彩图11）；绿色的$Ni(NO_3)_2$晶体形成小丛状绿色硅酸镍；$Ca(NO_3)_2$晶体能形成白色硅酸钙，生长很慢，但形成的难溶物像钟乳石柱，比较漂亮；浅绿色的$FeSO_4$晶体则慢慢形成浅绿色的硅酸亚铁。

(4) 奇异的振荡变色实验(蓝瓶子实验) 在一个大锥形瓶中加100mL水,3g葡萄糖,逐滴滴入16～20滴(约1mL)0.1%亚甲基蓝(一种染料,可作为化学指示剂,可溶于水,水溶液呈碱性,有毒)。振荡锥形瓶,溶液呈现天蓝色,再加入5mL 30% NaOH溶液,振荡后静置,会看到溶液颜色逐渐变浅。再振荡锥形瓶,溶液又逐渐变蓝。变蓝后再静置,溶液颜色又逐渐变浅。如此反复,可以进行多次振荡变色试验,非常有趣(彩图12)。

调整加入的NaOH溶液的量、葡萄糖的量、反应溶液的温度,可以调整溶液颜色变化的周期。如果你在振荡溶液后给锥形瓶加上橡皮塞,混合溶液静置颜色变浅后,拔出塞子,可以听到空气涌进锥形瓶的微微的"嘶嘶"声。出现这种声音说明什么?反应的原理是什么呢?

亚甲基蓝的水溶液显蓝色,它是一种容易被还原的有色物质,在碱性溶液中能被葡萄糖还原转化为亚甲基白,成为无色溶液,参加反应的葡萄糖被氧化成葡萄糖酸。溶液中溶解的氧气能把还原生成的亚甲基白重新氧化为亚甲基蓝,葡萄糖又和亚甲基蓝作用,两种反应交替发生,直至溶液中氧气浓度不足以氧化还原亚甲基白,溶液就褪色。振荡锥形瓶中的溶液,溶液与空气接触面积增大,溶液中氧气溶解量就增多,氧气再把亚甲基白重新氧化为亚甲基蓝,溶液又呈蓝色。这些反应在溶液中进行,速度比较快,让人能在较短时间里看到颜色变化。反应中消耗的是空气中的氧气和溶液中的葡萄糖,随着葡萄糖的消耗,浓度减小,变色周期就会变长,当葡萄糖消耗尽了,就不能再变色。颜色变化的周期随温度升高、溶液中各成分含量的增加、溶液碱性的增强而缩短(即变化加快)。

5 化学诞生于实践活动

许多化学家都说，无论如何强调化学实验都不过分，没有化学实验就没有化学科学。为什么这么说呢?

人们在自然条件下进行生产实践活动，也在生产、生活中观察、研究物质及其变化。随着社会的进步，人们逐渐认识到仅仅在自然条件下观察、研究，难以真正认识物质及其变化的规律、本质，需要对所要研究的物质及其变化进行干预，在一定条件下观察和研究，因此导致了化学实验的产生。化学实验正是在人工控制的条件下，来观察物质的组成、结构和变化，通过干预和控制物质的变化探索物质及其变化的规律和机理。化学实验是人类的重要实践活动。化学实验是搜集物质及其变化事实、获得感性材料的基本方法，同时也是检验化学科学假说、形成化学理论的实践基础。通过化学实验可以获得、检验有关物质的组成、结构、性质、变化、合成和创造的知识。

化学科学的发展历程说明化学科学产生、发展源于生产实践和化学实验。

5.1 化学和化学实验萌芽于火的利用和炼丹术

人类最初对火的利用距今大概已有 100 多万年的历史了（图 5-1）。从人类学会使用火，就开始了最早的化学实验和实践活动。我们的祖先钻木取火、利用火烘烤食物、寒夜取暖、驱赶猛兽，充分利用燃烧时的发光发热现象。火可以算是人类最早使用的化学途径。从远古到公元前 1500 年，人类在熊熊烈火中，烧制成型的黏土，获得陶器，烧炼矿石，得到铜铁等金属，用火烧饭、酿制米酒。制陶、冶金（图 5-2）、酿酒等化学工艺，都涉及燃烧，燃烧就是发光、发热的剧烈的化学反应。制陶、冶金和酿酒等化学工艺，可以算是化学实验的萌芽。在烧制灰陶、黑陶的工艺中，工匠们在焙烧后期要封闭窑顶和窑门，再从窑顶徐徐喷水，使陶土中的铁转化成四氧化三铁，在表面又覆上一层炭黑，因此里外均呈黑灰色。说明当时的人们已初步懂得了控制焙烧的温度和气氛。

图 5-1 远古人取火、用火烘烤食物

图 5-2 中国古代炼铁图

从古代到中古时代盛行的炼丹术也可以看成是早期的化学实验。炼丹术士在皇宫、教堂，在家里和深山古寺中寻找炼石成金的方法，希望制造出长生不老的丹药（图 5-3）。他们希望通过一些基本的实验操作得到能使人长生不死的“仙药”，能把一些廉价的金属借助“仙药”点化，转变为贵重的黄金、白银。例如，在空气中焙烧方铅矿（即硫化铅），把铅放在灰皿或骨灰造的盘子中加热，把铅烧掉挥发，留下矿石中原有的一点银；把外表看似黄金的黄铁矿与铅共熔，希望获得微量的黄金。炼丹术士在炼

丹过程中还经常使用一些液体“试药”加工各种金属。例如，在金属表面涂上有色的“试药”硫黄水（多硫化合物的溶液），希望能把金属“黄化”成黄金；用汞在其他金属表面留下银色。公元4世纪，我国的炼丹家葛洪在他的炼丹书《抱朴子》中记载，“丹砂烧之成水银，积变又还成丹砂”，若把“丹”在热火上烧“须臾成黄金；金成者，药成也”。

图5-3 古代的炼丹术和所用的炼丹器具

从远古时期到公元1500年，所出现的早期化学实验实际上只是化学“试验”，具有很大的盲目性；也还没有从生产、生活实践中分化出来，成为独立的科学实践。最早的制陶、冶金和酿酒等活动，是低级的、缺乏理论指导的、不自觉的实践活动。但是，不可否认，从事早期化学实验的工匠和炼丹术士是化学实验的先驱和开拓者。炼丹术士在探索“点石成金”的方法中实现了物质间用人工方法进行的相互转变，积累了许多物质发生化学变化的条件和现象，为化学的发展积累了丰富的实践经验。当时出现的“化学”一词，其含义便是“炼金术”。炼金术士发明了焙烧、溶解、结晶、蒸馏、过滤和冷凝等化学实验操作方法；制造了风箱、坩埚、铁剪、烧杯、平底蒸发皿、沙浴、焙烧炉等化学实验仪器和装置；发现和制取了铜、金、银、汞、铅等金属，酒精、硝酸、硫酸、盐酸等化学溶剂和试剂，以及许多其他的酸、碱、盐；甚至意识到了一些粗浅的化学反应规律，扩大了化学实验的范围，为后来许多物质的制取创造了条件。后人正是从他们的经验教训中，才找到了化学实验真正的历史使命，建立了化学实验科学。

5.2 化学实验和化学方法的进步改变了化学发展的道路

15～16世纪，人们逐渐发现炼丹术屡屡失败，人们更多地看到它荒唐的一面，认识到炼丹术是缺乏科学基础的愚蠢行为。随着炼丹术、炼金术的衰落、社会的发展，化学实验、化学方法在医学和冶金学的实用工艺中发挥了重要作用，也得到了发展。药物学和冶金学的发展为化学成为一门科学准备了丰富的素材。

16世纪初，瑞士的医生、医药化学家帕拉塞斯（P. A. ParaceLsus，1493—1541）强调指出，化学研究的目的不应在于点金，而应该把化学知识应用于医疗实践，制取药物（图5-4）。他和他的学生们对许多矿物药剂的性质和疗效进行研究，在制备新药剂的过程中探讨许多无机物的分离、提纯方法，还进行了一些合成实验，总结出许多物质的性质。有人认为帕拉塞斯“从根本上改变了医疗和化学的发展道路”。

图5-4　中世纪欧洲的制药实验室

德国的医生、医药化学家安德雷·李巴乌（Andreas Libavius，1540—1616），也极力强调化学的实用意义。他编著的《工艺化学大全》（1611～1613年问世），总结了多年的实验经验，使化学科学有了真正的教科书。前面提到的医药化学家赫尔蒙特（J. B. van Helmont，1597—1644）也是对化学实验的发展贡献卓著的人物。他广泛使用天平，进行化学变化的定量研究，萌生了初始的“物质不灭”的思想。他所做的“柳树实验”和“沙子实验”，是早期化学实验发展史上两个著名的定量实验。实验漏洞很多，结论也是错误的。但是，在当时的条件下，这可算是一项精心设计的定量实验，蕴含了定量研究、守恒原则、控制变量等现代的实验思想。赫尔蒙特在无机物制备方面也取得过很多成果，也曾对燃烧现象提出过独到见解。有人尊他为“炼丹术到化学的过渡阶段的代表科学家”。

5.3 化学实验和化学变化理论研究的结合孕育了近代化学

1650～1775年，是近代化学开始孕育的时期。人们总结已有的感性知识，进行化学变化的理论研究，使化学成为自然科学的一个分支。

英国化学家罗伯特·波义耳（1627—1691）（图5-5）为化学元素定义了科学的概念，他是一位技术精湛的、出色的化学实验家。在他的一生做过大量的化学实验，获得了许多重要的发现。他是第一个发明指示剂的化学家，他把各种天然植物的汁液配成溶液，或做成试纸（前面提到石蕊试纸就是根据波义耳的发明制成的），并根据指示剂颜色的变化来检验酸和碱；他还发现了铜盐和银盐、盐酸和硫酸的化学检验方法，并在1685年发表的“矿泉水的实验研究史的简单回顾”一文中，描述了一套鉴定物质的方法。因此，他常被尊为定性分析化学的奠基者。

图5-5 罗伯特·波义耳

17世纪末、18世纪初，人们研究燃烧现象，出现了解释燃烧现象的燃素说。1703年，医生兼化学家斯塔尔明确而系统地提出了燃素说，认为可燃物能够燃烧是因为它含有燃素，燃烧过程是可燃物中燃素释放的过程。燃素说是错误的理论，但是，燃素说流行的一百多年间，把大量的化学事实统一在一个概念之下，也试图用于解释了各种化学现象。化学家为解释各种现象做了大量的实验，把严密的实验方法引入物质的组成、性质及其化学变化的研究，使化学成为一门独立的科学。化学家们通过实验发现了多种气体的存在，积累了更多关于物质转化的新知识。燃素说认为化学反应是一种物质转移到另一种物质的过程，化学反应中物质守恒，这些观点奠定了近代化学思维的基础。

1775年前后，拉瓦锡用定量化学实验阐述了燃烧的氧化学说，燃素说被彻底否定，开创了定量研究化学的时代，使化学沿着正确的轨道发展。从1775年到1900年，是近代化学发展的时期。19世纪初，英国化学家道尔顿提出近代原子学说，首次把原子量的概念引入化学，使化学真正走上定量科学的道路。接着意大利科学家阿伏伽德罗提出分子概念。有了原子-分子论，化学才真正被确立为一门科学。这一时期，建立了不少化学基本定律。例如，俄国化学家门捷列夫发现元素周期律，德国化学家李比希、维勒发展了有机结构理论，1865～1866 年凯库勒研究苯的结构，绘制了苯的分子结构式。这些研究和发现使化学成为一门系统的科学，为现代化学的发展奠定了基础。

5.4 物理学的发展、物理测试手段的涌现催生了现代化学

从 20 世纪初开始，化学科学进入了现代化学时期。20 世纪初，物理学有了长足发展，各种物理测试手段的涌现，促进了化学在溶液理论、物质结构、催化剂等领域的研究。

例如，德国物理学家 W. K. 伦琴于 1895 年发现 X 射线（又称伦琴射线）。他用经过加速的电子撞击金属制成的靶，电子在撞击过程中会突然减速，损失的动能中有 1%会以光子形式放出，形成 X 射线。它的波长很短，在 0.1～10nm 范围内。X 射线具有很高的穿透本领，能透过许多对可见光不透明的物质，可以使很多固体材料发生可见的荧光，使照相底片感光、使空气电离。X 射线对人体有危害，但是，只要用 1.5mm 的铅板几乎就能完全把 X 射线挡住了（所以医院里实施 X 光检查的病房都用厚重的大门挡住）。

考虑到 X 射线的波长和晶体内部原子间的距离相近，1912 年德国物理学家劳厄（M. von Laue）提出一个重要的科学预见：可以用晶体作为 X 射线的空间衍射光栅。当一束单色 X 射线入射到晶体时，由于晶体是由原子规则排列成的晶胞组成，这些规则排列的原子间距离与入射 X 射线波长有相同数量级，不同原子散射的 X 射线相互干涉，发生 X 射线衍射，衍射线在空间分布的方位和强度，与晶体结构密切相关。因此，可以依据 X 射线衍射图像，确定晶体结构。这一预见随即为实验所验证。

英国利兹大学物理学教授布拉格（W. H. Bragg）和他的儿子小布拉格（W. L. Bragg），在劳厄理论的基础上，于 1913 年 11 月设计出第一台 X 射线分光计，提出了作为晶体衍射基础的著名公式——布拉格方程。布

拉格的儿子，年仅22岁的小布拉格用X射线分光计分析了一些碱金属卤化物的晶体结构，还与他父亲合作，成功地测定出了金刚石的晶体结构。金刚石晶体结构的测定，成功地证明了化学家关于碳原子能形成指向正四面体顶点的4个价键的结论，显示了X射线衍射用于分析晶体结构的有效性。X射线衍射是人类用来研究物质微观结构的第一种方法，也是最有效的、应用最广泛的手段。

量子理论的发展，使化学和物理学有了更多共同的语言，现代物理技术在化学中的应用，解决了化学上许多未解决的问题，物理化学、结构化学等理论逐步完善。以数学模型表达的量子力学的原子结构理论，使人们对原子内部结构的认识，无论在深度和广度上都达到了前所未有的水平，化学进入了现代化学的发展时期。在这一时期，元素周期律有了新的发展，建立起现代的分子结构理论（包括价键理论、分子轨道理论和配位场理论），使人们对分子内部结构和化学键的认识不断深入。

5.5 化学实验是化学科学发展的重器

随着欧洲资本主义生产方式的建立和发展，近代化学实验作为一种相对独立的科学实践活动，从生产实践中分化出来，历经两百多年，取得了突飞猛进的发展。化学实验不再是服务于炼丹术等封建迷信和宗教神学的“婢女”，不再是从属于观察的附带品，而是一种独立的化学科学实践、重要的化学科学认识方法。

波义耳和拉瓦锡有关化学实验的思想和主张，对化学实验方法论的建立起到了重要的奠基作用。此后，许多化学家又创立了一系列化学实验方法，丰富和发展了化学实验方法论。正是这些先进的方法论思想，为近代化学科学发展提供了思想条件。此外，比较先进的实验仪器和装置（如精密天平、伏打电堆、光谱分析仪、弹式量热计、磨口滴定管等）的发明和研制，把化学科学研究带入了一个又一个崭新的领域，为近代化学科学的发展奠定了先决的物质基础。19世纪末至20世纪初，以震惊整个自然科学的电子、X射线与放射性三大发现为标志，化学实验进入了现代发展阶段，创造和发明了一大批现代化的实验仪器和设备，有了很多灵敏、精确和快速的实验手段，大大促进了化学实验手段的精密化。依托实验技术手段的进步，化学科学在结构测定实验、化学合成实验上取得了很大的突破；在溶液理论的发展和化学反应动力学的建立等方面发挥了重要作用。近30年来，计算机在化学实验中得到了卓有成效的应用，正逐步成为重要的化学实验手段。

从化学科学发展的历程看，不能不说化学实验是化学科学发展的重器，在化学科学发展的每个关键时期，化学实验都起到了非常重要的作用。

(1) 化学实验是推翻燃素学说的武器 17～18世纪，科学家在研究燃烧现象时，总结了一个学说——燃素说。系统提出燃素说的是德国医生兼化学家奥尔格·恩斯特·斯塔尔，他继承并发展了他的老师贝歇尔有关燃烧现象的解释，在研究中形成了燃素学说的思想，并于1703年系统地提出了这一学说，用于解释当时已知的一些化学现象。燃素学说认为，可燃物质能燃烧，是因为它们都含有“燃素”。燃素可以单独存在于空气中，也可以与其他物质化合，易燃物质就是燃素和其他物质化合后的化合物。木头能燃烧，石头不能燃烧，是由于木头含有燃素，石头不含有燃素。物质燃烧就是易燃物质中的燃素释放出来余下灰烬，燃烧是分解过程。燃烧发热、发光、有火焰形成，都是燃素逸出发生的现象。火焰是大量的燃素微粒的聚集体，燃素弥散到空气中后，就给我们带来了热量。当时，燃素学说“圆满”地解释了许多难题。比如，人要呼吸是为了不断地排出燃素，木头燃烧释放出燃素产生热，人排出燃素，也为身体提供热量。

斯塔尔的燃素学说，获得了许多科学家的赞同，也面临很多质疑，燃素看不见摸不着，凭什么说它是存在的？为了论证燃素是否存在，一些科学家在实验室里，进行各种实验寻找燃素，但过了半个世纪，仍然没有捕取到燃素。直到1766年，英国化学家卡文迪许发现锌片和铁片等金属在稀硫酸里会产生大量气泡，把这些像空气一样的无色无味的气体收集起来，又发现它遇到火星会立即燃烧，以至爆炸。一些科学家认为这无色、无味的气体就是燃素，“金属＝燃素＋灰烬”，“金属－燃素＝灰烬”。金属和酸作用时，金属被分解了，变成燃素和灰烬两部分；放出来的可燃气体就是燃素，剩下的渣滓便是灰烬。1785年，俄罗斯化学家托·叶·罗维兹进行的另一个实验似乎也给予燃素学说更大的支持。当时化学界的许多权威都是燃素学说最热烈的拥护者和最忠实的信徒，加上这些“实验依据”，燃素学说在化学史上几乎统治了一个世纪。

1660年，波义耳和挚友胡克进行了第一次燃烧实验。他们把木炭或硫黄放在一个器皿中，用抽气机将里面的空气抽尽，然后将器皿加强热，木炭、硫黄并不能燃烧。把木炭、硫黄与硝石混合（即黑火药的三个组分），即使在抽尽空气的条件下，仍会猛烈燃烧。于是波义耳和胡克得出结论：燃烧必须依赖空气和硝石中所含的某种共同成分。科学家在观察燃烧的过程中发现，有些物质在燃烧时能产生火焰，燃烧后留下了少量灰烬，其质量远比原来的有机物轻，他们猜想，燃烧时有某种易燃的元素“逃逸”了。

1673年，英国科学家罗伯特·波义耳做了这样的实验：他把铜片放在玻璃瓶里，称了一下质量，然后，把它放在炉子上猛烈地加热、煅烧。这时，原来闪耀着紫红色光辉的铜片，渐渐地蒙上一层暗灰色的东西，最后甚至变成了黑色的渣滓。烧完后，他再去称重，发现铜片的质量竟然变大了！是否炉子里的脏东西落了进去，才变重？波义耳找了一个有着长长的、弯头颈的玻璃瓶——曲颈甑，把金属放进去再把瓶口封闭起来。当煅烧完毕后，他小心地从炉膛里拿出滚烫的瓶子，打开瓶口，他听见一阵尖锐的“嘶嘶”声，再称金属的质量，发现金属变重了。这次实验否定了金属变重是由于落进脏东西引起的。波义耳又用铅、锡、铁和银进行同样的煅烧，结果金属都变重了，而且紫红色的铜变成了黑色的渣滓，银白色的铅、锡和银的表面蒙上了一层白色的灰烬，而铁却变成了疏松的红色粉末，一捏就碎。如何解释这些燃烧现象呢？

金属煅烧时，失去了燃素而剩下来灰烬，金属应当变轻，波义耳的实验却证明金属煅烧后质量增加了，该怎么解释？一些支持燃素学说的科学家们说：燃素是没有质量的东西！可是，如果说燃素没有质量，金属煅烧前后质量应该不变。另一些科学家说：燃素具有“负的质量”，地心对燃素没有吸引力，有排斥力。火焰是燃素从燃烧物体中逃逸形成的，火焰总是向上，证明燃素有“负的质量”，可以向上飞。燃素学说的支持者们“解释”了波义耳的实验，却无法解释另一个实验：人们发现卡文迪许用金属和酸作用获得的可燃气体是氢气（当时称为“水素”），只是一种普通的气体，而且具有质量，不是有“负质量”的燃素。用燃素学说无法解释卡文迪许的实验。

随着社会生产的发展，迫切地需要正确的理论来解释关于金属冶炼过程中涉及的许多有关燃烧的问题。如，为什么要往炼铁炉里鼓风？风的流速多大最合适？炼一吨铁要鼓进多少空气？空气最合适的温度是多少度？燃素学说却无法解决。生产发展的需要，促使科学家做进一步的探索。

1756 年，在波义耳实验的 80 多年后，罗蒙诺索夫重新做了波义耳关于金属在加热后质量增加的实验，却发现玻璃瓶里被加热的金属，质量并没有增加。罗蒙诺索夫的整个实验过程中，瓶口都处于密闭状态，没有打开。波义耳在刚刚加热完毕，他却立即把瓶口打开，他发现瓶外的空气发出了“嘶嘶”的声响，冲进了容器，却没有去研究它。

图 5-6　化学家拉瓦锡

1774 年，善于运用天平测定研究化学变化中物质质量定量变化的化学家拉瓦锡（1743—1794）（图 5-6），又做了焙烧锡和铅的实验。他将称量后的金属分别放入大小不等的曲颈甑中，密封后再称量金属和瓶的质量，然后充分加热。冷却后再次称量金属和瓶的质量，发现质量也没有变化。打开瓶口，有空气进入，质量增加了，显然增加量是进入的空气的质量。他再次打开瓶口取出金属煅烧生成的“灰”（在容积小的瓶中还有剩余的金属）称量，发现增加的质量正和进入瓶中的空气的质量相同。他用实验证明了，燃烧金属的增重是金属与空气的一部分相结合的结果，煅烧生成的“灰”是金属与空气的化合物。拉瓦锡进一步猜想，如果设法从金属煅灰中直接分离出空气来，就更能说明问题。他曾经试图分解“铁煅灰”得到“灰”（即铁锈），但实验没有成功。

1774 年 10 月，英国化学家普利斯特列告诉拉瓦锡，在 3 个月前，他曾在加热“水银灰”（主要成分为氧化汞）的实验中发现一种具有显著助燃作用的气体。拉瓦锡重复做了普利斯特列的实验以后，又做了另一个实验。他在那个弯颈的玻璃瓶——曲颈甑里，倒进一些水银（图 5-7）。然后，再把曲管的另一端，通到一个倒置在水银槽中的玻璃罩里。拉瓦锡把水银加热到将近沸腾，并且一直保持这样的温度，加

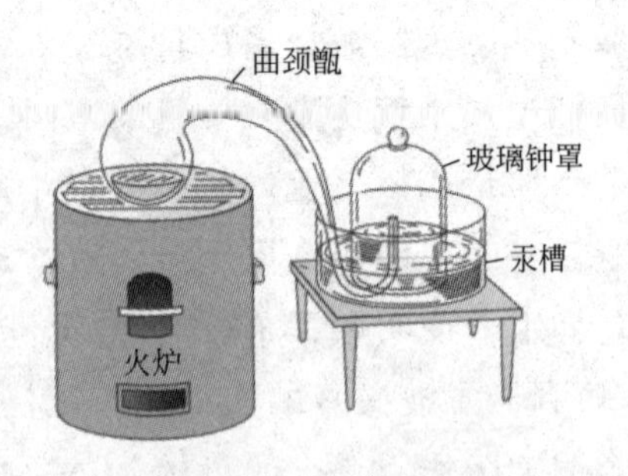

图 5-7　拉瓦锡的实验装置

热了20个昼夜。在加热后的第二天，水银液面开始漂浮着一些红色的渣滓。接着，这红色的渣滓一天多似一天，一直到第十二天，每天都在增加着。然而，12天以后，红色的渣滓就增加得很少了。到了后来，几乎没有增加。

拉瓦锡发现钟罩中原先的大约50立方英寸（1立方英寸 $=16.387cm^3$）的空气，这时差不多减少了7～8立方英寸，剩下的气体体积为42～43立方英寸。拉瓦锡把点着的蜡烛放进去，立即熄灭了；把小动物放进去，几分钟内便窒息而死了。接着，拉瓦锡小心地把水银面上那些红色的渣滓取出来，称重有45g。然后他把这45g红色渣滓加热分解，产生了大量的气体，同时瓶里出现泛着银光的水银。拉瓦锡称了一下所剩的水银，质量为41.5g，同时他收集到共7～8立方英寸气体，这个恰恰和原先空气所减少的体积一样多！拉瓦锡把蜡烛放进这些被收集起来的气体中，蜡烛猛烈地燃烧起来，射出白炽炫目的亮光；他投进火红的木炭，木炭猛烈燃烧，吐着火焰，光亮到眼睛不能久视。

拉瓦锡从漫长而仔细的实验中，得出了结论：汞和空气中的一种气体反应生成氧化汞，氧化汞受热分解成汞和那种气体。在整个过程中，反应的总质量不变，因此不需要燃素来解释这种现象。空气是由两种气体组成的，一种是能够帮助燃烧的，称为“氧气”，另一种是不能帮助燃烧的，他称之为“窒息空气”（氮气）。1777年，拉瓦锡批判否定了燃素说。1778年提出，燃烧是可燃物质与空气中的氧气相化合的过程，燃烧时放出光和热。物质只有在氧气存在时才能燃烧。物质在空气中燃烧时，吸收了其中的氧，因而增重，所增加的质量恰为其吸收的氧气的质量。随后，拉瓦锡还用动物实验，解释了呼吸作用，氧气在动物体内与碳化合，生成二氧化碳的同时放出热来，这和在实验室中燃烧有机物的情况完全一样。

拉瓦锡提出的燃烧的氧化学说终于使人们认清了燃烧的本质，并从此取代了燃素学说，统一地解释了许多化学反应的实验事实，为化学发展奠定了重要的基础。

拉瓦锡的定量实验研究，极大地丰富和发展了化学实验方法论。对物质及其变化，不仅要用定性分析方法，而且还必须运用定量分析方法，只有二者的有机结合，才能正确认识物质及其变化在质和量两个方面的性质和规律。

（2）化学实验是原子-分子论建立的基础 经过前面的介绍，我们已经知道物质是由元素组成的，元素的最小单位是原子，原子还有复杂的结构，由电子、原子核构成。原子可以彼此结合形成分子，原子可以通过得到或失去电子成为离子。现代科学已能精确地测定原子和分子在空间的排列方式、它们之间的距离，甚至借助静电显微镜能将物质的原子构造拍摄成照片。但是在19世纪，一些科学家根本否认原子和分子的存在。科学界有过尖锐的争论。奥地利物理学家L. 玻耳兹曼为了捍卫原子论与反对者激烈斗争，最终因失望而自杀。20世纪初，A. 爱因斯坦提出了分子的布朗运动理论、法国物理学家J. B. 佩兰用实验证实了分子布朗运动论，原子-分子论才最终确立起来。

图5-8　约翰·道尔顿

原子-分子论的形成是许多科学家在化学科学实验的基础上建立起来的。其中，英国科学家约翰·道尔顿（1766—1844）（图5-8）的贡献最大。他以定量研究方法总结了化学变化中的许多重要经验和规律，提出了科学的原子假说，做出了不可磨灭的贡献。

人类思考物质组成和结构的过程中，元素是最早被提出的概念。人们在探索物质构成的过程中，逐渐建立了物质可分、物质由微粒构成的观念。古希腊哲学家留基伯最先提出“原子”的概念，他的高徒德谟克利特更明确地表述了万物由“原子”产生的思想。但是，这只是一种缺乏实验依据的猜想。道尔顿也认为物质的最基本元素是由无数个最小的圆球形粒子——原子组成的，有多少种元素就有多少种原子，同种元素的原子大小质量都相同。1806年道尔顿在研究化学家普鲁斯特发现的定比定律（参与化学反应的物质质量都成一定的整数比，例如1g氢一定是与8g氧化合，生成9g水）后，发现了倍比定律。他通过化学实验，发现一氧化碳和二氧化碳中氧的质量比是1∶2，沼气（CH_4）和油气（C_2H_4）两种气体中与同量碳化合的氢的质量比是2∶1。在其他化合物中也发现了类似的关系。由此，道尔顿想到其中隐含着一个规律：当两种元素形成一种以上化合物时，则与同一质量甲元素化合的乙元素，在各种化合物中的质量比为简单整数，这个定律被称为倍比定律。倍比定律说明化合物中两种成分的质量比是整数比，即两种成分是以整数值相结合的。也就是说，在化

合物中，如果一种元素的量是一定的，那么与它化合的另一种元素的量总是成倍数地变化的。例如，207g 铅与氧气化合可以生成两种化合物，这两种化合物中氧的质量分别是 16g、32g，即 1∶2。元素间的化合为什么总会遵循定比定律与倍比定律？这是因为这两种成分都是由一个一个最小的基本单位——原子构成的，当它们要彼此结合时，只能是以整数个原子相结合。也就是说，实验证明了道尔顿提出的物质是由最小的微粒原子构成的假说是符合事实的。

由此，道尔顿通过分析、总结、概括，于 1803 年提出了原子学说：

① 所有物质都不能无限分割，都要达到一个最后的极限。这个极限的微粒，依照自古以来的说法，就叫原子。

② 原子的种类很多。同一元素的原子，性质完全相同，质量相等；不同元素的原子，性质不同，质量不同。

③ 化合物是由其组成元素的原子聚集而成的“复杂原子”。在构成一种化合物时，其成分元素的原子数目保持一定，而且保持着最简单的整数比。

道尔顿还给各种元素指定了符号（图 5-9）并将符号结合起来表示化合物。他认为，一定元素的原子完全相同而且它们都具有相同质量。他选定氢——最轻的元素——作为原子质量的标准，指定氢原子的质量为单位质量。

图 5-9　道尔顿的元素符号

道尔顿原子论的基本原理得到科学家汤姆生、戴维的认同，他们意识到了这一学说的重大意义，先后发表文章，支持、赞赏原子学说，大力加以宣传。原子论本身具有合理性，运用原子论能解释许多化学现象，使得它为化学界所普遍接受。

1808 年，法国化学家 J. L. 盖-吕萨克在气体化合的试验中，发现“各种气体在彼此起化学作用时常以简单的体积比相结合”；“气体化合后，气体体积的改变（收缩和膨胀）与发生反应的气体体积间也有简单的关系”。由此他提出一个推论：“在同温同压下，相同体积的不同气体都含有相同数目的原子。”但是，用道尔顿的原子论解释这个推论，却遇到一个大问题——会产生存在“半个原子”的情况。例如，氧气和氢气化合成水蒸气，若1个体积氧气相当于含有 n 个氧原子，则2个体积的氢气就含有 $2n$ 个氢原子，生成的2个体积的水蒸气就含有 $2n$ 个水的“复杂原子”。这样，1个水的“复杂原子”也就必然是由1个氢原子和半个氧原子所构成的。“半个原子”的概念与原子论中原子不可分是相违背的，在化学反应中也是不可能的。与此相似，凡是1个体积的气体能够生成1个体积以上的气体产物的，都会碰到这种矛盾。

图 5-10　阿伏伽德罗

是盖-吕萨克的实验和推论错了，还是道尔顿的原子学说有问题？此后，化学家们的一系列精确实验，证明盖-吕萨克的推论正确无疑，道尔顿的原子论必须加以补充和修正。意大利科学家阿伏伽德罗（1776—1856）（图 5-10）考察了盖-吕萨克的实验，研究盖-吕萨克与道尔顿的学术争执，发现了矛盾的焦点。他认为只要将道尔顿的原子论稍加发展，在物体和原子这两种物质层次之间再引进一个新的可以分割的微粒层次，引入一个新概念——分子（相当于由几个相同或不相同的原子组成的“复杂原子”），就可以使二者统一起来。阿伏伽德罗把气体定律表述为：“在相同温度、压力下，同体积的任何气体中都含有相同数目的分子。”这样，便可以用原子论圆满地解释气体作用定律，不致发生反应生成的化合物分子中出现半个原子的困境。1811年阿伏伽德罗发表论文，以盖-吕萨克的实验为基础，通过合理的推理，引入了“分子”的概念，创造性地提出了分子论，继承和发展了原子论。1855年意大利化学家康尼查罗重读了阿伏伽德罗的论文，看到了分子论的价值。1858年，康尼查罗对原子-分子论做了进一步的论证和总结。1860年又在国际化学会议上发言，宣传阿伏伽德罗的假说。原子-分子论在一些化学家的支持、宣传下，经过50年曲折经历，终于得到化学界的认可。原子-分子论是从微观上认识物质及其变化的重要化学理论。随着化学科学的发展，原子-分子论的一些要点，也得到了修正和补充。

现在原子-分子论的下列要点已为人们所接受：①分子是构成物质的一种微粒；②分子是由原子结合形成的，在化学变化中，分子可以分解成为原子，原子则不能再分，原子可以重新组合形成新的物质分子；③不同种类的原子或分子，其性质、质量、大小也不同；④原子和分子处于永恒的运动中。

(3) 化学实验动摇了传统的“生命力论” 1824年，年仅24岁的德国化学家弗里德里希·维勒（F. Wöhler，1800—1882）（图5-11）做了一个在化学实验发展史上非常著名的实验。他用氯化铵（NH_4Cl）水溶液同氰酸银（AgCNO）作用，想通过下述反应制取氰酸铵（NH_4CNO）：

$$NH_4Cl + AgCNO = NH_4CNO + AgCl\downarrow$$

图5-11 弗里德里希·维勒

当他滤去氯化银（AgCl）沉淀，并对溶液进行蒸发时，却没有得到氰酸铵，得到的是另一种白色结晶状的物质。为了确定这种白色结晶物的成分，维勒用了4年的时间，采用不同的方法，进行定性和定量的实验研究，最后终于确认得到的物质是尿素［$CO(NH_2)_2$］。尿素是动物机体内的代谢产物，属于有机化合物。从两种无机化合物可以合成有机体内才有的有机化合物，这在当时是破天荒的大事。

19世纪之前，人们认为有机物是“来自有生命机体的物质”，是与生命现象密切相关的，是在生物体内一种特殊的、神秘的“生命力”作用下产生的，只能从生物体内得到，不能人工合成。长期以来，人们在实践中得到的经验是：无机物可以用人工合成方法得到，有机物只能从动植物体获得。例如，1769年从葡萄汁中取得纯的酒石酸、1773年从尿中取得尿素、1780年从酸奶中取得乳酸、1805年从鸦片中取得吗啡等。1828年，维勒发表了“论尿素的人工合成”的论文，公布了实验获得的重大成果，动摇了传统的“生命力论”的基础，打破了有机化合物的生命力学说。由此，开辟了用无机物合成有机化合物的新天地。

氯化铵水溶液与氰酸银作用，可以得到尿素，说明氰酸铵和尿素的分子组成是相同的，但是是不同的物质，它们的分子结构也不同。这种有相同分子式而有不同结构的不同化合物互称为同分异构体。氰酸铵和尿素是最早发现的两种同分异构体。后来，维勒又发现氰酸和另一位德国化学家尤斯图斯·冯·李比希在1824年发现的雷酸的分子式相同。

(4) 实验手段推动了电化学的诞生和发展 1800年，历史上第一个能提供稳定、持续电流的电源装置——伏打电堆诞生了。它是意大利物理学家伏打（A. Volta，或译为“伏特”，1745—1827）应用实验手段通过化学反应产生电流的实验，推动了电化学的诞生和发展。

1780年秋天，意大利波洛尼亚大学的解剖学教授伽伐尼（Luigi Galvani，1737—1798）利用电击研究生物反应，他无意间发现，即使没通电的情况下，剥下来的青蛙腿也会发生痉挛。经过十年的研究，他在1791年发表研究成果，认为这是一种由动物本身的生理现象所产生的电，称为“动物电”。从此，开发了电生理学的研究，带动了电流研究的兴起，促使电池的发明。

伽伐尼的实验使许多科学家感到惊奇。物理学家伏打（图5-12）在1792～1796年重复伽伐尼的实验时发现，只要用不同的金属片夹着湿纸，用导线连接电流计和两片金属片，即可组成能产生电流的“电堆”。他依据实验结果，否定了“动物电”的观点。伏打认识到蛙腿收缩只是放电过程的一种表现，两种不同金属隔着潮湿的硬纸接触才是产生电流的真正原因。伏打发现了这种装置能产生电流的原理，并于1799年发明了伏打电池。伏打电池就是化学电源的雏形。

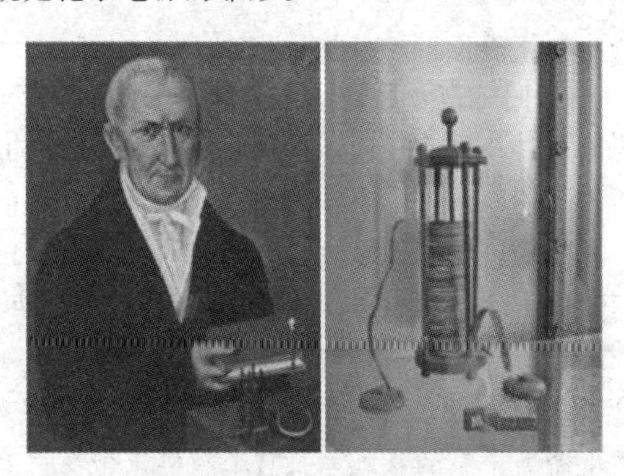

图5-12　伏打和伏打电堆

在这之前，人们只能应用摩擦发电机旋转以发电，再将电存放在莱顿瓶中，以供使用，这种方式麻烦，电量也受限制。伏打电池的发明改进了这些缺点，使得电的获取变得非常方便。伏打电堆（电池）的发明，提供了产生恒定电流的电源——化学电源，使人们有可能从各个方面研究电流的各种效应。从此，电学进入了一个飞速发展的时期——电流和电磁效应的新时期。直到现在，我们用的干电池就是经过改良后的伏打电池。干电池中用氯化铵的糊状物代替了盐水，用石墨棒代替了铜板作为电池的正极，而外壳仍然用锌皮作为电池的负极。

图 5-13　汉弗莱·戴维

1800 年，英国的尼科尔逊和卡里斯尔采用伏打电池电解水获得成功，使人们认识到可以将电用于化学研究。许多科学家纷纷用电做各种实验。发明了矿用安全灯的英国科学家汉弗莱·戴维（1778—1829）（图 5-13），了解到伏打电堆可以电解水后，也立即投入了电解研究，有了不少新发现。他想电既然能分解水，那么对于盐溶液、固体化合物会产生什么作用呢？他组装了一个特别大的电池用于各种物质的电解实验。他针对拉瓦锡认为苏打、木灰一类化合物的主要成分尚不清楚的看法，选择了木灰（即苛性钾）作第一个研究对象。开始他将木灰制成饱和水溶液进行电解，结果在电池两极也只有氧气和氢气生成。他加大电流强度仍然没有其他收获。仔细分析了原因，认为是水的存在影响了电解。随后他改用纯净的木灰先露置于空气中数分钟，然后放在一特制的白金盘上，盘上连接电池的负极，电池正极由一根白金丝与木灰相接触。通电后，看到木灰慢慢熔解，随后看到正极相连的部位沸腾不止，有许多气泡产生，负极接触处，只见有形似小球、带金属光泽、非常像水银的物质产生。这种小球的一部分一经生成就燃烧起来，并伴有爆鸣声和紫色火焰，剩下来的那部分的表面慢慢变得暗淡无光，随后被白色的薄膜所包裹。这种小球状的物质经过检验，正是他要寻找的物质——熔融木灰电解的产物。在导线与木灰接触的地方不停出现的紫色火焰，生成了一种未知物质，只是因为温度太高而无法收集。通过实验戴维进一步认识到，这种物质投入水中沉不下来，而是在水面上急速奔跃，并发出“嘶嘶”响声，随后就有紫色火花出现。这些奇异的现象使他断定这是一种新发现的元素，它比水轻，能使水分解而释放出氢气，紫色火焰就是氢气在燃烧，因为它是从木灰中提取的，故被命名为“钾”。在 1807 年皇家学会的学术报告会上，戴维介绍了他的电解试验。

木灰电解成功，使戴维更有信心进行各种电解实验。他采用同样方法电解了苏打，获得了另一种新的金属元素，因为它来自苏打，故命名为“钠”。

1807年11月19日，他支撑着疲惫的身体，在学术报告会上介绍了发现钾、钠两元素的经过。回到家中，便病倒了，在死亡的边缘挣扎了9个星期后，病势才好转。

1808年3月起，他开始采用同样的方法，电解石灰、苦土（氧化镁），但没有成功。后来他在瑞典化学家贝采里乌斯的启发下，将石灰和氧化汞按一定比例混合电解，成功地得到了钙和汞融合在一起的合金（钙汞齐），加热蒸发掉合金中的汞，便得到了银白色的金属钙。紧接着他又制取了金属镁、锶和钡。戴维通过电化学实验，得到了丰硕的果实——相继发现了钠、钾、氯、氟、碘等元素。

(5) 实验促进了人们对原子结构认识的发展 人类对原子结构的认识和研究，也离不开实验。我们从科学家提出的原子结构模型的变化、发展的史实，可以了解在人类对原子结构的探索过程中实验的重要性（图5-14）。最早的原子结构模型是德谟克利特基于想象提出的。他认为物质是由不可再分的名为“原子”的小颗粒组成的，原子有不同的形态。1803年，道尔顿提出他的原子模型。他认为原子是构成物质的基本粒子，它非常小，像一个实心小球，是不可再分的。1897年，汤姆生通过阴极射线研究，发现了电子。基于这个实验事实，他提出原子中存在电子，打破了“原子不可分割”的观念，说明原子有内在的结构。汤姆生依据推

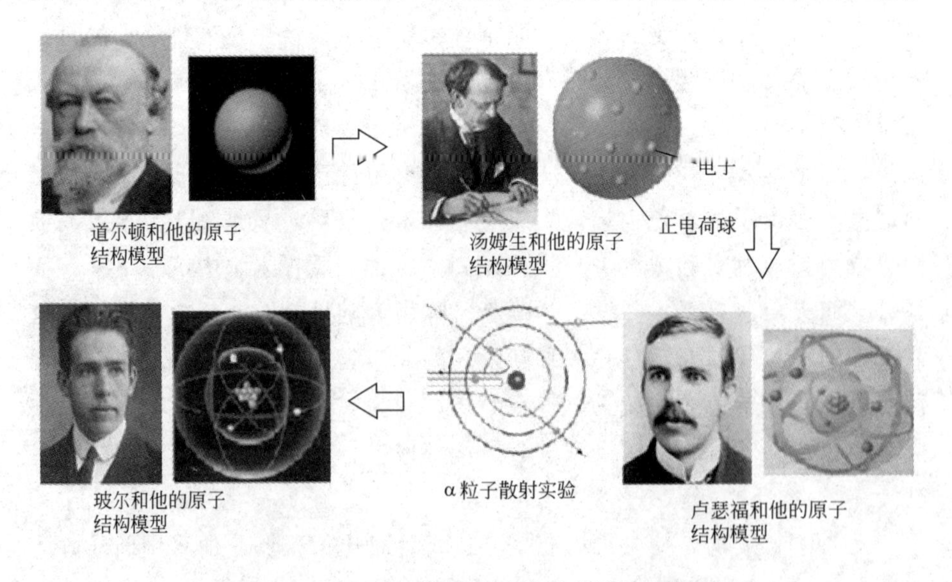

图5-14 不同历史时期科学家提出的原子结构模型

理，想象原子呈球状，带正电荷，带负电荷的电子“镶嵌”在这个圆球上，提出了“葡萄干面包式”的原子结构模型。这一原子结构模型不仅能解释原子为什么是电中性的，电子在原子里是怎样分布的，而且还能解释阴极射线现象和金属在紫外线的照射下能发出电子的现象。根据这个模型还能估算出原子的大小约 10^{-8}cm。汤姆生模型能解释当时很多的实验事实，所以很容易被许多物理学家所接受。

1910 年，卢瑟福发现 α 射线并指出它是带正电的氦原子核，他和学生们用 α 粒子来轰击一张极薄的金箔，想通过散射来确认那个“葡萄干”的大小和性质。经过多次试验表明，大部分 α 粒子穿过金箔，散射角度很小，只有少数 α 粒子的散射角度超过 90°，每入射 8000 个 α 粒子就有一个 α 粒子被反射回来。卢瑟福思考了一二年的时间，在做了大量的实验和理论计算后，他认为这些很少数的 α 粒子被反弹回来，必定是因为它们和金箔原子中某种极为坚硬密实的带正电的核心发生了碰撞。而且这核心集中了原子的大部分质量，占据的空间却很小，不到原子半径的万分之一。次年（1911 年）他发表了原子结构的新模型，推翻了他的老师汤姆生的原子模型。他提出：原子的中心有一个占据了绝大部分质量的“原子核”，原子核的四周有带负电的电子沿着特定的轨道绕着它运行，就像行星绕着太阳运行。但是，物理学家们很快就指出，带负电的电子绕着带正电的原子核运转，这个体系是不稳定的。两者之间会放射出强烈的电磁辐射，从而导致电子一点点地失去自己的能量，会逐渐缩小运行半径，直到最终“坠毁”在原子核上。卢瑟福也认为自己提出的模型还很不完善，有待进一步的研究和发展。

1885 年，瑞士科学家巴尔末发现了计算氢原子可见光谱的一个经验公式。1900 年，德国物理学家普朗克提出了能量量子化的概念。1905 年，爱因斯坦提出了光量子概念。

在这些研究成果的启示下，玻尔于 1913 年将量子化的概念用到原子模型的研究中，修正了卢瑟福的模型，提出了氢原子结构模型：“在原子中，电子沿着符合一定条件的轨道旋转。电子在轨道上运动时，不吸收或放出能量。原子中的电子在不同轨道运动时可具有不同的能量，电子在轨道上运动时所具有的能量是不连续的，是量子化的。当电子从某一轨道跃迁到另一轨道时，才有能量的吸收或放出，放出的能量以光子辐射。”玻尔从理论上说明了氢原子和类氢原子的光谱线结构，揭示了微观体系的量子化规律，为量子力学模型的建立奠定了基础（彩图 13）。

20 世纪 30 年代前后，科学家们把玻尔原子结构模型发展成为原子的量子力学模型。量子力学模型的核心是薛定锷波动方程。它包括了玻尔所采用的量子化能级的概念，还提出其他量子数以说明电子的能量，以及原子核外各电子层、电子亚层和原子轨道的分布。人们通过理论推导和电子衍射实验，认识到电子和光子一样，具有波粒二象性。根据测不准原理，以接近光速在原子核外高速运动的电子，只能用统计的方法来说明电子在原子核外的运动。用“电子云”的概念来描述电子的运动状态；用电子层、电子亚层、原子轨道模型说明电子在原子核外的的运动（彩图 14）。

6 化学反应是有规律的

世界上物质有数千万种，各种物质都会发生某些化学变化。因此，化学变化多种多样，纷繁复杂。其实，化学变化是有规律的。

一种物质或几种物质间能否发生化学反应？在什么条件下能发生反应？反应将生成怎样的物质？反应是如何发生的？反应进行的快慢怎样？反应的快慢和什么因素、条件有关？反应进行的程度如何（是否彻底，变化是否会停留在某种程度上）？化学反应前后物质的质量、数量会发生怎样的变化？化学反应中能量是如何转化的？化学反应中物质的能量变化和反应的发生有什么关系？……这些问题都有规律可循，在生产实践、科学实验中都可以依照规律来控制。例如，人们可以依照反应的规律，说明为什么汽油可以燃烧，水不能燃烧；预测一定量的汽油完全燃烧需要多少氧气，生成多少水蒸气和二氧化碳气体，放出多少热量；说明什么情况下，汽油能（或不能）完全燃烧，会生成一氧化碳或炭黑；在什么情况下，汽油燃烧会引发爆炸；并且在实践中控制好条件，使汽油能安全燃烧，提高燃烧效率，防止污染空气。

从古至今，人们在生产、生活中观察、研究、应用各种化学反应，经历了无数次从感性到理性、从理论到实践的往复，积累了丰富的经验，也用实践证明化学变化有规律，可以利用这些规律来控制和应用化学变化，为人类造福，保证人类社会的可持续发展。当然，直到今天，化学家们也远未完全知晓、掌握化学变化的规律，还在继续努力地探索。

6.1 给纷繁复杂的化学反应分类

为了研究纷繁复杂的化学反应，人们从不同角度，分析化学反应的特征，对化学反应进行分类，以便研究各类化学反应进行的规律。

(1) 依据按反应物与生成物的类型分为四类：化合反应、分解反应、置换反应、复分解反应。

① 化合反应　两种或两种以上物质反应生成一种新物质。如氢气在氧气中燃烧，生成水蒸气：$H_2+O_2 \xrightarrow{点燃} H_2O$。化合反应可用式子 $A+B = C$ 表示。

许多金属单质和非金属单质在一定条件下可以发生化合反应。水银体温计打破了，水银［金属汞（Hg）］洒落到地面，要防止水银在房间里慢慢挥发，造成水银中毒，必须把它清除。但水银在地面上会分散成细小水银小滴，四处滚动，很难清扫。依据水银在常温下就能和单质硫（硫黄，S）发生化合反应的特点，往水银洒落的地面上多撒一些硫黄粉，用扫帚往返扫几次，让硫黄粉和洒落的水银小球充分接触，发生化合反应，生成难挥发的硫化汞（HgS）固体粉末，就可以清扫干净。又如，一些金属氧化物（或非金属氧化物）可以和水化合，生成碱（或酸），人们利用这些反应从生石灰（CaO）制造熟石灰［$Ca(OH)_2$］。

② 分解反应　一种化合物反应生成两种或两种以上物质。石灰石煅烧生成生石灰和二氧化碳气体（$CaCO_3 \xlongequal{高温} CaO+CO_2\uparrow$）就是一个大家熟悉的例子。分解反应可用式子 $A = B+C$ 表示。水在非常高的温度下或通电的条件下可以分解成氢气和氧气，但是要花费大量电能。科学家还在不断探索，希望找到用廉价的方法从水获得氢的化学反应。

③ 置换反应　一种单质和一种化合物生成另一种单质和另一种化合物的反应。例如，锌片和稀硫酸反应，生成氢气和硫酸锌：

$$Zn(s)+H_2SO_4(稀) = ZnSO_4(aq)+H_2(g)\uparrow$$

“↑”表示有气体放出。在化学方程式中，有时为了表示反应物和生成物的状态，在化学式后的括号中用 s、aq、l、g 分别表示固体、溶液、液体、气体。

置换反应可用式子 $A+BC=B+AC$ 表示。

我国西汉时期古老的湿法炼铜工艺，就是利用金属铁能把铜从硫酸铜溶液中置换出来的反应（彩图 15、彩图 16）：

$$Fe+CuSO_4=Cu+FeSO_4$$

在我国汉代的许多著作里有记载“石胆能化铁为铜”，晋葛洪《抱朴子内篇·黄白》中也有“以曾青涂铁，铁赤色如铜”的记载。南北朝时人们更进一步认识到不仅硫酸铜，其他可溶性铜盐也能与铁发生置换反应。南北朝的陶弘景说：“鸡屎矾投苦酒（醋）中涂铁，皆作铜色。”说明用醋溶解碱式硫酸铜或碱式碳酸铜，得到的溶液也可与铁起置换反应，可用于冶炼铜。

④ 复分解反应　由两种化合物互相交换成分，生成另外两种化合物的反应。例如，盐酸和氢氧化钠溶液反应，生成水和氯化钠：

$$NaOH+HCl=NaCl+H_2O$$

复分解反应可用式子 $AB+CD=AD+CB$ 表示。4.5 节中介绍的用各种盐晶体在水玻璃（硅酸钠溶液）中“种植海草”的实验，就是利用各种盐溶液和硅酸钠溶液发生复分解反应，生成不同颜色的不溶性硅酸盐沉淀。

(2) 按化学反应中组成反应物的元素原子或离子是否有电子的得失（表现为反应物中某种或全部元素的化合价发生了变化），分为氧化还原反应、非氧化还原反应。

例如，氢气在氧气中燃烧生成水蒸气，氢气中氢原子化合价是 0 价，反应生成水，氢原子化合价变为 +1；氧气中氧原子化合价为 0 价，反应生成的水中，氧原子化合价变为 −2。这是由于反应中氢气分子中的氢原子把核外的一个电子转移给氧气分子中的氧原子。

$$\overset{4\times e^-}{2H_2 \rightarrow O_2} \xlongequal{点燃} 2H_2O$$

锌片和稀硫酸反应，实质上也是锌和硫酸在溶液中电离生成的氢离子之间的反应。锌原子失去电子，电子转移给氢离子，氢离子得到电子转化为氢原子，并结合生成氢气分子。

$$\overset{1\times 2e^-}{Zn \rightarrow H_2SO_4}(稀)=ZnSO_4+H_2\uparrow$$

铁和硫酸铜溶液反应，参加反应的铁原子失去 2 个电子，发生氧化反应，成为+2价铁离子进入溶液，硫酸铜溶液每个+2价的铜离子，得到2个电子，还原为铜原子，成为金属铜附着在铁丝上。

$$Fe+\overset{2e^-}{CuSO_4}=FeSO_4+Cu$$

石灰石煅烧分解生成生石灰，盐酸和氢氧化钠溶液反应生成水和氯化钠的反应，各种元素的化合价都没有变化，没有电子得失发生，为非氧化还原反应。

从各种金属矿物中冶炼金属，很多就是利用氧化还原反应把化合态的金属还原为金属单质。从海水或海藻中提取溴和碘，也是利用氧化还原反应把其中的溴、碘的阴离子氧化，生成溴、碘单质。各种电池大都是利用氧化还原反应，把反应物间的电子通过外电路进行转移，获得电流的。

（3）把有离子参加的反应归为一类——离子反应。酸、碱、盐在水溶液中发生的反应，大多数是反应物在溶液中电离生成的自由移动的离子重新结合形成新的化合物。例如，盐酸和氢氧化钠溶液反应：

$$HCl+NaOH=NaCl+H_2O$$

实际上是盐酸电离生成的氢离子和氢氧化钠电离生成的氢氧根离子结合生成水分子（图6-1）：

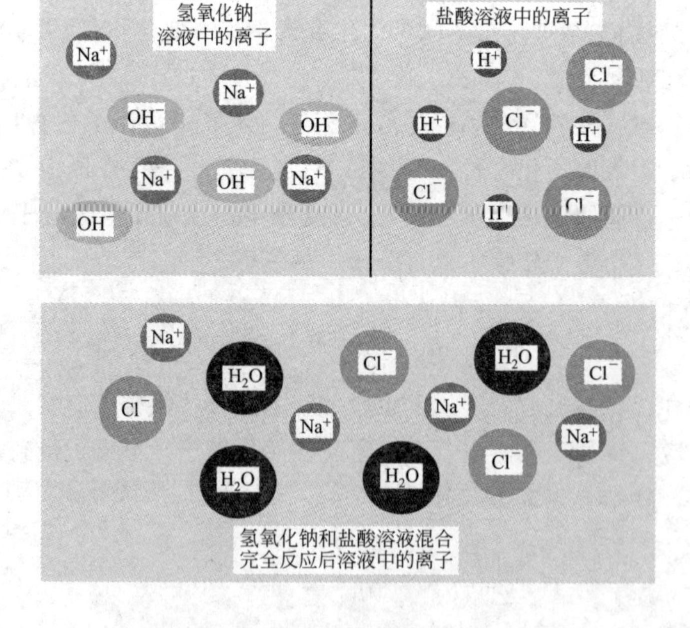

图6-1 盐酸和氢氧化钠溶液的反应

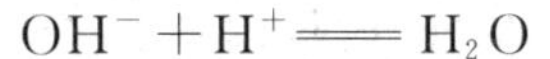

$$OH^- + H^+ = H_2O$$

钠离子和氯离子在溶液中组成生成物氯化钠。

上文提到的各种盐晶体在水玻璃（硅酸钠溶液）中“种植海草”的实验，实际上就是盐溶液中金属离子和硅酸钠溶液中的硅酸根离子结合生成不同颜色的不溶性硅酸盐沉淀所产生的现象。

（4）把有机化合物之间发生的化学反应归为一类——有机反应。有机反应种类很多，大多比较复杂。这些反应在生产、生活和科学研究领域都有广泛应用。如，取代反应、加成反应、消去反应、加聚反应、缩聚反应、异构化反应（反应物不改变化学组成，只是发生结构重组）等。这些反应会在更多、更深入地化学科学学习中逐步介绍。

（5）从化学反应能否自发发生的角度看，化学家把不需外界帮助（如由外界供给能量）就能自动发生的反应称为自发反应。

（6）从反应进行的程度看，化学家还把化学反应分为可逆反应和不可逆反应。一个反应发生后，几乎所有的反应物都能转变为生成物的反应，称为不可逆反应。相反，反应物不能完全转化为生成物的反应称为可逆反应，反应进行到一定程度，达到平衡状态，反应物和生成物同时存在。或者说，反应物能转化为生成物，生成物也能在同样条件下转化为反应物，而且两个相反方向的反应，进行的快慢一样，反应物和生成物所占的比例不再改变。例如合成氨反应，用体积比为3∶1的氢气和氮气在催化剂作用下，在450℃、300atm（大气压）下反应，达到平衡状态时，无论再延长多少时间，只要反应条件不改变，氨气只占平衡混合气体的35%，和没有反应的氢气和氮气同时存在。

6.2 化学反应中能量的转化和守恒

我们已经知道，许多化学反应伴随着热的释放，发出光、声响、产生电流、引起反应物或生成物的运动，例如燃料的燃烧、火药的爆炸、电池放电。这表明，有一些化学反应会释放出能量，所释放的能量可以是热能、光能、电能，还可以是膨胀功。也有不少反应需要持续吸收热量或者吸收光能，或者要通电，需要供给能量才能进行，例如光合反应、水的电解、石灰石的分解。通常把这两类反应分别称为放热反应、吸热反应。不少能释放出能量的化学反应（即放热反应），要先供给一定的能量提高它的温度，达到一定的温度，才能较快地发生反应。例如，燃料的燃烧，大都需要先供给一定的热能，让它的温度上升达到着火点，才能发火燃烧。那么，化学反应中能量的释放、吸收会不会引起总能量的增加或减少呢？

各种物质本身都蕴含着一定的能量，物质所含有的全部能量称为物质的内能。不同的物质具有不同的内能，物质处于不同的状态，所蕴含的内能也有差异。物质发生化学反应，转变或生成新的物质。如果生成的新物质所含有的能量比反应物少，减少的能量会以某种形式释放出来；如果生成的新物质所含有的能量比反应物高，这一化学反应就需要从外界吸收能量才能维持反应的进行。在化学反应中，能量既没有凭空增加或产生，也不会消失不见。反应系统中能量的增加或减少，必然伴随着环境中能量的减少或增加，总的能量保持不变。这就是人们常说的能量守恒定律。

能量守恒和能量转化定律与细胞学说、进化论合称19世纪自然科学的三大发现。能量守恒和能量转化定律是自然界最普遍、最重要的基本定律之一。大到宇宙天体，小到原子核内部，无论是物理变化、化学变化还是地质的变动、生物的新陈代谢，只要有能量转化就一定服从能量守恒的规律。燃料燃烧，燃料中蕴含的化学能转变为热能和光能，这些能量全部被环境所吸收，环境中的能量增加了。太阳内部发生核反应，释放出巨大的能量，释放到宇宙中，其中一部分到达我们的地球。地球上的生物，包括人类，依靠太阳能维持生命活动，生生不息，海洋、江河的水吸收了太阳放出的热和光，转化为水蒸气的内能。

从日常生活到科学研究、工程技术，能量守恒定律都发挥着重要的作用。人类对各种能量，如煤、石油等燃料以及水能、风能、核能等的利用，都是通过能量转化来实现的。能量守恒和转化定律是人们认识自然和利用自然的有力武器。

今天，大家都能接受的能量守恒和转化定律，在19世纪中叶，却被许多科学家质疑、反对。所幸，有一些科学家不畏艰难、不怕权威、坚持探索，终于赢得了科学界的共识，在许多科学家坚持不懈的研究下，大约在1875年后，形成了能量守恒和转化定律的准确而完善的表述。许多科学家在研究能量守恒和转化的工作中，谱写了许多生动感人的故事。下面简单介绍科学家迈尔、焦耳和汤姆孙的一段故事。

德国的医生迈尔（1814—1878）是第一位坚持研究能量守恒和转化的学者。1840 年 2 月，他作为一名随船医生跟着一支船队来到印度尼西亚。在给船员治病的日子里，他总喜欢亲自观察、思考、研究、实验。有一次，他在思考人身上的热量到底来自何方的问题，他意识到人的心脏不足 500g，靠心脏的运动根本无法产生那么多热，无法维持人的体温。他想到，该是靠人身上的血肉来维持的，人的血肉又是吃的食物形成的，食物的源头是植物，植物是靠太阳的光和热而生长的。那么能量是如何转移的？他把思考的结果写成论文，宣传自己的观点：地球上的植物吸收了太阳挥洒的光与热，生出了各种化学物质……可是，科学家们不相信，称他为“疯子”。

和迈尔同时期研究能量守恒和转化的还有一个英国科学家焦耳。1840 年，他发现了电学中的一个著名定律——焦耳定律。随后他又发现无论化学能、电能所产生的热都相当于一定功，并用实验证明自然界的能量是不会毁灭的，机械能的消耗会转化为热。但是，包括著名的物理学家法拉第在内的大科学家都认为这是不太可能的。当时任数学教授的威廉·汤姆孙，在听焦耳报告时就退出会场表示不满。但是，焦耳没有因为人们的不理解而退却。他继续实验、坚持研究，在取得新的成果后，他带着新设计的实验恳求英国科学协会给他一些时间演示他的实验。焦耳当众演示了他的新实验，证明机械能是可以定量地转化为热的，1kcal 的热也可以转化为 423.9kg·m 的功。汤姆孙又当场责骂他。焦耳冷静地回答：“如果热不能做功，那蒸汽机的活塞为什么会动？如果能量不守恒，永动机为什么总也造不成?”焦耳平淡的反驳，引起了教授们的思考、观察和争论。汤姆孙也在思考之后，开始做试验、找资料，发现了迈尔几年前发表的文章，了解到迈尔和焦耳的想法完全一致。他抱着“负荆请罪”的决心，带上自己的试验成果和迈尔的论文找焦耳，请焦耳共同探讨。汤姆孙见到焦耳，看到焦耳试验室里自制的实验仪器，被焦耳的坚韧不拔所感动，向焦耳认错。焦耳告诉汤姆孙，迈尔因为不被人理解，神经错乱了。汤姆孙十分难过，“真的对不起，我这才知道我的罪过。过去，我们这些人给了您多大的压力呀。请您原谅，一个科学家在新观点面前有时也会表现得很无知的。”此后，两人一起研究能量的守恒和转化，取得了更进一步的成果。

6.3 化学反应中质量是守恒的

我们知道，化学反应中反应物变成生成物，原来的反应物消失了，生成了新的物质。物质变化了，那么反应物质的总质量和生成物质的总质量相比，是增加了还是减少了？你是怎么想的呢？

这个问题也是化学家非常关心的问题。在化学发展的历史进程中，有过很长时间的争论，我们在上一章已经做了有关的介绍。17 世纪末期一些化学家曾经认为，燃烧是可燃物中存在着燃素，可燃物燃烧时失去燃素，质量减少。化学家波义耳就认为金属煅烧变成“金属灰”，质量增加是有一种燃素转入金属的结果（图 6-2）。1756 年，俄国化学家罗蒙诺索夫通过实验，发现这些金属煅烧变成“金属灰”，质量增加了，是由于煅烧时吸收了空气。但他的发现当时没有引起科学家的注意。18 年后，拉瓦锡通过大量的定量试验，得出结论：化学反应中参加反应的各物质的质量总和等于反应后生成各物质的质量总和。这个规律得到了公认，这一规律就叫做质量守恒定律，它是自然界普遍存在的基本定律之一。

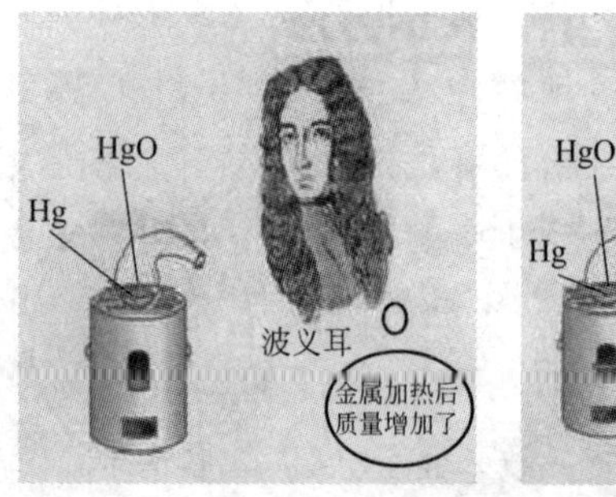

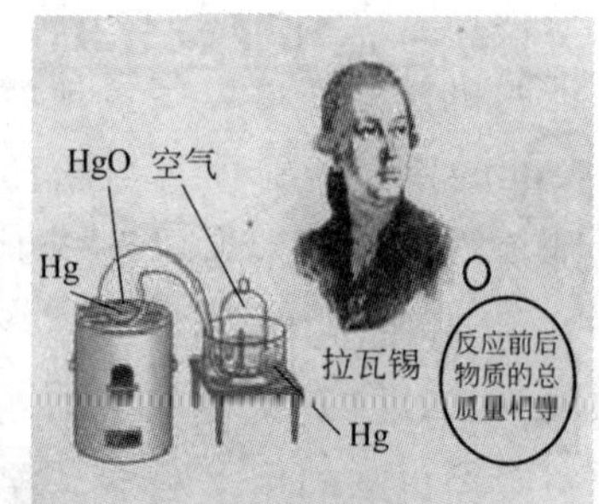

图 6-2 波义耳、拉瓦锡对煅烧金属实验结果做不同的解释

要确切证明或否定这一结论，都需要极精确的实验结果，而拉瓦锡时代的工具和技术（小于 0.2%的质量变化就觉察不出来）不能满足要求。此后，不断有人改进实验技术以求证明这个定律。20 世纪初，德国和英国化学家分别做了精确度极高的实验，以求能得到更精确的实验结果。例如，1908 年德国化学家廊道尔特（Landolt）及 1912 年英国化学家曼莱（Manley）做了实验，所用的容器和反应物质量为 1000g 左右，反应前后质量之差小于 0.0001g，质量的变化小于一千万分之一。这个差别在实验

误差范围之内，因此科学家一致承认了这一定律。可见质量守恒定律是建立在严谨的科学实验的基础之上的。

物质是由分子、原子或阴阳离子构成的，在化学反应中，构成反应物的所有元素的原子既没有消失，也不会无中生有，只是重新组合而已。各种元素的原子都没有增加或减少，相对原子质量也没有变化，物质的总质量也就不会改变了。

如此说来，组成世界万物的元素原子在化学变化中不会消失，只要不发生核反应，它的寿命会是无限长的。你身上的各种元素的原子，在你诞生之前就已经存在很久很久了，不过只是存在于其他的物质中，当你在胚胎中产生并慢慢长大时，才逐渐从空气、水、各种食物中转移到你身上，重新组成你身上的细胞，形成各种组织和器官。

6.4 化学反应快慢的影响因素

在生活中，我们会感觉到不同的化学变化发生的快慢很不相同。铁钉、铁器、铁栏杆生锈，在不知不觉中发生，过程缓慢而不易察觉。当发现铁器上长满了锈，却难以说清是什么时候开始出现的。煤气燃烧爆炸，却只是一瞬间的事，急速而猛烈。要点燃一小勺面粉，很不容易；面粉制造厂工作车间散布着许多面粉粉尘，一丁点火星足可引起面粉粉尘燃烧爆炸。各种化学反应，快慢不一，发生的现象也很不相同，有的悄无声息，有的极其夸张猛烈。同样的一种物质发生类似的化学变化，快慢和剧烈程度也可能不一样。即使同一种化学反应，在不同条件下，反应的快慢也会有差异，甚至有很大差别。

6.4.1 双氧水分解反应的快慢

如果你不小心跌倒了，皮肤擦伤了，出现创伤，伤口有泥沙，常常要先用医用双氧水擦拭创伤的皮肤，给伤口消毒。医用双氧水看起来和普通水相似，它是溶解有过氧化氢的水溶液，约含过氧化氢 3%（100g 医用双氧水约含 3g 过氧化氢）。用医用双氧水擦拭创伤的皮肤后，会有一点灼烧感。这是由于其中溶解的过氧化氢容易分解放出氧气，有杀菌消毒作用，可以杀灭化脓性球菌。皮肤表面受双氧水作用会呈现白色，过几分钟就会恢复为肤色。可以用下式表示过氧化氢发生的分解反应：

$$2H_2O_2 = 2H_2O + O_2\uparrow$$

在玻璃片上倾倒一些医用双氧水，放入一些新鲜的生猪肝碎片，可以看到双氧水迅速分解，冒大量气泡，说明新鲜生猪肝可以促进（加速）双氧水的分解。研究发现，新鲜生猪肝中含有一种称为过氧化氢酶的物质（图 6-3）。

图 6-3　新鲜生猪肝可以催化过氧化氢分解

化学家把能在化学反应中改变化学反应速率（提高或降低），而本身的质量和化学性质在化学反应前后都没有发生改变的物质叫做催化剂。过氧化氢酶具有催化过氧化氢分解的作用，是过氧化氢分解的催化剂。新鲜的生猪肝中存在过氧化氢酶，猪肝放久了或煮熟了，过氧化氢酶会被破坏，失去了催化作用。

在化学实验室中，向二氧化锰的黑色粉末中加入双氧水，能催化过氧化氢的分解反应，方便地制取氧气（图 6-4）。

一种催化剂并非对所有的化学反应都有催化作用。例如，二氧化锰在氯酸钾受热分解中起催化作用，加快化学反应速率，但对其他的化学反应就不一定有催化作用。

某些化学反应并非只有唯一的催化剂。例如，氯酸钾受热分解中能起催化作用的还有氧化镁、氧化铁和氧化铜等。催化剂对某种化学反应起催化作用，是由于它参与了反应的过程。催化剂与它能催化的化学反应的关系就像锁与钥匙的关系一样，具有高度的选择性（专一性）。

催化剂是瑞典化学家贝采里乌斯最先发现的。1836 年，他在《物理学与化学年鉴》杂志上发表了一篇论文，首次提出“催化”与“催化剂”的概念。关于他发现催化剂的贡献，有一个有趣的传说。有一天，贝采里

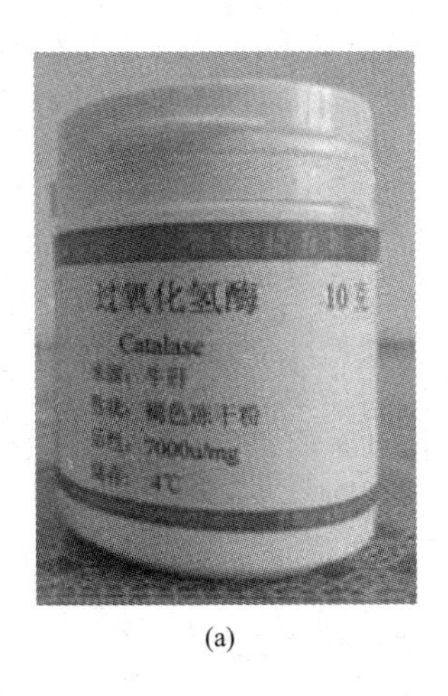

(a)

(b)

图 6-4 过氧化氢酶制剂（a）及二氧化锰粉末（b）

乌斯在化学实验室忙碌地进行着实验。到傍晚，他的妻子玛丽亚为祝贺自己的生日准备好了宴请亲友的晚宴。专注于实验的贝采里乌斯，把这件事全忘了，直到玛丽亚把他从实验室里拉出来。一进屋，客人们纷纷举杯庆贺，他顾不上洗手就接过一杯蜜桃酒一饮而尽。当他自己斟满第二杯酒，准备干杯时，却发现酒杯中不是蜜桃酒，而是酸味很浓的醋。玛丽亚仔细查看斟出酒的瓶子，又倒出一杯来品尝，证明瓶里装的确实是蜜桃酒。贝采里乌斯把自己倒的那杯酒递给玛丽亚，玛丽亚喝了一口，杯里确实是酸味很重的醋。甜酒怎么一下子变成醋了？大家都凑近来观察、猜测，却没人能明白怪事是怎么发生的。最终还是贝采里乌斯发现，他的酒杯里有少量黑色粉末，自己的手上也沾有这种黑色粉末。他这才恍然大悟：他在实验室研磨白金，手上沾上了白金粉末（就是铂黑），是铂黑让倒入酒杯里的蜜桃酒迅速变成了醋。也就是说铂黑大大加快了蜜桃酒中的酒精（乙醇）和空气中氧气间的化学反应，氧气迅速把乙醇氧化成醋酸。

6.4.2 奇异的生物催化剂

研究发现，生物体中存在着一类像过氧化氢酶这样的具有催化作用的化合物，科学家把它们统称为酶。人和哺乳动物体内约含有 5000 种酶。过氧化氢酶只是酶的一种。每一种酶只能催化一种化学反应，例如，人的唾液中含有淀粉酶，淀粉酶可以催化淀粉分解，转化为葡萄糖，因此，我们在细细咀嚼馒头或米饭时会感到有甜味。人体的胃肠等器官中含有脂肪酶和蛋白酶，它们可以帮助我们消化蛋白质和脂肪。酶的催化作用非常有效，每个酶分子每秒钟可以处理成千上万个反应。

酶只能在一定温度和一定的条件下存在并起催化作用。一般来说，动物体内的酶发挥催化作用的最适温度是35～40℃；植物体内的酶最适温度在40～50℃；细菌和真菌体内的酶最适温度差异较大，有的酶最适温度可高达70℃。动物体内的酶还要求一定的酸碱度（最适pH大多在6.5～8.0），植物体内的酶最适pH大多在4.5～6.5。生物体内的数千种酶，支配着生物的新陈代谢、营养和能量的转换等许多催化过程。与生命过程关系密切的反应大多是酶催化反应。如果生物体内缺乏酶，或者缺乏酶发挥作用的条件，生物的新陈代谢几乎不能完成，生命活动就根本无法维持。例如，人体在代谢过程中会产生有毒的过氧化氢，过氧化氢酶可以使产生的过氧化氢分解，避免人体受到侵害。

酶的发现，经过了一个漫长的过程，是许多科学家辛勤探索的结果。1773年，意大利科学家斯帕兰扎尼设计了一个巧妙的实验：将肉块放入小巧的金属笼中，让鹰吞下去。过了一段时间后，将小笼取出发现肉块消失了。据此，他推断胃液中一定含有消化肉块的物质。1833年，法国的培安和培洛里把麦芽磨碎、用水浸渍，用得到的液体和淀粉混合，发现淀粉被分解了。他们发现的能分解淀粉的物质就是现在人们所说的淀粉酶。1836年，德国马普生物研究所的科学家施旺从胃液中提取出了消化蛋白质的物质。1926年，美国科学家萨姆纳从刀豆种子中提取出一种酶的结晶——脲酶，并通过化学实验证实脲酶是一种蛋白质。20世纪30年代，科学家们相继提取出多种酶的蛋白质结晶，指出绝大多数酶是一类具有生物催化作用的蛋白质。

6.4.3 水也可催化某些化学反应

你可能用过碘酒，它是消毒伤口的常用外用药剂。碘酒是用碘（I_2）溶解在酒精中得到的。碘是一种紫黑色的固体，很容易升华，形成紫红色的碘蒸气。因此，涂抹在皮肤上的碘酒，过段时间就消失了。化学魔术师常用粉末状碘和锌粉作为表演化学魔术“滴水生烟”的道具。在常温下把粉末状的碘和锌粉（或铝粉）混合均匀，让人觉察不到有化学反应发生，如果在混合物中滴加几滴水，马上会看到紫红色的蒸气冒出。这是由于水可以作为碘和锌（铝）反应的催化剂，加到反应混合物中的水加快了碘和锌的反应，放出大量热，使未发生反应的碘受热升华：

$$I_2 + Zn = ZnI_2$$

水还能催化一些其他的化学反应。近几年来，不少科学家十分关注水的催化作用，进行了不少研究，取得了一系列研究成果。

6.4.4 根瘤菌与合成氨

在自然界中，细菌等微生物体内都存在酶。例如豆科植物的根瘤菌就能分泌一种可以吸收利用氮气的固氮酶。

植物生长需要氮、磷、钾等肥料，从中吸收、利用其所含的氮、磷、钾等生命不可缺少的元素。空气成分中约有 80% 的氮气，但一般植物无法直接吸收、利用氮气中的氮元素，只能从人和动物的粪便、化学氮肥（如氨水、尿素、碳铵、硫酸铵等）中吸收其中含有的氨、铵盐、硝酸盐等含氮的化合物作为养分。但是花生、大豆、苜蓿等豆科植物根部含有的根瘤菌能直接吸收利用空气中的氮气，把它转化为植物可利用的氨态含氮化合物。豆科植物幼苗期的根毛分泌的一种有机物能吸引土壤中的根瘤菌，使其聚集在根毛的周围，并大量繁殖。这些根瘤菌产生的分泌物能刺激根毛，使之发生一些特殊的变化，有利于根瘤菌侵入根毛到达根的皮层。在皮层中的根瘤菌可以大量繁殖并转变为类菌体。同时，皮层细胞受到根瘤菌侵入的刺激，也迅速分裂，产生大量的新细胞，使皮层出现局部膨大并包围着聚生根瘤菌的组织，形成了根瘤（图 6-5）。在根瘤内，类菌体所产生的固氮酶，可以将土壤中空气的氮分子转化为氨态氮，成为植物能利用的含氮化合物。但是，豆科作物周围的土著根瘤菌数量很少，难以满足作物生长的需要，需要人工接种根瘤菌剂。

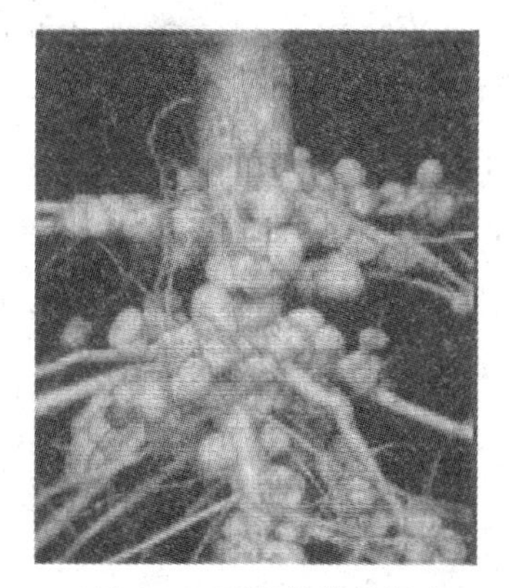

图 6-5　豆科植物的根瘤

用空气中的氮气跟氢气反应直接合成氨无疑是一条最理想的途径，但是要在化工生产中实现这一想法却是非常困难的。从 18 世纪中叶无数科学

图 6-6　合成氨的发明者哈伯（Haber）

家就开始这一研究。德国化学家哈伯（图 6-6）从 1904 年开始进行合成氨的试验。他经历了近十年的理论研究和生产工艺探索，于 1909 年采用了过渡金属锇为催化剂，在 600℃、200atm 下，用氮气、氢气合成了氨，并使未反应的气体原料循环利用，因此获得了 1918 年诺贝尔化学奖。哈伯的发明震动了全球化学界，并产生了划时代的效应。随着社会的发展、人口的增加、人们生活水平的提高，仅用人和动物的粪便作氮肥，已经无法满足农业生产发展的需要。他的发明使大气中的氮变成生产氮肥的永不枯竭的廉价来源，从而使农业生产依赖土壤的程度减弱。哈伯发明的工业化合成氨法，“使人类从此摆脱了依靠天然氮肥的被动局面”。

德国化学家博施改进了哈伯的合成氨法，实现了合成氨的工业化生产，建起了第一座合成氨厂。他发明了氨的高压合成技术，获得了 1931 年诺贝尔化学奖。德国化学家格哈德埃特尔，在金属表面氢吸附以及与合成氨相关的表面反应机理的研究，有助于进一步研究合成氨催化剂和合成氨的控制，也获得了 2007 年诺贝尔化学奖。

现在，人们已经发现并使用多种具有催化作用的化合物，催化氮气和氢气的化合反应生成氨，建立大规模的合成氨工厂（图 6-7），生产氨并进一步把氨制成各种氮肥。合成氨催化剂的发现、应用和发展是历代化学家的贡献。现在，合成氨工业使用的催化剂，有铁基催化剂（以铁的氧化物和钾、钙、铝的氧化物为主要成分）、钌基催化剂、三元氮化物、纳米合成氨催化剂等多种类型。

6.4.5　化学反应的快慢可以控制

氢气和氧气、氢气和氮气都能发生化学反应，反应分别生成水蒸气和氨气。在常温下混合氢气和氧气或氮气，几乎察觉不到有反应发生。但氢气在空气或氧气中点燃，就迅速反应。不同的化学反应，进行的快慢不同。

同一种化学反应在不同条件下反应的快慢也可能有很大差异。加大反

图 6-7 合成氨工厂

应物的接触机会，例如把固体反应物粉碎，让液体、气体反应物均匀混合，都能使反应加快。在一个容器中点燃氢气和氧气的混合物，反应非常迅速，放出大量的热，使生成的水蒸气迅速膨胀，发生爆炸。点燃从燃气灶口排出的煤气或石油液化气，它们会平静地燃烧；如果煤气或石油液化气泄漏，厨房里充满了燃气和空气的混合物，一旦被点燃，大量燃气迅速和氧气发生作用，瞬间完全燃烧，会发生爆炸事故。使用适当的催化剂，能成千上万倍地提高反应速率。氢气和氮气在较高的温度和压力下，有催化剂存在时，能较快反应生成氨；温度升高，化学反应大大加快，一般地说，温度每升高 10K，反应速率会增加 2～4 倍。

控制化学反应发生的条件，可以控制化学反应的快慢和剧烈程度。把食物放在冷库或冰箱中，会减缓食物的变质。搅拌反应液，使反应物混合地更均匀，把块状反应物粉碎加大反应物间的接触面积，都会加快反应。选择适当的催化剂，是加快反应速率的最有效的方法之一。在化学实验室中用金属锌和酸溶液作用制造氢气，要使用颗粒状的锌，如果用大块锌片，锌和酸溶液接触面不够大，放出氢气的速率太慢；如果用锌粉，反应太快，放出的氢气和反应液、锌粉容易形成泡沫溢出，很难收集到洁净的氢气。

6.5 化学反应进行的程度

在研究化学反应的过程中，人们发现有些反应，只要允许反应物之间充分接触，给予足够的时间，反应能进行到底，直至一种反应物完全消耗。例如，碳酸钙和盐酸的反应，只要盐酸溶液足够多，时间足够长，反应将进行到所有的碳酸钙全部溶解，都转化为二氧化碳气体和氯化钙溶液：

$$2HCl + CaCO_3 = CaCl_2 + H_2O + CO_2\uparrow$$

我们已经知道，高炉炼铁是在高温下利用一氧化碳气体，在高炉中与铁矿石中铁的氧化物作用，把铁还原出来的：

$$Fe_2O_3 + 3CO \xlongequal{高温} 2Fe + 3CO_2$$

100 多年前，人们发现从高炉口排放出来的气体总含有一定量的一氧化碳气体，而炼铁过程中，铁矿石、焦炭、石灰石等原料是连续投料的，反应物是足够多的，为什么总会用不完呢？人们以为是高炉不够高，一氧化碳气体和铁矿石接触时间不够长，反应不完全。为解决问题，就改建、加高高炉，希望使反应能进行得比较完全，减少一氧化碳气体的排出。但是，加高高炉、延长反应时间，并没有使排出的一氧化碳气体减少。后来，人们才发现，Fe_2O_3 和 CO 的反应只能进行到一定程度，反应达到一定限度，一氧化碳不能再把氧化铁还原了，也就是说反应不能进行到底。

二氧化碳能和水反应生成碳酸，汽水就是一种含碳酸的饮料。在汽水中溶解的二氧化碳气体只有一小部分和水反应生成碳酸（H_2CO_3）：

$$CO_2 + H_2O = H_2CO_3$$

密封在汽水瓶中的汽水中，二氧化碳和水的反应进行的程度很低。大量的水、溶解在水中的一些二氧化碳气体、它们反应生成的很少量的碳酸共存在汽水中（图 6-8）。

图 6-8　汽水中二氧化碳气体和水、碳酸处于平衡状态

实际上，许多化学反应是不能进行到底的。在一定的反应条件（单位体积反应容器中气体和溶液的浓度、反应的温度、压强等）下，这类不能进行到底的反应，达到一定程度后，无论怎么延长反应时间，在反应混合物中反应物、生成物都同时存在，而且各成分所占的比例保持不变，反应达到化学平衡状态。

研究发现，如果把氨气置于反应容器中，在 450℃、300atm 下，氨会分解，当反应完成后，容器中剩余的氨气只占混合气体的35%，其他65%是体积比为3∶1的氢气和氮气，反应也达到平衡状态。可见，合成氨的反应是一个可以同时向两个相反方向进行的可逆反应。许多难以进行到底的反应都可以看成是可逆的化学反应。这好比一个有进水龙头和出水孔的水槽，如果同时有水注入，也有水流出，只要每分钟注入的水量和流出的水量相等，水槽中的水位总是不变，处于平衡状态。

各种不能进行到底的反应，达到化学平衡状态后，反应生成物的比例不仅取决于反应本身，还和反应的外界条件有关。用体积比为3∶1的氢气和氮气在催化剂作用下合成氨，若果反应温度和压强改为600℃、400atm下，达到反应平衡状态，得到的氨气只占平衡混合气体的16.9%。为了提高反应混合物中生成物的比例，提高原料转化为产物的百分比，化学家不断研究有关化学平衡的规律，研究如何从各种反应的特点出发，改变反应条件，使反应达到化学平衡状态时，生成物所占的比例尽可能高。

6.6 化学反应进行的方向

自然界中有各种各样的变化，变化向什么方向发展？在某种条件下，一种变化向某个方向进行，会不会向相反的方向进行呢？例如，食盐晶体在水中，会自动地溶解，组成它的氯离子、钠离子会扩散到水中。但是食盐水中的氯离子、钠离子会自动聚集起来变成食盐晶体吗？生石灰可以和水反应自动转化为消石灰，而消石灰不会自动变成生石灰。铁器具在潮湿的空气中会自动慢慢生锈，形成铁的氧化物（主要成分是氧化铁的水合物$Fe_2O_3 \cdot nH_2O$），铁锈却不会自动变成铁。

只有不断加热食盐水，使水分子的能量增大，水逐渐蒸发，像海水晒盐那样，才能使溶解的食盐结晶。铁的氧化物，只有持续加热到高温，不断供给能量，才能在一氧化碳的作用下，转化为金属铁。高炉炼铁就是在高温下利用一氧化碳把铁矿石中的氧化铁还原成铁。

反应存在着变化的方向，是自然规律。为什么有些变化可以自动发生，不需要外部给予驱动力，有些变化没有外来能量的供给，不会自动发生？这其中遵循怎样的规律？需要我们去探索、去理解。

热总是从温度较高的物体转移向温度较低的物体，而不可能自动从温度较低的物体流向温度较高的物体。只有在冰箱工作的时候，热量才能从温度较低的冰箱内部流向冰箱后部的冷凝管，再传给温度较高的外界空气，这是由于冰箱消耗了电能。科学家由此总结出一个著名的定律（热力学第二定律），它的一种表述是：热不可能仅仅依靠它本身，就从一个较冷的物体流向一个较热的物体。

不少能自动发生的变化，在常温下反应速率很慢，只有提高温度或使用催化剂，提高反应速率，才会发生明显的变化。例如，科学家发现氮气和氢气可以化合生成氨气，但是反应的速率极慢，在通常条件下难以实现，在高温、高压和适当催化剂存在下，才可以应用于生产。你也许会说，这不是证明了合成氨反应是不能自动发生的吗？不对，如果合成氨是不能自动发生的反应，只靠提高温度、使用催化剂，也实现不了的。氢气燃烧需要点燃，煤燃烧也要先给煤加热使它达到一定的温度，但氢气和煤的燃烧，只要温度达到它们的着火点，并不需要给它提供能量，反应即能自动发生，还会向环境释放出热。

一个化学反应能否发生，如何预测和判断反应是否可以发生是一个问题；能发生的反应会以怎样的速率进行，反应速率受哪些因素影响又是一个问题。只有对这两个问题有所了解，我们才能更好地认识神奇而又普遍存在，而且对人类社会发展、对生态环境影响巨大的化学反应。

6.7 化学反应是可以控制的

某种物质在一定条件下能否发生化学反应，发生什么样的反应，反应进行的快慢、反应进行的程度，主要决定于它的化学性质，但是外界条件的影响也不可忽视。温度就是影响化学反应的一个重要因素。在 1atm 下，水加热到 100℃，就会沸腾气化，继续加热，温度不会上升，水不断从液态变为气态，直到全部气化。在通常条件下，水是不会发生分解反应的。但水是可以分解的，只要把它加热到 1000℃以上，或者通电，它就能发生分解反应。绿色植物的叶绿体在太阳光照射下，就能通过一系列复杂的化学反应把水分解，同时把二氧化碳还原，生成葡萄糖等糖类物质。

人们在生产、生活实践和科学研究中，认识到控制反应条件来控制化学反应。

在化学工业生产中，控制反应条件，对于成功实现物质制备、转化，提高生产率和原料利用率是十分重要要的。例如，我们谈到的合成氨生产，要在高温、高压下，使用催化剂，才能使氮气和氢气化合生成氨气。汽油在汽车发动机中燃烧，喷入发动机气缸的汽油蒸气和吸入的空气比例要适当，气缸内温度要适宜，才能使其完全燃烧，发挥最大的工作效率。

在日常的生活中，人们总是有意无意地通过控制条件来达到控制反应的目的。以食物的烹调为例，人类学会烹调食物，实际上是在利用加热、提高食物温度的方法，来引发或控制物质的化学反应，让食物中的某些物质分解、氧化、水解，变得容易消化吸收，利用高温杀灭食物中的寄生虫卵、细菌、微生物、病原体。食物在烹调过程中，食物中各种成分会发生各种物理和化学变化。例如，鸡蛋中的蛋白质，在 60～85℃下会发生结构的改变，蛋白质分子间会连接形成网状结构，使蛋白质凝固。鱼和肉中的蛋白质在烹调蒸煮过程会部分发生水解反应，生成氨基酸，脂肪也会发生部分水解反应。鱼肉中含有一类称为胺的有机物（三甲胺、二甲胺、甲胺等），有鱼腥味。这些胺可以溶解在乙醇中，也能和酸作用去除，所以烹调时，加入适量酒、醋，可以消除腥味。

在烹调中加入的各种调料、食品添加剂，也会引发一些化学反应，生成某些新物质，增加食物的色、香、味。加热的方式不同、控制不同的温度、采用不同的烹调时间，加入不同的调料、食品添加剂，不仅会影响所发生化学反应的快慢、进行的程度，还可能改变反应的方向，发生不同的反应，从而改变食物的色、香、味。因此，烹调的技巧，实际上包含着控制食物和调料中各种物质成分可能发生的化学反应的技术。只是，由于其中的反应十分复杂，人们往往不能完全知晓其中的奥秘，只能凭实践中摸索得到的经验来控制。当然，也有一些化学家在研究这样的问题，并且形成了一门特殊的学科——食品化学。例如，我国老百姓喜爱的家常菜红烧肉（图 6-9），在烹调时，通常要加白糖和料酒（黄酒），做出来的红烧肉色泽、香味、味道非常好。一般认为烹调时，猪肉蛋白质中分解出来的氨基酸与酒中的乙醇发生了反应（酯化反应），生成一种称为氨基酸乙酯的物质，不仅除了腥味，还赋予红烧肉特殊的香味。

图 6-9 红烧肉

根据化学家研究，红烧肉的香味还是白糖水解生成的葡萄糖和猪肉分解出来的蛋白质或氨基酸混合加热反应的结果。发生的这种反应，形成褐色的物质(类黑精)，具有浓郁的香味和好看的色泽。该反应是 1912 年法国化学家 L. C. Maillard 发现的。后来人们发现氨基酸或蛋白质能与很多种糖反应，能影响食品的颜色和香味。人们将该反应称为美拉德（Maillard）反应（或非酶褐变反应）。不同的氨基酸与不同的糖反应，能产生不同的香味。红烧肉的香味比较复杂，目前还不确定是哪种氨基酸与糖发生反应（可能是多种氨基酸与多种糖反应的产物）。美拉德反应的机制还不十分清楚，1953 年有人对美拉德反应的机理提出了系统的解释，认为反应可分为初期、中期和末期三阶段。其中发生了一系列有机化学反应，最终生成醛类、吡嗪类化合物和一些容易挥发的化合物（都是有机化合物)，这些化合物能产生特殊的香味。在末期反应中生成的类黑精是红烧肉色泽的基础。控制糖的量和温度，缩合、聚合反应的程度不同，产生不同的类黑精物质，红烧肉的色泽也不同。

烹调过程中，温度控制和烹调时间的控制很重要，因为涉及食物中各种成分发生的化学反应的速度、反应的方向和反应的完全程度。用高压锅烧饭、煮食物，因为锅内压力提高，水的沸腾温度可以提高到 120℃，温度高了，食物中成分发生化学变化的速率大大提高，缩短了烹调时间。使用微波炉加热食物快捷方便，也是因为微波炉中的器件能发射一种高频电磁波，高频电磁波封闭在炉箱的金属壁内，均匀作用于水或食物内部（可以深入食物内部 2～2.5cm)，引起其中食物内部离子的剧烈振动或振荡，在内部产生大量的摩擦热，使水或食物温度快速升高（最高可达 200℃)，沸腾、煮熟。又如煮鸡蛋时，时间太短，蛋白质没有凝固，不易消化、吸收；煮得太老，蛋白质结构变得紧密，也不好消化、吸收。食油加热温度太高，油中的甘油会氧化生成一种味道难闻的而且有毒的有机化合物（丙烯醛)；肉烧焦，蛋白质中的一种氨基酸（色氨酸）会分解，生成能引起食物中毒的物质。

在生活中，人们还常常利用控制温度的方法来防止食物腐坏。水果、蔬菜在采摘后，会保持呼吸作用，继续进行新陈代谢过程，可能会过熟或腐烂，食物中的细菌、霉菌、酵母菌等微生物在有氧气、潮湿和温暖的气温下，容易在食物中繁衍，引起食物的种种化学变化，使食物腐坏。冷冻食品，可以抑制水果、蔬菜的新陈代谢过程、细菌微生物的生长和活动，因而延缓食物的腐坏。此外，也可以用晒干、真空包装，或在包装袋中充氮气、二氧化碳气体的方法，抑制水果、蔬菜的呼吸作用及细菌等微生物的繁衍。

7 不可或缺的水和溶液

地球是太阳系八大行星之中唯一被液态水覆盖的星球。水是地球表面数量最多的天然物质，它覆盖了地球71%以上的表面。水和其他物质一样，有自己独特的组成、结构和性质。水可以以液态水存在，也可以形成冰、雪，水蒸气。水可以形成各种各样的水溶液，水能容纳各种物质，不同的物质能以不同的形态分散在水中。

水是我们居住的地球上最重要的物质资源之一。水是地球上生命演化过程不可缺少的物质，水和水溶液是生物生存所不可缺少的物质。各种生物的体内富含各种水溶液。在生产、生活和科学研究中，不能没有水和水溶液。水为地球上各种生物生存、繁衍，为人类社会的发展和进步创造了最基本也是最重要的条件。了解水、认识水、珍惜水、保护地球上的水资源，也应该是每个人不可忽视的职责。

7.1 关于水，你知道多少

你也许会觉得这个问题问的毫无意义，一个人能不知道水吗？但是，知道水，并不等于真正地了解、掌握了水的各种知识。就拿水的性质、组成、结构和变化来说，还有不少问题，连现在的科学家也还没有弄清楚。

比如问你，水的沸点、密度是多少？你会脱口而出——沸点100℃、密度1000kg/m^3。但是这个答案并不准确。

7.1.1 水的沸点与密度

在通常的温度（15～25℃）、通常的压强（1atm 或 101kPa）下，水加热到 100℃会沸腾气化，成为水蒸气，冷却到 0℃会凝固成为透明的固体冰。但是，在海拔 1900m 的地方，大气压约为 79.8kPa，水的沸点却只有 93.5℃。外界压强不同，水的沸点也不同。在通常压强（1atm）下，烧一锅水，锅内温度最高只能达到 100℃，再加热，热量只是消耗于水的气化，温度不再上升。气压升高（降低）水的沸点会随之升高（降低）。地球上，大气压随地势的升高而降低。在海拔很高的地区，气压低，水的沸点也随之下降。在高山上煮饭，水容易沸腾，饭却不容易熟。在蒸汽锅炉里，蒸汽压强可以达到几十个大气压，锅炉里的水的沸点会上升到 200℃以上，蒸汽锅炉里的温度远高于 100℃。用高压锅煮饭，饭容易熟，因为锅里压力大，可以达到更高的温度。

水的密度，在不同温度下会有所变化。在 3.98℃时，水的密度等于 1000kg/m^3，在所有温度下密度最大。温度高于 3.98℃（约 4℃），水的密度随温度升高而减小；在 0～3.98℃，密度却随温度的升高而增加，水的体积是热缩冷涨。达到 0℃，水要结冰。冰的密度比水小，因此冰总是浮在水上（图 7-1）。正是由于这个原因，冬天江河、海面结冰，鱼仍然可以在冰面的水中生存。

图 7-1 海面上的冰

水的密度变化和水、冰的结构有关。水分子之间存在一种特殊的作用力（科学家称之为氢键），一定数目的水分子彼此结合（缔合）成为水分子簇 $(H_2O)_n$。在液态水中，同时存在简单的水分子（H_2O）和缔合分子 $(H_2O)_2$、$(H_2O)_3$ 等。0℃的水（未结冰时），大多数水分子以 $(H_2O)_3$ 的缔合分子存在，温度升高到 3.98℃（101kPa），水分子多以 $(H_2O)_2$ 缔合分子存在，分子占据空间相对减小，密度最大。0℃时，水结成冰，几乎全部水分子都缔合在一起，成为一个巨大的缔合分子，每个水分子和周围的 4 个水分子相连接，形成一种空间立体结构，因此冰中有较大的空隙，密度减小（图 7-2）。水的密度变化，只是体积变化的结果，水的相对分子质量（18.016）不会发生变化，1mol 水的质量是 18g，也不会随温度、压强而改变。

图 7-2 冰晶体的结构

7.1.2 水的电离和水的电解

人体接触带电物体，可能会被电击，这是因为人体组织中 60%以上的物质是电解质溶液。电解质溶液含有自由移动的阴阳离子，在电场中可以定向移动，可以导电。所以人体是导体，人体接触带电物体，若构成电流通路，就会有电流流过人体。

电击造成的伤害程度与电流流过人体的电流强度、持续的时间、电流频率、流经人体的途径等多种因素有关。通过人体的电流与触电的电压、人体电阻有关。人体电阻包括体内电阻和皮肤电阻。人的体内电阻基本稳定，而皮肤的电阻和皮肤潮湿程度、触电电压、触电面积、皮肤是否完好有关。表皮具有较高的电阻是因为它没有毛细血管。皮肤上若有角质层，电阻值更高，不经常摩擦部位的皮肤电阻值最小。在皮肤干燥的情况下，在低电压下电阻较高（约 10^2kΩ）。带电体的电压在 24～48V 以下，触电不会受到电击。当电压在 500～1000V 时，人体电阻便下降为 1kΩ 左右；皮肤有伤口时，约为 800Ω 左右。在水下，电压超过 6～12V 就有被电击的危险。

人体中的水不是纯水。纯水是极弱的电解质，只有极少的水分子电离成氢离子和氢氧根离子。每 5.55×10^8 个水分子中，只有 1 个处于电离状态，或者说 1L 纯水中氢离子只有 10^{-7}mol（即浓度为 10^{-7}mol/L）。可以

用下列电离方程式表示水的电离：

$$H_2O \rightleftharpoons H^+ + OH^-$$

但是，如果水中含有以离子状态存在的杂质，水的导电性会大大增强。例如，人的汗水中的盐分主要是钠离子、氯离子，皮肤潮湿或有汗，皮肤电阻变得很小，一触电就会形成电流回路，人会遭到电击。

在水中溶解了食盐、氢氧化钠、硫酸的溶液，都能电离成阴阳离子，因此这些水溶液的导电性会大大增强，如果通以直流电，会发生电解反应。例如稀的硫酸溶液或者氢氧化钠溶液电解时，水被分解成氢气、氧气。

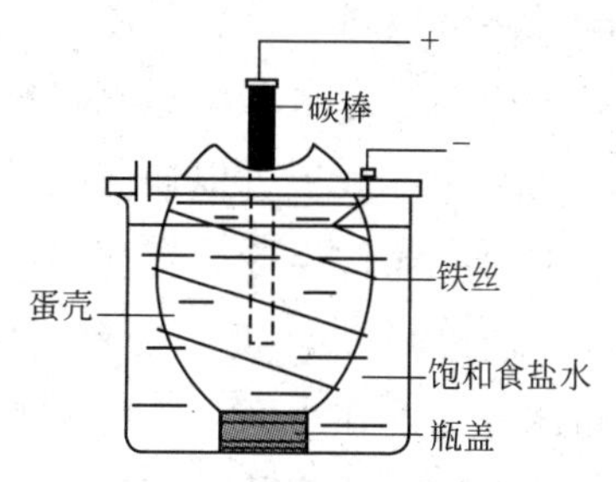

图 7-3　电解饱和食盐水制取少量有消毒作用的溶液

利用图 7-3 的装置，用干电池电解少量食盐水，可以得到有消毒作用的溶液。把一只鸭蛋从较小的一头打洞，把蛋清倒出，用水把内部洗干净，将它作为容器，用细铁丝环绕在壳外，作为一个电极，把蛋壳置于大玻璃杯中，在蛋壳和玻璃杯中都装入饱和食盐水（使蛋壳中的液面稍高于杯中的液面），插入一个碳棒（可以用废干电池中取出的石墨电极）。把两个电极分别和两节干电池的正负极连接，不久就会闻到有刺激性的气味（石墨电极上有氯气放出，部分氯气溶解到溶液中），在铁丝上有气泡（氢气）形成。通电 2～3 分钟就可以了，取下电池、电极，倒出得到的溶液，可以用于消毒餐具。

在电解过程中发生了下列反应：

$$2NaCl + 2H_2O \xlongequal{\text{通电}} 2NaOH + H_2\uparrow + Cl_2\uparrow$$

$$Cl_2 + 2NaOH \xlongequal{} NaClO + NaCl + H_2O$$

反应生成的 NaClO 溶液有消毒杀菌作用。

7.1.3　对水的认识还有待深入

人类在生活、生产中对水的认识不断丰富、不断深入。但至今对水的认识还是很不够的，许多关于水的问题，人们还不十分了解。

例如，地球上的水来自何方，至今没有定论。多位科学家用不同的事实和实验数据，做出不同的推测。这些推测可以分成两类：一是水是在地球形成过程中通过内部物质发生各种物理、化学变化或放射性元素衰变而形成或分离、释放出来的；另一种推测是认为水是宇宙中的物质（如含水的球粒陨石）带来的或者是由太阳风带的氢、碳、氧等原子核与大气圈中的电子结合成氢、碳、氧原子，再通过化学反应形成水分子。

再如，液态水和固态水（冰、雪）的结构，人们也并未完全了解。一般认为每个水分子可以同邻近的4个水分子形成氢键，使4个水分子能按一定的角度彼此连接。在冰晶体中由于水分子间形成氢键，可以形成三维晶体，冰晶体中有较大空隙，使冰的密度（$0.92g/cm^3$）比水的密度小，因此冰可以浮在水面上。后来有科学家发现一种新的二维冰结构，它完全不同于已知的体型状态的冰。

当冰受热融化为水时，一部分氢键解体，液态水中还有一定数目的水分子以氢键结合形成多聚体，缔合成“小分子团簇”。水的“小分子团簇”的大小、结构如何，对水的性质、生理作用有什么影响，哪些因素会影响水“小分子团簇”的大小和结构，也还没有确定的研究结论。

随着科学技术的发展，我们相信，人类对水的认识会更加深入、更加清晰。

7.2 物质在水中的分散

水是地壳中存在最多的物质。其他物质往往会分散在水中。海水中溶解了许多盐类；泉水中溶解了许多矿物质；细小的泥沙可以分散在水中，使水变得浑浊。在动植物体内，含有大量的水，在水中溶解、分散着许多与生命活动密切相关的物质。例如哺乳动物的奶中溶解或分散着蛋白质、糖类、脂肪等营养物质；血液中分散着红细胞、白细胞、各种无机化合物的分子或离子。自然界中，物质在水中分散，由水带到各处，是物质在自然界中能循环、参与各种变化的重要条件之一。在生物的体内，各种生命活动中必需的物质，也要靠水的分散输送作用、以水为载体参与各种生物化学变化。在生产生活中人们要利用水来分散、输送各种物质，以水为载体让物质进行各种物理、化学变化。

7.2.1 三种分散系

化学家依据物质在水中分散的情况将分散后形成的液态分散系分成三类：水溶液，分散质以分子（或离子）分散在水中，分散质粒子的大小在1nm以下；胶体（溶胶），分散质粒子的大小在1～100nm；浊液，分散质粒子的大小在100nm以上。

浊液按分散质分散状态的不同又分为悬浊液（固体分散在液体中，如泥浆、石灰乳）和乳浊液（液体分散在液体中，如植物油强力振荡后分散在水中）。浊液中，分散质粒子大于100nm，用肉眼或普通显微镜即可观察到，而且分散质颗粒较大，能阻止光线通过，外观上是浑浊、不透明的；分散质颗粒易受重力影响而自动沉降，因此不稳定。泥浆、石灰乳放置一段时间，即分层、形成沉淀。由于浊液中分散质颗粒大，不能透过滤纸（或半透膜），可以用过滤方法把分散质分离出来。

溶液中，分散质的粒子很小，不能阻止光线通过，是透明的。溶液具有高度稳定性，无论放置多久，只要其中水分没有蒸发损失，分散质颗粒不会因重力作用而下沉，不会从溶液中分离出来。分散质颗粒能透过滤纸或半透膜，在溶液中扩散很快。

胶体（胶体溶液），分散质粒子大小在1～100nm，通常所说的溶胶和高分子化合物溶液，都属于胶体。胶体中的分散质颗粒比溶液中的分散质粒子大，而比浊液中的分散质颗粒小，胶体的分散质颗粒能透过滤纸，但不能透过半透膜。从外观上看，胶体溶液不浑浊，用肉眼或普通显微镜不能辨别溶液和胶体。胶体的稳定性也介于溶液和浊液之间，是一种处于相对稳定的分散系。许多蛋白质、淀粉、糖原溶液及血液、淋巴液等属于胶体溶液。

由于胶体粒子直径在1～100nm，会使光发生散射，可以使一束直射的光在胶体中显示出光路。这种现象称为丁达尔效应（彩图17）。胶体粒子在分散剂中处于无规则运动状态。胶体的颗粒有很大的表面积，所以具有较强的吸附能力，易于吸附分散系中的阴（阳）离子，带正电荷或负电荷。同一种胶体颗粒带同性电荷，会互相排斥，所以不易结合聚沉。在电场的作用下带电荷的胶体颗粒会在电场中定向移动，向一个电极聚集。在加热或加入较多的某些盐溶液后，胶体颗粒会凝聚、沉降，可能形成沉淀或不流动的冻状物（凝胶），如浓豆浆加入盐卤或石膏会形成豆腐。

物质在水中溶解形成水溶液；物质在水中以胶体颗粒分散，形成水溶胶；物质在水中分散成肉眼可见的小颗粒（小液滴）形成浊液。例如，食盐溶解在水中形成食盐溶液；鸡蛋清打散在水中形成胶体；油分散在水中形成浊液。

7.2.2 物质在水中的溶解

我们日常生活中喝的盐开水、饮料、茶水，生病时输的葡萄糖盐水，消毒使用的酒精溶液，其中除了水，还含有溶解在水中的各种物质，如食盐、糖、二氧化碳气体、葡萄糖、酒精（乙醇）等。以上提到的这些溶液都是水溶液。水溶液是分散质以分子、离子形式分散在水中形成的，这个过程就是我们所说的溶解。溶液中，水是溶解其他物质的溶剂，被水溶解的物质称为溶质。

水可以溶解很多种物质，是最普通也是最常用的溶剂。用水作溶剂溶解物质得到的溶液称为水溶液。化学上用符号“aq”作标注。如“HCl（aq）”，表示盐酸溶液。盐酸溶液是氯化氢（HCl）溶解在水中得到的溶液。我们的胃里含有稀的盐酸溶液，但是，我们不是靠喝盐酸来获得胃酸的。

在生产、生活中经常利用水来溶解一些物质，制成溶液，以便利用（彩图 18）。在农业生产上使用的化肥、农药都需要配制成溶液以供使用。在工业生产和科学研究中往往要使用各种各样的溶液。但是，物质溶解在水中，会使水含有杂质；有些物质溶于水会使原本是中性的水呈现酸性或碱性。这些变化往往使水变得不能饮用，影响水的利用。

物质溶解在水中，可能是以分子为单位分散到水中，例如葡萄糖、酒精、氧气（氧气可以溶解在水中，虽然溶解有限，但能满足水中生物的需要）。有些由分子组成的物质，溶解在水中，会转化为阳离子和阴离子。如氯化氢气体溶解在水中，HCl 分子转化为氢离子（H^+，它在水中会和水结合形成水合氢离子 H_3O^+）和氯离子（Cl^-）：

$$HCl + H_2O = H_3O^+ + Cl^-$$

所以胃里的胃酸其实是指胃液中含有的氢离子和氯离子。由离子组成的化合物溶解在水中，就是以离子形式分散到水中了。我们喝食盐水（氯化钠），实际上就是把钠离子、氯离子和水一起喝进去。而且其中的钠离子、氯离子的数目比一定是1∶1，符合氯化钠（NaCl）的组成。

也有许多物质在水中很难溶解或者几乎不溶解。消石灰在水中只有少量溶解，石灰石、石英砂在水中几乎不溶解。金属单质金、银、铜、铁等几乎在水中不溶解。但是，完完全全不溶解的物质几乎没有。银制的碗筷有杀菌作用，用银餐具盛放食物不易发酵变酸，就是因为金属银在水中会有微量溶解，在水中可形成微量带正电荷的银离子（Ag^{+}）。据测定，水中含银离子0.01mg/L时，就能完全杀死水中的大肠杆菌，能保持长达90天内不繁衍出新的菌丛（也有数据说明每升水中含有五千万分之一毫克的银离子，便可使水中大部分细菌致死）。这是由于银离子能被水中细菌吸附，并逐步进入细菌体内，使细菌中的酶系统失去活性，细菌失去代谢能力而死亡。另外研究还发现银离子可以通过凝固病毒的蛋白质分子和束缚其DNA分子上的供电子体导致病毒死亡。当细菌死亡后，银离子又游离出来，可以再与其他菌落接触，周而复始地发生上述过程，这可能是银杀菌有持久性的原因。研究证明，水中银离子低于0.1mg/L，也不会对人体造成不良影响，银是人类数千年来沿用至今的天然抗菌材料。

除了水，还有其他液体（如酒精、汽油等有机化合物）可以作为某些物质的溶剂。用汽油可以洗去衣服上的油迹，就是靠汽油把黏附在衣服上的油溶解、洗脱。碘酒是把碘晶体溶解在酒精中制成的（图7-4）。酒精、汽油等许多可以作为溶剂的有机化合物，称为有机溶剂。而水是无机物，所以水是一种无机溶剂。

图7-4　碘的酒精溶液

大部分物质在水中溶解的量是有限度的。在一定温度下，大多数物质在一定量水中溶解达到最大限度时，就不再溶解，形成饱和溶液。各种物质在不同温度下，在一定量水中溶解达到的最大限度不同，我们用蔗糖泡糖水喝，20℃时，蔗糖溶解度是204g，是食盐的将近6倍。多数固体溶质，温度升高，溶解限度也增大，化学上用溶解度来衡量溶质在溶剂中的溶解限度。例如，食盐在20℃时，溶解度是36g。说明20℃时，在100g水中，最多只能溶解36.0g食盐，得到的食盐水是饱和食盐水。若往饱和食盐水中再加入食盐，无论怎么搅拌，食盐都不会再溶解。

也有一些物质可以和水以任意比例互溶，如乙醇可以以任何比例溶解在水中，消毒酒精含乙醇75%，工业酒精一般含95%的乙醇，各种白酒中含有的乙醇量不等。

人们的生活中用到的溶液，农业生产中使用的化肥、农药，工业中用到的各种溶液都要求其中的溶质有一定的百分比。例如，化肥浓度太大，作物会“烧”死；给病人输液（生理盐水），其中的食盐的含量要求是0.9%，太浓太稀都会出问题。工农业生产中常用溶质占溶液的质量分数来表示溶液中溶质的相对含量，例如消毒酒精要求含酒精75%。在化学和科学研究中，通常用1L溶液中含有多少摩尔的溶质来表示溶液的浓度。

7.2.3 物质分散状态的改变

物质在水或其他液体中的分散会受到各种条件的影响。条件改变，分散的状态、分散的限量等都会发生变化。从生活实际中的一些例子我们可以观察到物质分散状态改变形成的有趣的变化。

(1) 固体酒精的形成 在餐馆中，我们经常会看到餐馆使用像凝胶一样的块状固体酒精作为小火炉的燃料。固体酒精有几种不同的制造方法。

方法一：用饱和醋酸钙溶液（20℃时，质量分数约为26%）加入含量在95%以上的酒精中不断搅拌（饱和醋酸钙溶液和酒精的体积比为3∶16），混合溶液先出现浑浊，随后变稠并不再流动，最后凝结成凝胶状。由于酒精和水可以任意比例混溶，而醋酸钙只能溶解于水而不溶于酒精。饱和溶液醋酸钙加入酒精中，水和酒精混溶，醋酸钙就会成为半固态的凝胶状物质凝结。酒精充填在凝胶状的固体中，使形成的凝胶成为可以燃烧的“固体酒精”。固体酒精燃烧，烧掉的是酒精，醋酸钙不会燃烧，其中的水吸收酒精燃烧产生的热蒸发了。

方法二：在容器中加入50mL 95%酒精，再加入9.0g硬脂酸和数粒沸石，摇匀，在水浴上加热至约60℃，并保温至固体溶解为止，得到含硬脂酸的酒精溶液备用。在另一个容器中用纯碱（Na_2CO_3）制成热的饱和溶液，将醋精（30% CH_3COOH溶液）慢慢加入碳酸钠溶液中，直到不再产生气泡为止，醋酸与碳酸钠反应生成醋酸钠、水、二氧化碳。将所得溶液蒸发制成饱和醋酸钠溶液。在溶液中慢慢加入配制好的酒精溶液（一开始酒精会剧烈沸腾，需慢慢倒入酒精）。待溶液冷却后，即可得到固体酒精。醋酸钠易溶于水而难溶于酒精，饱和醋酸钠溶液和含硬脂酸的酒精溶液混合，醋酸钠在酒精中成为凝胶析出。液体便逐渐从浑浊到稠厚，最后凝聚为一整块，就得到固体酒精。硬脂酸可以燃烧，可增加固体酒精的硬度。

（2）豆浆怎么变成豆腐 一杯豆浆或牛奶，看起来是澄清的液体，其中没有看得见的固体颗粒。可是在豆浆中加入一些盐卤或石膏，豆浆中就会有固体物质析出，凝结成豆腐；剧烈搅拌新鲜牛奶，再放置在热处发酵，熬煮，也会凝结成豆腐状的奶酪，可以用滤布把它和水分分开。这些固体物质在新鲜的牛奶、豆浆中是怎么分散的，为什么肉眼看不见，在一定条件下又可以凝结呢？原来，豆浆、牛奶含有植物或动物蛋白质、氨基酸、油脂等物质，这些物质是以直径大小 $10^{-7}\sim10^{-9}$ m（1～100nm）的颗粒分散在水中的，形成的液态物质称为胶体。胶体中这些颗粒大小比分子、离子大，但肉眼看不见，不像浊液那样容易分层沉淀下来，在一定条件下能稳定分散在水中。但是，在加热、加入某种电解质或在某种条件下，这些胶体颗粒会从胶体中凝聚、沉降。豆浆中加入盐卤，豆蛋白会凝结形成豆腐，和水分离（图 7-5）；江河所带的泥沙胶体于入海口，在海水中所含盐分的作用下会凝聚，久而久之会形成三角洲，都是常见的例子。

（3）明矾的净水作用 河水、池水和某些地区的地下水，常常因为含有一些悬浮的细小颗粒物，呈浑浊状。如果在浑水中溶解一些明矾等絮凝剂，絮凝剂在水中会形成少量胶体，胶体能吸附浑水中的悬浮杂质，沉降下来，水就变得澄清（图 7-6）。

图 7-5 豆浆和豆腐

图 7-6 明矾具有净水作用

7.3 水溶液

我们饮用的盐开水、糖水、茶水（不含茶叶），消毒用的药用酒精都是溶液。从字面上看，溶液似乎都是液态的。其实，在化学科学中，只要是两种或两种以上物质组成的均一、稳定的混合物都可以称为溶液。因此，溶液不仅可以是液态的，也可以是气态、固态的。大气就是一种气体溶液；合金，如青铜、铝合金也是溶液（或称固溶体）。但是，我们通常所说的“溶液”都是指液体溶液。

盐开水中，食盐以钠离子、氯离子均匀分散在水中。葡萄糖溶液、蔗糖水，以葡萄糖分子、蔗糖分子分散在水中。所有的溶液，都是一种或一种以上的物质以分子或离子形式分散于另一种物质中形成的均一、稳定的体系。溶液中被分散的物质（分散质）称为溶质，溶质均匀分散到的另一种物质（分散剂），称为溶剂。溶质是以分子或离子分散到溶剂中。离子、分子的直径小于1nm（1×10^{-9}m），所以具有透明、均匀、稳定的特征。水是最常见的分散剂。食盐水，食盐是溶质，水是溶剂；葡萄糖溶液，葡萄糖是溶质，水是溶剂；消毒酒精，酒精（乙醇）是溶质，水是溶剂；碘酒（碘酊），碘是溶质，酒精是溶剂。

水能溶解很多种物质。水溶液最常见，无论在日常生活、工农业生产、科学研究中都经常用到。在水溶液里进行的化学反应通常比较快。所以，在实验室里或化工生产中，要使两种能反应的固体反应，常常先把它们溶解在水中，然后把两种溶液混合，并加以振荡或搅动，以加快反应的进行。动物摄取食物里的养分，必须经过消化，变成溶液，才能吸收。在动物体内氧气和二氧化碳也是溶解在血液中进行循环的。在医疗上用的葡萄糖溶液和生理盐水、医治细菌感染引起的各种炎症的注射液（如庆大霉素、卡那霉素）、各种眼药水等，都是按一定的要求配制成的溶液（图7-7）。植物从土壤里获得的

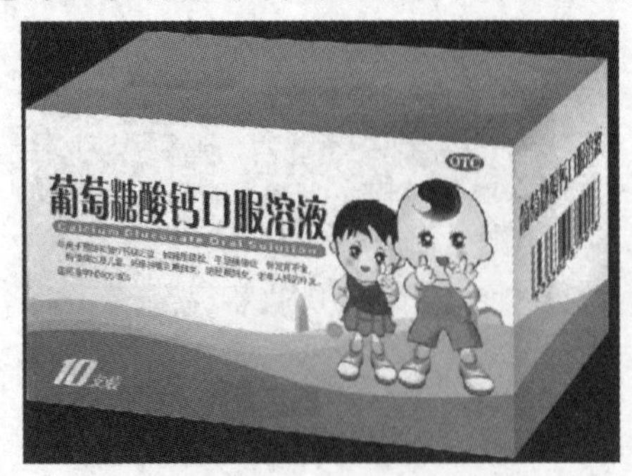

图7-7　一种药用溶液

各种养料，也要成为溶液，才能由根部吸收。土壤里含有水分，里面溶解了多种物质，形成土壤溶液，土壤溶液里就含有植物需要的养料。

7.3.1 水溶液沸点和凝固点的变化

海水结冰要比江河中的水需要更低一些的温度，盐开水烧开的温度要略高于把水烧开的温度，这是为什么呢？

水、酒精、汽油等液体物质的分子会从液体表面离开进入空气中，蒸发气化成为蒸气。进入空气中的蒸气会产生一定的蒸气压。当然，进入空气中的水等液体分子也会返回到液体中。不过最开始，单位时间里从液面进入空气中的分子多，从空气中返回液面的分子少。随后，二者的差别逐渐减小，当两者的速率一样时，达到平衡，蒸气压也达到一定数值。同一温度下不同的液体蒸气压不同。一种液体受热，温度升高，分子运动速度增大，单位时间里从液体表面进入空气的分子增多，蒸气压增大。当蒸气压等于外界压力时，液体内部和表面会发生剧烈的气化，液体就沸腾了，此时的温度就是该液体的沸点。

如果水或者某种液体中溶解了一些难挥发的溶质，蒸气压会下降。如果在一个大的钟罩内放一杯纯水、一杯蔗糖溶液。放置一段时间后，会观察到纯水的液面下降，而糖水的液面上升（图 7-8）。因为，两杯溶液液面上方的水的蒸气压不同，纯水上方水的蒸气压相对较高，水会从蒸气压较高的区域往蒸气压较低的区域移动。

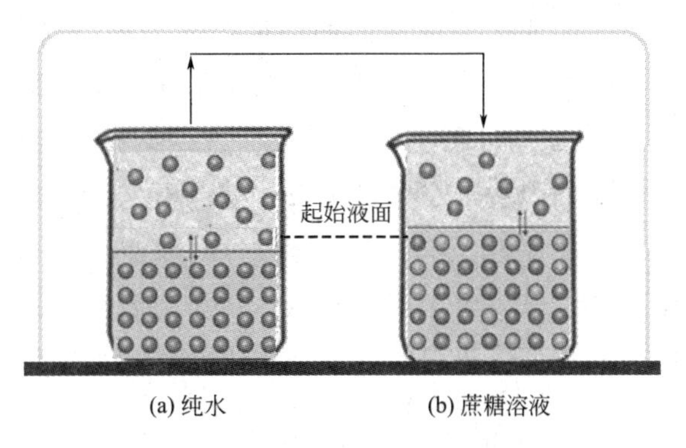

图 7-8 水从蒸气压高处向低处转移

对于溶解有难挥发溶质的溶液来说，要使溶液沸腾即要使它的蒸气压和外界压力相等，必须使它的温度超过溶剂的沸点。所以这类溶液的沸点总是比纯溶剂的沸点高。溶液浓度越大，沸点升高越多。所以，要使盐水沸腾，温度要超过100℃（常压下）。

液态物质凝固时，液体和它凝固形成的固体的蒸气压必定相等。纯水的凝固点为273.16K（0.0099℃）。溶液的凝固点是指从溶液中开始析出溶剂晶体时的温度。对于水溶液，溶剂固相即纯冰。由于溶液蒸气压下降，只有在更低一些的温度下，溶液蒸气压才能和冰的蒸气压相等，也就是说，溶液的凝固点要比纯溶剂低。溶液浓度越大，蒸气压下降越多，凝固点下降也越多。在同一溶液中，随着溶剂不断结晶析出，溶液浓度将不断增大，凝固点也将不断下降。

利用凝固点下降原理，将食盐和冰（或雪）混合，可以使温度降低到251K。氯化钙与冰（或雪）混合，可以使温度降低到218K。当食盐或氯化钙与冰（或雪）接触时，在食盐或氯化钙的表面形成极浓的盐溶液，而这些浓盐溶液的蒸气压比冰（或雪）的蒸气压低得多，冰（或雪）则以升华或融化的形式进入盐溶液，同时吸收大量的热，从而使混合物的温度降低。冬天在室外施工，建筑工人在砂浆中加入食盐或氯化钙，汽车驾驶员在散热水箱中加入乙二醇等防冻剂，使凝固点下降，防止砂浆和散热水箱结冰。

7.3.2 结晶现象

固体物质溶解在水中形成的溶液比较稳定，只要溶剂不大量蒸发，用加热、搅拌等方法都不能使溶解在溶剂中的分子、离子凝聚成固体析出。但是，当这些溶液的溶剂被蒸发，溶液中的溶质也会成为固体析出。你也许看到过海水晒盐，海水在盐场的盐水池中，经过太阳的暴晒，水分蒸发，慢慢变浓，达到饱和后，水分再蒸发，就会有食盐晶体析出。青海的盐湖，会有许多食盐晶体析出，可以用盐铺路。北方的盐碱地，冬天会有白花花的盐碱析出，也是因为土壤的水分中溶解有较多的盐碱，冬天溶解度降低，盐碱也会成为晶体析出。这些现象都是溶液的浓度超过饱和，溶质成为晶体析出，这种过程称为结晶。

有些物质结晶时会和一定量的水相结合，成为结晶水合物析出。食盐不会形成结晶水合物。碳酸钠会形成水合物——十水碳酸钠（$Na_2CO_3 \cdot 10H_2O$）析出。用于净水的明矾也是结晶水合物——十二水合硫酸铝钾

[$KAl(SO_4)_2 \cdot 12H_2O$]。

将白色的无水硫酸铜（$CuSO_4$）粉末溶解到水中，配成饱和溶液，放置一段时间，等其中的水分蒸发，就会在溶液中析出蓝色的硫酸铜晶体（$CuSO_4 \cdot 5H_2O$）（彩图 19）。

你也许见过或者自己做过一个“搅拌成冰”的实验：用开水溶解过量的无水醋酸钠，制得 60%的醋酸钠溶液。这杯溶液中所溶解的醋酸钠已经大大超出常温下这些水中所能溶解醋酸钠的最大限量。在常温下，它还能保持溶液状态，就成为一种过饱和溶液。用含结晶水的醋酸钠晶体 $NaAc \cdot 3H_2O$ 置于烧杯中，放在沸水浴中使它融化，静置，并冷冻 3 个小时左右，也可以得到醋酸钠的过饱和溶液。搅动醋酸钠的过饱和溶液，或者加入一小粒醋酸钠晶体，整杯溶液瞬间就变成像冰块一样的固体，那其实就是醋酸钠的结晶水合物 $NaAc \cdot 3H_2O$。

7.3.3 渗透现象

水是怎样进出植物根部或叶片细胞的呢？一颗十几米高的大树，靠什么力量把水从根部吸收输送到顶部？要弄清楚这个问题，我们得认识一个有趣的现象：渗透现象。

1748 年，一位科学家在研究溶液的过程中发现了渗透现象：他把装满了酒精的容器用动物膀胱密封住，放入水中之后，发现水会穿过膀胱薄膜进入容器中，膀胱薄膜几乎要被进入的水撑破了。1827 年，另一位科学家把这种现象称为渗透现象，化学家范特霍夫把这种膜称为半透膜。

我们知道，水分子很小，不仅可以透过纸张、棉布，还可以穿过上面所说的半透膜。半透膜是一种只允许某些物质透过而不允许其他物质透过的薄膜。如火棉胶膜、羊肠膜、蛋壳内膜、动物的细胞膜、毛细血管壁等物质都具有半透膜的性质。鸭蛋可以腌制成咸鸭蛋，说明蛋清不能穿过蛋壳和蛋壳内膜，而食盐溶液中的钠离子、氯离子可以穿过。

用半透膜把纯水和溶液（或者把比较稀的溶液和比较浓的溶液）隔开，纯水中的水分子可以透过半透膜进入溶液（或者从稀溶液穿过半透膜进入浓溶液）。这种溶剂分子透过半透膜进入溶液（或者从稀溶液进入浓溶液）的自发过程称为渗透。

渗透现象的发生，是由于半透膜两侧溶液浓度不同，单位时间内两边穿过半透膜的水分子数不等。单位时间里，从纯水（或溶质浓度较低）的一边穿过半透膜的水分子较多，随着渗透的进行，单位时间内进、出的水分子数目逐渐趋于接近，一旦达到相等时，渗透达到平衡。

发生渗透现象，水总是从单位体积水分子数较多的一边往水分子数较少的一边移动，说明单位体积水分子数较多的一边存在静水压力。如果在一只U形管中用一个半透膜把两个支管隔开，在一边装入纯水，另一边装入稀溶液，使两边液面等高。过一段时间，由于发生渗透现象，水穿过半透膜从纯水一边向稀溶液一边移动，稀溶液一边的液面就会升高。当液面高度不再发生变化，说明渗透达到平衡。此时，两端的液面高度不同形成的压力差，称为该溶液的渗透压（图7-9）。溶液的渗透压与溶液的浓度和温度成正比。

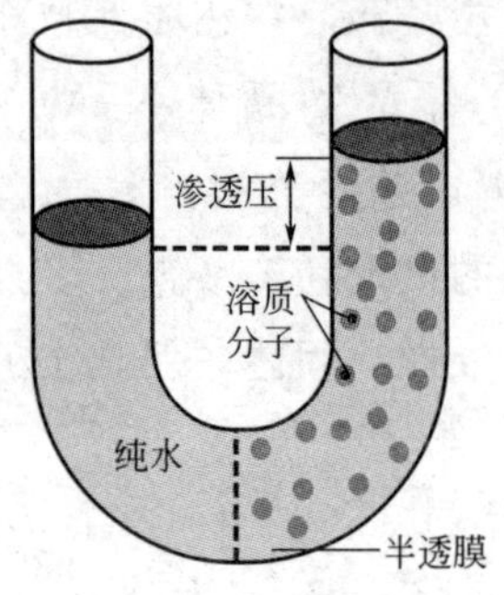

图7-9 渗透现象示意图

溶液存在渗透压，是发生渗透现象的内因。如果用半透膜隔开纯水和稀溶液，在稀溶液一边施加一个压力，当所加的压力大小恰等于稀溶液的渗透压，就可以阻止水分子从半透膜渗透到稀溶液中。

植物的活细胞具有液泡，液泡膜、细胞质及细胞膜是植物细胞的原生质层。细胞的液泡中充满水溶液（细胞液）。植物细胞的原生质层相当于半透膜。细胞与细胞之间，或细胞浸于溶液或水中，只要原生质层两侧溶液浓度不一样，就会发生渗透作用，水分子会穿过半透膜从溶液浓度低的一边往浓度高的一边移动。植物细胞的细胞壁有保护和支持作用，当细胞内外的溶液渗透压相等，处于动态平衡，水不会再通过原生质层移动。溶液的渗透压在植物生长中很重要。植物细胞汁液的渗透压比较高，因此，土壤中的水分可以通过渗透作用一直送到树梢。鲜花插在水中，可以数日不萎缩，海水中的鱼不能在淡水中生活，都与渗透压有关。给病人补液，特别是大量补液要使用和人体血液的渗透压相等的溶液（称为等渗溶液），水才能顺利进入血管中。一次施肥过多会引起烧苗，就是由于土壤溶液的浓度突然增高，导致植物的根细胞吸水发生困难或不能吸水。盐碱地大多数农作物不能正常生长，原因之一也是土壤溶液浓度过

高。腌制的鱼、肉等不易变质，是由于高浓度的盐溶液使微生物的细胞失水死亡。

干的种子用水浸泡，会吸附水分子而膨胀，这不是渗透作用引起的。那是因为植物组织中含有很多亲水性物质，如纤维素、果胶、淀粉和蛋白质等，它们有很强的吸水能力，能够从外界吸收大量的水分。

7.4　酸、碱、盐的水溶液

在第 2 章，我们介绍过化合物中有酸、碱、盐三类物质。柑橘类水果含有柠檬酸、抗坏血酸，人的胃酸是稀的盐酸溶液。多数酸溶液有酸味，能和大理石、贝壳作用，使之溶解，产生二氧化碳气体。

7.4.1　酸、碱、盐在水溶液中的电离

盐酸（HCl）、醋酸（HAc）、硫酸（H_2SO_4）、硝酸（HNO_3）溶于水，都能电离出氢离子（H^+）和酸根离子。氢离子使溶液呈现酸性。酸雨就是降水中溶解了大气污染物中的二氧化硫、氮氧化物气体转化为酸形成的：

$$SO_2 + H_2O = H_2SO_3 \qquad 2H_2SO_3 + O_2 = 2H_2SO_4$$

$$H_2SO_4 + 2H_2O = 2H_3O^+ + SO_4^{2-}$$

石灰、氢氧化钠、氨水都是碱。碱的稀溶液常有苦涩的味道，有一种滑腻的感觉。碱在水溶液中能电离出氢氧根离子。石灰水中的氢氧化钙，在水中能电离出氢氧根离子（OH^-），使溶液呈现碱性：

$$Ca(OH)_2 = Ca^{2+} + 2OH^-$$

浓的碱和酸溶液对眼睛、皮肤、衣物有腐蚀作用，使用时要注意安全。

区别酸和碱的一种方法，可以看它溶解于水，溶液呈现酸性还是碱性。我们知道纯水是中性的，既不会呈现酸性，也不会呈现碱性。化学上还经常用石蕊试剂、酚酞试剂等酸碱指示剂或者 pH 计来检验溶液的酸碱性。pH 试纸（彩图 20），在纯水中不变色，在酸性溶液中呈现不同深浅的红色（酸度越大颜色越深），在碱性溶液中会呈现从黄绿色到深紫色的

不同颜色。

酸和碱发生中和反应，酸中的氢离子和碱中的氢氧根离子结合成水，酸中余下的酸根离子和碱中余下的金属阳离子就组成盐，使酸的酸性和碱的碱性中和。盐类是由金属离子（或铵根离子）与酸根离子组成的。例如，氢氧化钠和盐酸反应生成水和氯化钠：

$$NaOH + HCl = H_2O + NaCl$$

被马蜂蜇了，可以在拔出蜂刺，用温水清洗伤口后，涂上一点稀氨水，中和马蜂分泌在皮肤上的蜂毒中含有的蚁酸（甲酸）：

$$HCOOH + NH_3 \cdot H_2O = H_2O + HCOONH_4$$

某些盐类溶解在水中，也会使水中氢离子和氢氧根离子的浓度不相等，使溶液呈现酸性或碱性。例如碳酸钠（Na_2CO_3）溶解在水中，溶液会呈现碱性，所以人们称它为纯碱或口碱。

酸、碱、盐是化学工业的重要产品，酸、碱、盐也都是化学工业中的常用原料。在我们的日常生活中接触使用到的酸、碱不多，调味品食醋中含有醋酸（HAc 或 CH_3COOH）、洁厕剂中含有盐酸，石灰水、稀氨水是碱溶液。但是，我们平时接触、使用到的物质中含有各种盐类物质。很多盐可以溶解于水，海水、盐湖中溶解了许多种盐。也有不少盐不溶于水，构成地壳中的许多矿物都是盐类，如石灰石（$CaCO_3$）、孔雀石［$Cu_2(OH)_2CO_3$］、明矾［$KAl(SO_4)_2 \cdot 12H_2O$］、石膏（$CaSO_4 \cdot 2H_2O$）、硼砂（$Na_2B_4O_7 \cdot 10H_2O$）、萤石（CaF_2）、重晶石（$BaCO_3$）。我们日常使用的盐有碱面（Na_2CO_3），到医院做胃部检查 X 光透视前服用的钡餐是硫酸钡（$BaSO_4$），肥皂的主要成分是硬脂酸钠（$C_{17}H_{35}COONa$）。

7.4.2 酸、碱、盐水溶液中的离子反应

许多酸、碱、盐溶解在水中，会电离出阴、阳离子，这些离子在溶液中可以发生许多化学变化，这些化学变化都有离子参加，称为离子反应。上面介绍到的酸碱中和反应，在第 4 章中谈到的石灰石、蛋壳在酸溶液中的溶解，人造海底花园的建造，其中发生的变化都是离子反应。

盐酸溶液和氢氧化钠溶液的中和反应是溶液中的氢离子和氢氧根离子结合生成水分子：

$$H^+ + OH^- = H_2O$$

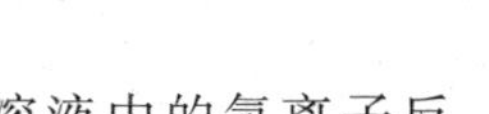

石灰石中的碳酸钙和盐酸溶液反应，是碳酸钙和溶液中的氢离子反应，钙离子进入溶液中生成水，放出二氧化碳气体：

$$CaCO_3+2H^+ \longrightarrow Ca^{2+}+H_2O+CO_2\uparrow$$

离子反应在自然界中经常发生，在生产、生活和科学研究中，也大量应用各种离子反应，进行物质的分离、提纯、制备和检验。

在石灰岩地区，烧开水的开水壶用一段时间后，壶底会形成白色的水垢。用肥皂洗衣服，会形成许多白色沉淀，浪费肥皂，衣服也不易洗干净。这是为什么呢？

天然水中会溶解地壳中的某些可溶物质。地壳中的岩石、矿物长期受水的侵蚀，其中的某些成分也会逐渐溶解入水中。石灰岩地区，石灰岩中钙、镁的化合物会溶入水中，在水中电离成钙、镁、碳酸根等离子，使水中含有较多的钙、镁离子。在盐碱地带，水中会溶入较多的碳酸钠。

含有较多钙、镁离子的水称为硬水。硬水中含钙离子（Ca^{2+}）、镁离子（Mg^{2+}），当然也含相应的阴离子，如碳酸氢根离子（HCO_3^-）、碳酸根离子（CO_3^{2-}）、硫酸根离子（SO_4^{2-}）、氯离子（Cl^-）以及硝酸根离子（NO_3^-）等。硬水煮沸，钙、镁阳离子会和碳酸根离子（CO_3^{2-}）等结合在一起，形成钙、镁的碳酸盐沉淀，生成白色水垢。用这种水洗衣服，钙、镁离子会和肥皂形成沉淀物（图 7-10）。硬水不能直接放在蒸汽锅炉中使用，因为硬水烧久了，形成的水垢会附着在锅炉受热面上，不仅影响热传导，而且锅炉炉壁和沉淀物间隙里的水分一旦气化，会引起锅炉爆炸。

图 7-10　肥皂溶入硬水（左）和软水（右）

在一些污染严重的地区，天然水中还常会溶解一些对人体健康有害的物质。例如，重金属离子（如铅离子、汞离子等）。这些水看起来可能是无色透明澄清的，但是不能饮用。

7.4.3 化学魔术中的离子反应

离子反应的发生，常常伴随着溶液颜色的变化，生成不溶于水的各种颜色的固体物质、释放出气体，改变溶液的酸碱性，这些现象非常有趣、神奇，被人们用于化学魔术表演。

(1) 用“茶水”在白纸上喷出彩色图画 魔术表演者把一杯“茶水”装入小喷口的喷雾器中，用它在一大张白色的滤纸上均匀地喷洒。当观众看到白纸上出现彩色的图画，会惊叹不已。其实，表演者使用的“茶水”是三氯化铁（$FeCl_3$）的水溶液。白色的滤纸上已经事先用几种能和三氯化铁溶液反应的盐溶液，绘制了图画。只是作画的溶液都是无色的，晾干后在滤纸上不会留下任何痕迹。这些溶液有硫氰化钾（KSCN）溶液、亚铁氰化钾（$K_4[Fe(CN)_6]$）溶液、铁氰化钾（$K_3[Fe(CN)_6]$）溶液、苯酚（C_6H_5OH）溶液，它们和三氯化铁溶液反应分别呈现血红色、蓝色、绿色、紫色。发生的离子反应分别是：

$$Fe^{3+} + SCN^- = [FeSCN]^{2+}$$

$$4Fe^{3+} + 3[Fe(CN)_6]^{4-} = Fe_4[Fe(CN)_6]_3 \downarrow$$

$$Fe^{3+} + [Fe(CN)_6]^{3-} = Fe[Fe(CN)_6] \downarrow$$

你有兴趣的话可以试试，当然，你绘制图画之前，应该设计好用哪种溶液绘制哪种景物的轮廓，比如红色的太阳要用硫氰化钾溶液绘制，草地、树叶要用铁氰化钾溶液等。同时，溶液浓度要适当，纸的吸水性要好，用毛笔蘸溶液要少，防止溶液在纸上流淌，绘涂要少量多次。本实验中部分溶液有毒，如要动手尝试，请务必在成人监护下进行，注意实验安全。

(2) 在家里检验加碘食盐 加碘的食盐（通常称加碘盐）中含有碘酸钾（KIO_3），没有加碘的食盐不含碘酸钾。在家里可以用碘化钾（KI）淀粉试纸，用简单的方法区别它们。在2支洁净陶瓷汤匙中分别盛少量含碘食盐溶液、不加碘食盐溶液，然后分别加入1～2mL白醋。用两只竹筷分别蘸两种溶液，点在碘化钾淀粉试纸上。观察溶液的颜色变化，显蓝色的是加碘盐。这是因为，在酸性条件下 KIO_3 能氧化碘化钾淀粉试纸中的KI，生成碘单质（I_2），碘单质在常温下能和淀粉溶液作用呈现蓝色。

KIO_3、KI 在溶液里电离出 IO_3^- 和 I^-，它们在酸性溶液中很快发生反应：

$$IO_3^- + 5I^- + 6HAc = 3I_2 + 6Ac^- + 3H_2O$$

在生活、生产中发生和应用的离子反应很多，只要我们多注意观察，都会学习到。

7.5 水的污染与净化

由于种种原因，自然界中的水体常常被污染。人们在生产、生活中把各种废水、废液随意排放到环境中，使许多污染物进入水体。工业生产的污水、废液，农业生产中化肥、农药过度使用，生活污水的随意排放，使各种无机污染物（酸、碱和一些无机盐、重金属离子等）、有机污染物（如有机农药、多环芳烃、芳香烃等）、耗氧污染物（分解过程中需要大量氧的物质，如碳水化合物、蛋白质、脂肪、酚、醇等）、植物营养物质（含氮、磷等植物营养物质）、油类污染（主要是石油产品）排入水体。此外，还有一些废弃的固体物质（如塑料、各种垃圾）、工业生产排放的冷却水带来的热污染，以及原子能应用领域处理不当带来的放射性污染、医疗废液废物带来的污染。

水的污染，超出水体的自净能力，必然影响人类生存与健康，影响工农业生产的发展，危害社会的可持续发展。防治水体污染，保护水体、净化用水是非常重要的工作。其中，饮用水的净化是关系到人的健康和生存的头等大事。

随着我国经济的发展和人民生活水平的提高，我国大多数地区已经实现自来水供水，部分地区和单位也已经开始建设直饮水供水系统。

自来水是从江河湖泊等地表水中抽取水源，使用专业设备，经过多道复杂的工艺流程生产的。水源直接影响着自来水的质量。我国按地表水水域环境功能和保护目标，把地表水水域划分为五类，各类都有相应的标准，自来水水源要求来自Ⅰ到Ⅲ类的水域。自来水厂的取水口都有一定的保护措施，防止水源污染。

从取水口进厂的水先要经过隔栅过滤等工序进行预处理，再加入絮凝剂，将水中细小的悬浮物聚集沉降，过滤除去。再进入清水池经过消毒，输入自来水管网，通过管道送到各个小区，进入千家万户。整个处理过程经过多次水质化验，有些还要经过二次消毒才能出厂（图 7-11）。

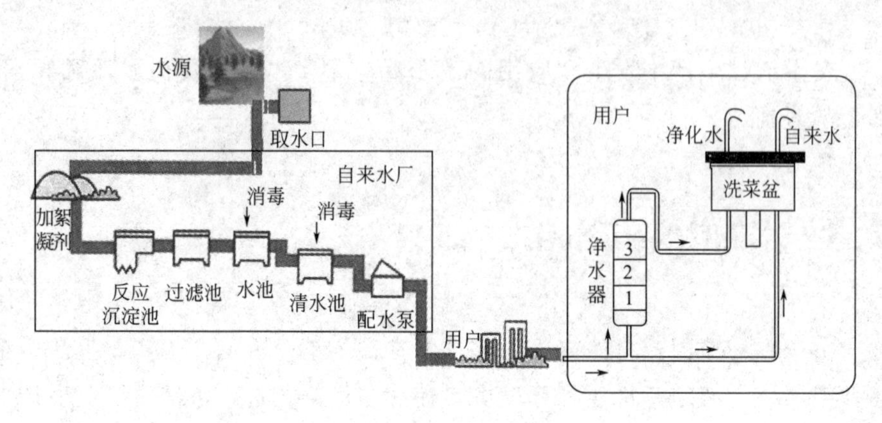

图 7-11　自来水的生产

絮凝剂加入水中，能形成具有很强吸附能力的胶体，能通过多种作用使水溶液中的某些溶质或者无法通过过滤除去的细小悬浮物颗粒形成絮状物沉降下来，形成可以过滤去除的沉淀。常用的絮凝剂以硫酸铝、硫酸铁为主要成分，如明矾［$KAl(SO_4)_2 \cdot 12H_2O$］等。目前较多使用聚合硫酸铝、聚合硫酸铁等新型的水处理剂。

消毒杀菌工序的消毒剂可以使用氯气（Cl_2）、二氧化氯（ClO_2）、臭氧（O_3）等化学试剂。目前我国多数地区采用氯气、二氧化氯等消毒剂。氯气溶于水，与水反应生成次氯酸（HClO），次氯酸能将有气味的杂质氧化去除，能穿透水藻、细菌的细胞壁，把它们杀灭。氯气消毒，价格低，灭菌效果优良。但是，在消毒的过程中会有微量的氯残留，自来水加热到沸腾会产生微量的有害健康的三氯甲烷（$CHCl_3$）。用二氧化氯代替氯气，可以降低消毒过程可能产生的有害物质的量，提高消毒杀菌效率。用臭氧对自来水进行消毒是最安全的方法，不会残留有害健康的物质，但费用较高。

自来水生产，要按照国家制定的《生活饮用水卫生标准》对产品进行检验。目前，我国自来水厂出厂水质达标率比较高，只是自来水的消毒手段还不够完善，还不能完全去除有机污染物和重金属离子，有些地区，还可能发生水质波动的情况。输送自来水的管网系统容易产生管道腐蚀、渗漏、结垢、沉淀等问题，有些高层住宅的屋顶水箱没有经常清洗、消毒，这些都容易产生自来水的二次污染，会使自来水的外观略显浑浊，或存在异味。我国多数地区的自来水都不是直饮水，需要烧开或者再做某些加工处理才能直接饮用。

随着经济的发展和人民生活水平的提高，直饮水将会逐渐进入供水系统。直饮水是自来水经过特殊工艺进行深度处理、净化制成的。直饮水经过臭氧消毒、紫外线灭菌，然后利用经食品级的独立管道直接输送到每个饮用点。直饮水制造过程洁净、无污染，也不排放任何有毒、有害以及对环境能造成污染的废液，完全杜绝了二次污染，水质高，可以直接饮用。

直饮水的质量要求有相应的国家标准。直饮水在外观上更为清澈，口感更好，在去除有毒、有害物质的过程中，保留了人体所需要的微量元素，是高档次的生活用水。直饮水和市面销售的纯净水、蒸馏水等瓶装水，还有桶装水相比，更卫生、方便，水质也更新鲜。纯净水、蒸馏水等在生产过程中把对人体有害的成分去除的同时，把对人体有益的、人体必需的微量元素也去除掉了；桶装水在使用过程中容易发生二次污染（如饮水机本身的污染、昆虫进入出水口、室内空气直接进入水桶产生的污染等）。

我国许多地区采用“管道直饮水”为居民提供直饮水。“管道直饮水”是在原有的自来水供水系统的基础上，在住宅小区内或酒店、写字楼里建设生产直饮水的水处理中心，运用现代高科技生物化学与物理化学手段，对自来水进行深度净化处理。进一步去除水中有机物、细菌、病毒等有害物质，保留对人体有益的微量元素和矿物质，采用食品级的优质管材组成独立循环式管网送入用户，可供用户直接饮用。一些城市的街道和公园里也设置了直饮水设施，供人们解渴（图 7-12）。

图 7-12 公园里的直饮水设施

饮用水还不是纯水，在某些工业和科学研究部门需要使用纯水。纯水的制造方法主要有蒸馏法和离子交换法。

将自来水直接蒸馏可获得一般实验所需的蒸馏水。有些部门需要经过二次或三次蒸馏的水，这种蒸馏最好在石英装置中进行，得到的水收集在耐高温玻璃、石英或聚乙烯瓶中。为了除去水中的有机杂质和 NH_4^+、Cl^-，还要在每升被提纯的水中加入 0.05g $KMnO_4$，半小时后加入 0.5～1g 钾明矾，再过半小时后加入 0.66g Na_2HPO_4，静置半小时后过滤，滤液煮沸 10 分钟后再加入蒸馏瓶中进行蒸馏，除去开头和最后馏出馏分。

制备高纯度水使用离子交换法。把经过预处理的阳离子交换树脂和阴离子交换树脂，分别装入有机玻璃交换柱中，使需净化的水控制一定的流速，先后通过阳离子交换柱、阴离子交换柱、混合树脂交换柱（装有充分混匀的阳、阴离子交换树脂），得到纯水。

8 探索物质的微观结构

在第 2 章，我们讨论了构成物质的三种微粒——原子、离子和分子，知道了原子可以通过得到或失去电子变成阴、阳离子，形成离子化合物，也知道原子可以彼此结合形成分子，还可以直接结合构成物质。这些微小的原子、离子、分子是怎样构成我们肉眼可见的各种物质呢？物质中原子、离子在空间中是怎样排列的？由原子构成的分子中原子又是怎样连接的？有一定的连接顺序吗？分子有一定的形状吗？为什么各种物质有自己独特的性质？

这些问题涉及物质的微观结构、物质结构和性质的关系，是化学研究中的重要课题。在这一章里，我们将用一些常见的实例，做粗浅的讨论。

8.1 离子化合物

活泼的金属元素的单质和活泼的非金属元素的单质，在一定条件下会发生化学反应。倾向于失去最外电子层上电子的活泼金属元素的原子可以将最外层上的电子转移给倾向于获得电子并形成稳定电子层结构的非金属元素的原子。两种元素的原子按一定的比例作用，电子转移的数目可以满足形成稳定电子层结构的要求，形成的电中性的离子化合物使反应体系达到最低的能量状态。例如，金属钠暴露在空气中，金属钠表面的银白色光泽会很快失去，变得灰暗，生成氧化钠：

$$4Na+O_2 \xlongequal{} 2Na_2O$$

反应的发生，是由于钠元素的 4 个原子分别把最外电子层上的一个电子，转移给和它接触的氧气分子的两个氧原子，4 个钠原子成为 4 个 +1 价的钠阳离子（Na^+），两个氧原子成为 −2 价的氧阴离子（O^{2-}），阴阳离子靠电性作用力，结合形成离子化合物氧化钠（Na_2O）。图 8-1 是该反应的示意图。

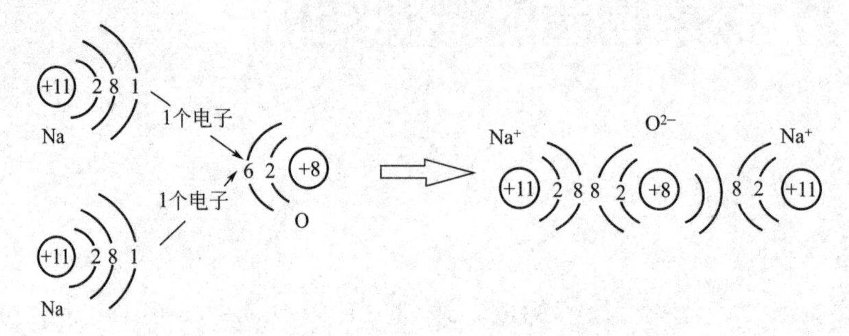

图 8-1 钠原子和氧原子通过离子键结合形成氧化钠离子晶体

元素原子间通过电子转移，形成阴阳离子而结合的作用，化学家们称之为离子键。

由阴离子和阳离子构成的化合物称为离子化合物。离子化合物中，只存在带相反电荷的阴、阳离子，不存在分子，如氯化钠、氧化镁、氢氧化钙。固态的离子化合物，阴阳离子按一定规律在空间排列，离子间的静电引力和斥力处于平衡状态，离子只能在平衡位置上振动，构成离子晶体。图 8-2 显示氯化钠晶体中钠阳离子、氯阴离子的排列方式。

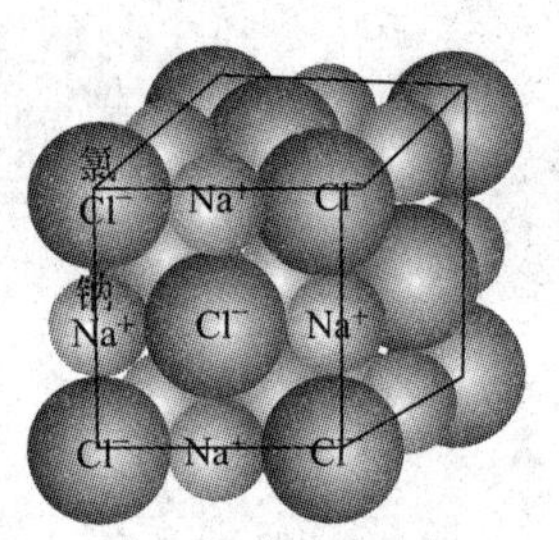

图 8-2 氯化钠晶体的结构示意图

离子化合物，并不都是由简单离子（由一种元素原子得失电子形成的阳离子或阴离子）组成的，阳离子可以是铵根离子（NH_4^+）、水合阳离子（如 $[Cu(H_2O)_4]^{2+}$），阴离子可以是各种含氧酸根阴离子，如硫酸根离子（SO_4^{2-}）、硝酸根离子（NO_3^-）、碳酸根离子（CO_3^{2-}）、磷酸根离子（PO_4^{3-}）等。化肥硫酸铵 [$(NH_4)_2SO_4$]、石灰石主要成分碳酸钙（$CaCO_3$）、胆矾晶体（$CuSO_4 \cdot 5H_2O$）、石膏（$CaSO_4 \cdot 2H_2O$）、明矾 [$KAl(SO_4)_2 \cdot 12H_2O$]、硝酸钾（KNO_3）、骨骼的主要成分磷酸钙 [$Ca_3(PO_4)_2$] 都是离子化合物。

离子化合物处于固体状态时常常形成有一定几何外形的晶体。图 8-3 显示几种常见的离子晶体。图中的石膏晶体、明矾晶体、胆矾晶体分别是

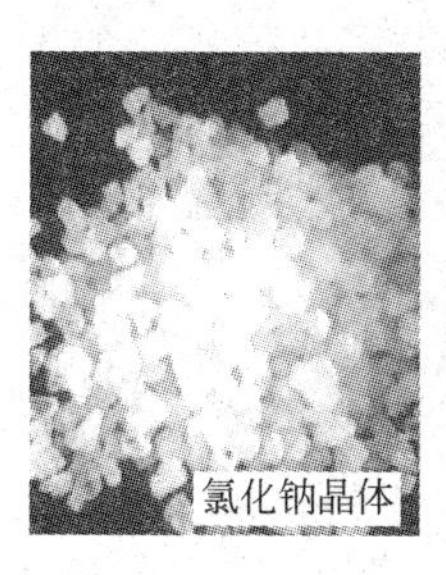

图 8-3　几种离子晶体

由硫酸钙的结晶水合物、硫酸铝钾的结晶水合物、硫酸铜的结晶水合物形成的晶体。离子晶体之所以会有一定的几何外形，是由于晶体中的阴阳离子是按一定规则排列成的空间点阵。

8.2　原子怎样结合成分子

同种原子或者得失电子倾向性都不大的元素原子间，就难以通过电子转移形成相对稳定的结构而结合。这些原子间彼此靠近时，能实现核外电子云在一定程度上的重叠，或者说原子间有 1 对或若干对电子是共用的，可以围绕两个原子核运转，使得两个原子形成相对稳定的结合状态。原子以这种方式相结合时，微粒间也存着在强烈的相互作用，化学家称之为共价键。例如两个氢原子间可以共用核外的一个电子形成一个共用电子对，两个氢原子都形成了有两个电子的比较稳定的最外电子层结构，形成一个共价键，结合成氢分子。一个氧原子可以与两个氢原子形成共用电子对，形成两个共价键，氧原子形成了 8 个最外层电子的结构，氢原子也形成了有 2 个最外层电子的比较稳定的结构，彼此结合成水分子，如图 8-4 所示。

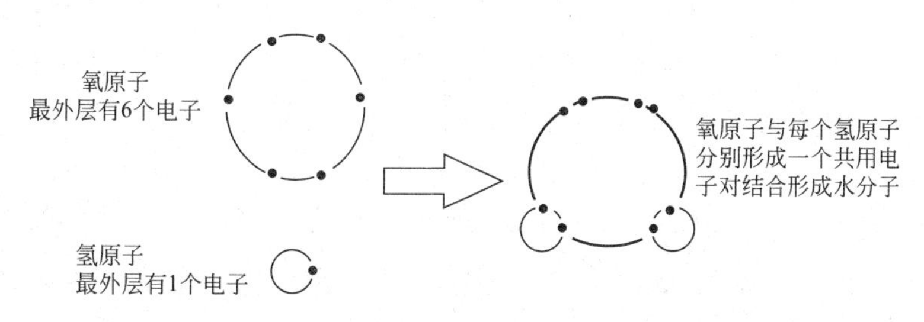

图 8-4　氢原子与氧原子以共价键结合示意图

化学中常常用短线段把两个以共价键结合的原子连接起来，一个短线段表示一个共价键。水分子中氢原子和氧原子间的共价键可表示为H—O—H。

以共价键结合的原子可以形成一个整体，构成分子，如氧气、氯气、氯化氢分子。化学上，常用不同颜色、不同大小的小球表示不同元素的原子，用小木棍表示共价键，连接成球棍模型来说明物质的结构。彩图21是氢分子、氯化氢分子和氨分子的球棍模型。

也有不少物质中，许多元素的原子彼此间以共价键结合，形成一个巨大的共价晶体，晶体中不存在以分子为单位的微粒。如二氧化硅是由硅原子、氧原子通过共价键结合形成一个空间网状的晶体，晶体中不存在“二氧化硅分子”单元。

8.3 分子的空间构型

科学家用各种方法和手段研究物质的微观结构，发现物质的分子中，原子有一定的结合方式，各原子的结合、排列顺序、在空间的相对位置也都有一定规律，使分子具有特定的空间构型。从氢分子、氯化氢分子、氨分子、二氧化硅的球棍模型我们也可以想象到它们的空间构型。在图8-5中，我们看到氧原子和氢原子结合形成水分子时，两个氢原子在氧原子的左下方和右下方，使水分子中三个原子在空间呈“V”型。氨分子为三角锥型，甲烷分子呈正四面体型，碳60分子呈足球型。甲烷分子中碳原子以共用电子对和与它连接的4个氢原子形成共价键。碳原子周围有4对电子，这4对电子间存在同性电荷的排斥力。要维持分子结构的稳定，分子中相互排斥的电子在空间中总是尽可能远离（当然，不能破坏形成的共价键），这是分子中原子排列、分子形状（几何构型）的决定因素。甲烷分子中，碳原子和4个氢原子形成的4个共用电子对（即4个共价键），从正四面体的中心指向正四面体的4个顶点，使分子处于比较稳定的状态。

在化学中，科学家经常用几种不同的方式，如球棍模型、比例模型、结构式、电子式等来表示分子的结构。图8-6是我们比较熟悉的某些分子的结构模型或结构图式。

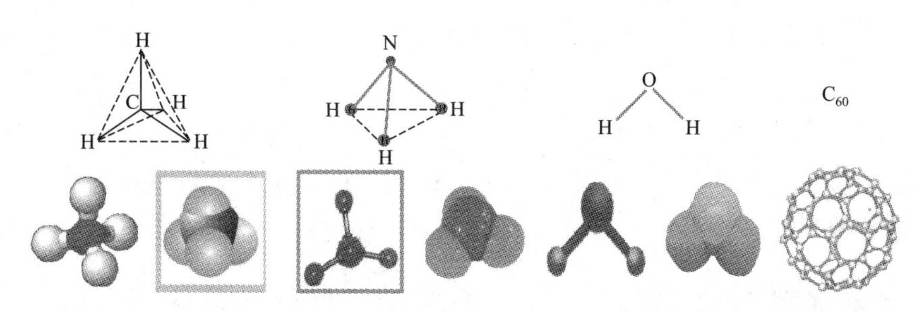

图 8-5 几种简单分子的构型（从左至右依次为：甲烷、氨、水、碳 60）

物质	HCl	Cl_2	H_2O	NH_3	CH_4
电子式	$H:\overset{\cdot\cdot}{\underset{\cdot\cdot}{Cl}}:$	$:\overset{\cdot\cdot}{\underset{\cdot\cdot}{Cl}}:\overset{\cdot\cdot}{\underset{\cdot\cdot}{Cl}}:$	$H:\overset{\cdot\cdot}{\underset{\cdot\cdot}{O}}:H$	$H:\overset{\cdot\cdot}{\underset{\cdot\cdot}{N}}:H$ H	H $H:\overset{\cdot\cdot}{\underset{\cdot\cdot}{C}}:H$ H
结构式	H—Cl	Cl—Cl	H／O＼H	H—N—H │ H	H │ H—C—H │ H
球棍模型			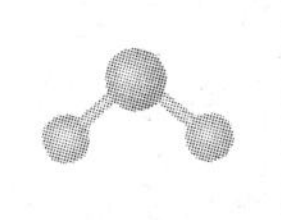	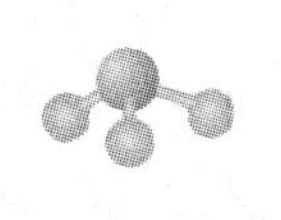	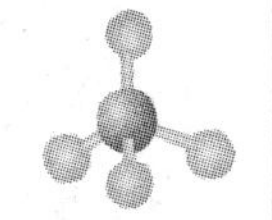
比例模型	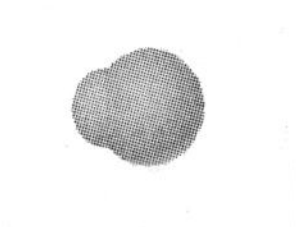		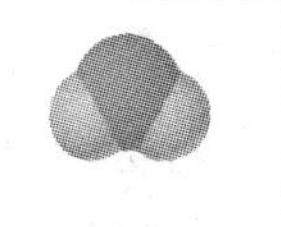	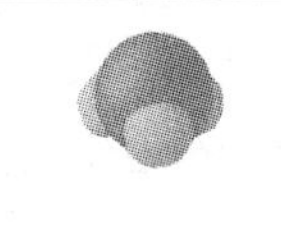	

图 8-6 几种简单分子的电子式、结构式、球棍模型和比例模型

这些表示方式分别是：①用小棍代表价键，用小球代表原子，按分子中各原子的相对空间位置，连接成分子的骨架，构成分子的球棍模型。②用半径不同的小球表示原子，两个小球间有重叠的，表示两原子以共价键直接相互结合，球的大小比例基本符合原子的大小比例，这种分子结构模型称为比例模型。③用元素符号代表原子，以短线代表共价键，按分子中原子的连接顺序，在空间的相对位置，写成结构式。因为是书写在纸面上，大都使用投影方式来写。有时为了简化，把分子中原子的排列都写在一条直线上。④用元素符号和写在元素符号周围的小黑点表示分子中的原子及其最外层的电子和共用电子对，写成分子的电子式。

由分子构成的物质，处于固体状态时，分子也会按一定规则在空间内做周期性的重复排列，形成分子晶体。在分子晶体中，分子按一定的规则排列，聚集成固体或有一定几何外形的分子晶体。例如，在固态的二氧化碳（干冰）中，分子有规则地排列形成晶体（图 8-7）。干冰晶体中，每 14 个二氧化碳分子在空间排列形成一个立方体。8 个二氧化碳分子占据立方体的 8 个顶点，6 个二氧化碳分子占据 6 个面的中心。许多这样的晶体无缝地排列叠合，形成了宏观可见的干冰晶体。

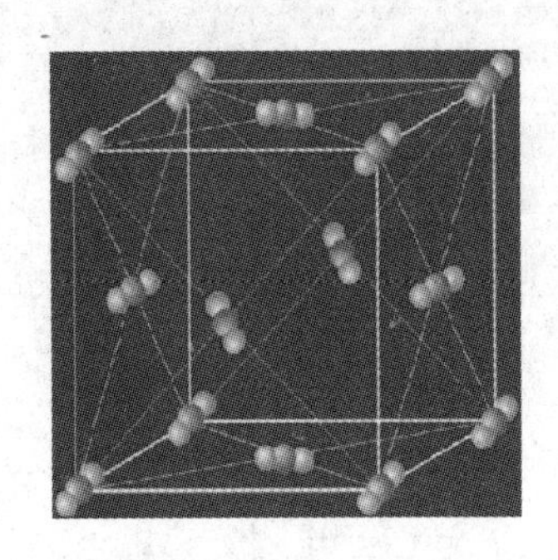

图 8-7　干冰晶体的结构

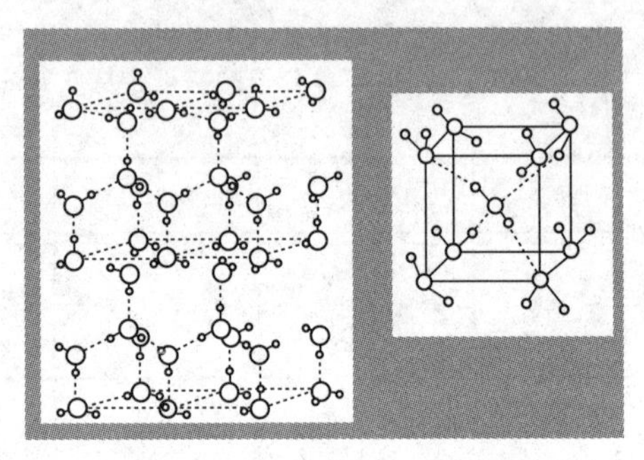

图 8-8　冰晶体结构示意图

在分子晶体中分子间有一定的作用力，这种作用力，与离子晶体中的离子键和分子内原子间的化学键相比，作用要微弱得多，称为范德华力。范德华力使分子彼此维系在一起，分子运动速度不大，不足以使它们彼此分散，可以保持固体状态。但是，由于分子间作用力不大，一旦吸收了外界提供的能量，分子的运动速度增加了，分子间作用被削弱，分子距离增大，可以变成液态或气态。分子晶体的熔点通常比离子晶体、原子晶体低。

大家熟悉的液态水，在通常压力下，温度降低到 0℃可以变成坚硬冰冷的冰块。在冰晶体中，水分子间不仅存在范德华力，还存在一种称为氢键的作用力。水分子间的氢键是一个水分子中的氢受到相邻的水分子中的氧原子的吸引产生的作用力。这种作用力，使冰中水分子按一定规则排列（图 8-8），增大了水分子间的距离，使冰的密度变得小于水。氢键作用力增强了水分子间的作用力，使水和相对分子量相近的其他物质相比具有较高的熔沸点。

分子晶体融化、气化，分子并没有分解。干冰气化转化为二氧化碳气体，冰融化转化为液态水，二氧化碳分子、水分子的组成、结构保持不变。要使水分子中氧原子和氢原子分开，使水分解，很不容易，要把水加热到 1000℃以上或者通电电解。

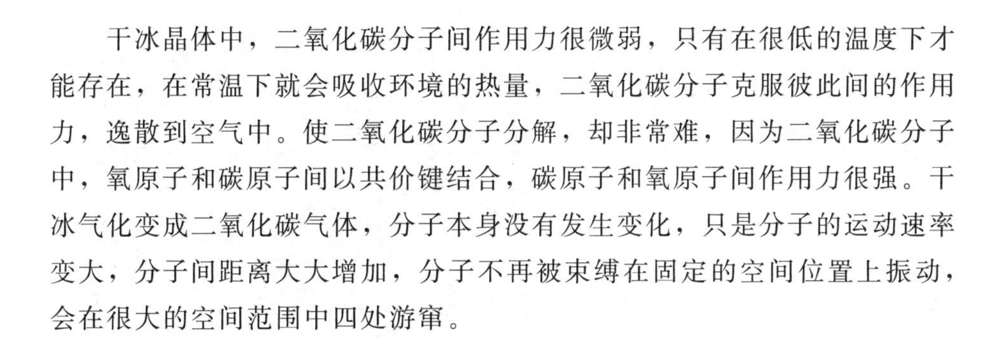

干冰晶体中，二氧化碳分子间作用力很微弱，只有在很低的温度下才能存在，在常温下就会吸收环境的热量，二氧化碳分子克服彼此间的作用力，逸散到空气中。使二氧化碳分子分解，却非常难，因为二氧化碳分子中，氧原子和碳原子间以共价键结合，碳原子和氧原子间作用力很强。干冰气化变成二氧化碳气体，分子本身没有发生变化，只是分子的运动速率变大，分子间距离大大增加，分子不再被束缚在固定的空间位置上振动，会在很大的空间范围中四处游窜。

8.4 金属晶体的结构和性质特点

科学家运用 X 射线晶体衍射方法研究晶体结构，证实金属原子构成金属晶体，就像半径相等的小球按一定规律紧密堆积。金属晶体中金属原子在晶体内的密堆积方式有若干种，如图 8-9 所示。

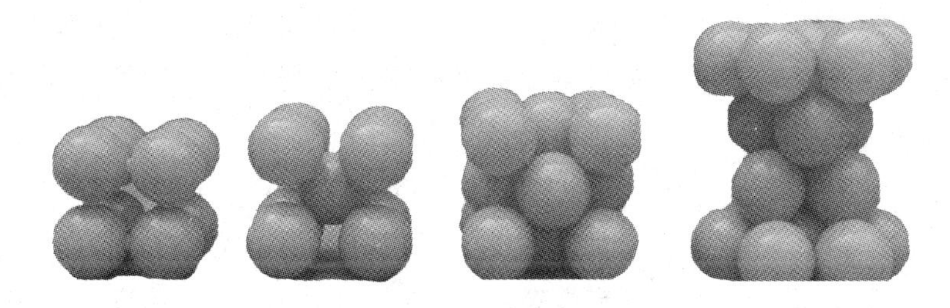

图 8-9 金属晶体中金属原子的密堆积方式

绝大多数金属单质（除汞等金属外）都有较高的熔点，有良好的导电性。可以预料金属晶体中微粒间一定存在较强的相互作用，只有在较高温度下，才能使之熔化。此外，金属晶体中还应该有能够自由移动的电子，可以在电场中做定向移动。金属晶体中紧密堆积的金属原子间是通过怎样的结合方式，才使其具有上述性质特点呢？

科学家用不同的结构模型说明金属晶体的结构，来解释说明金属的性质特点。其中一种金属结构模型是金属自由电子模型。该理论认为，在金属晶体中，金属元素原子中能量较高的最外电子层上的电子受原子核的束缚力较弱，在晶体中可以自由移动，为晶体中所有金属原子所共用，这些可以自由在晶体中运动的电子与晶体中贡献出自由电子的全部金属离子之间存在强烈的相互作用，构成一个整体。化学家把金属晶体中存在的这种作用称为金属键（图 8-10）。由于金属原子只有少数最外层电子能用于形成金属键，因此，金属在形成晶体时，倾向于构成极为紧密的结构，使每个原子都有尽可能多的相邻原子，形成紧密的结合。

图 8-10　金属晶体中存在金属键

科学家运用金属键理论比较好地解释了金属的导电性、导热性和延展性。在外电场作用下，自由电子在金属内部会发生定向运动，因而形成电流，如图 8-11 所示。

温度升高，金属原子振动加剧，阻碍了自由电子做穿梭运动，因而金属电阻率一般都升高。当金属某一部分受热时，该区域里的自由电子能量增加，运动速度加快，自由电子与金属离子碰撞频率增加，自由电子把能量传递给其他金属离子，因此，能量可以从温度高的区域传到温度低的区域，从而使整块金属达到同样温度。金属内部每个金属原子所处的环境是等同的，金属离子与自由电子之间的作用没有方向性，当金属受到一定强度的外力作用，金属原子之间虽然发生了相对移动，发生形变，但自由电子的作用并没变，金属键没有被破坏，各层之间仍保持金属键的作用，仍然保持完整的晶体结构，表现为良好的延展性（图 8-12）。

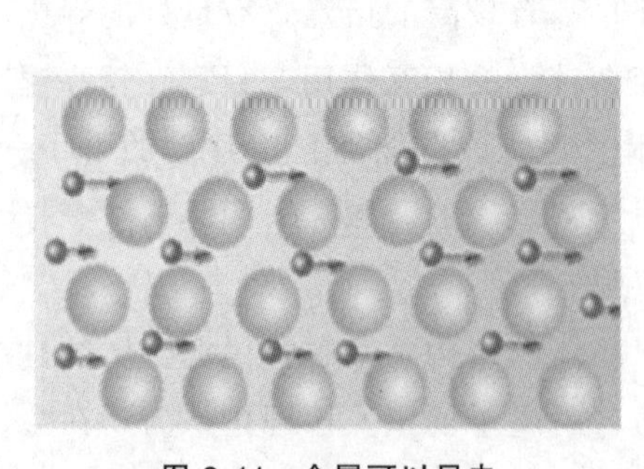

图 8-11　金属可以导电

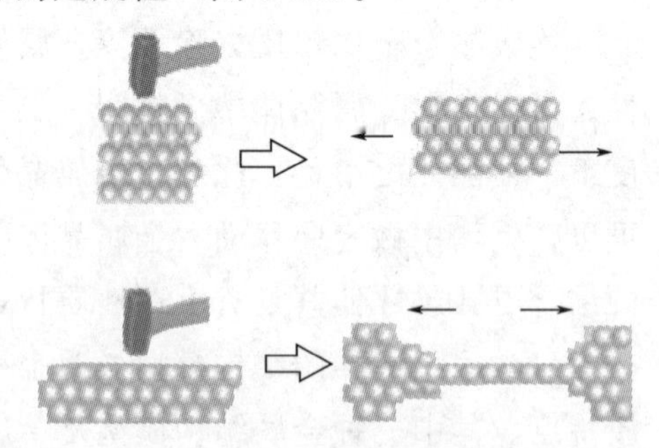

图 8-12　金属的延展性

不同的金属硬度、熔点都不同。汞在常温下已经是液态，金属镓在人的手掌中就可以熔化，金属钨熔点却高达 3000℃ 以上。这说明各种金属的金属键强弱不同。金属原子半径大小、金属晶体中单位体积内自由电子

数的多少是影响金属键强弱的主要因素。金属原子半径越小、单位体积内自由电子数越多，金属键越强。金属键越强，金属的熔沸点越高，硬度越大。

金属的自由电子模型过于简单化，不能很好地解释金属晶体中为什么有结合力，也不能解释金属晶体为什么有导体、绝缘体和半导体之分。随着科学和生产的发展，又建立了金属晶体结构的能带理论。

8.5 碳原子怎样和其他原子结合

自然界中、人工合成的含碳元素的化合物种类非常之多。含碳元素的化合物，绝大多数是有机化合物。这是因为碳原子不仅能以共价键和其他原子结合，还能以不同方式、不同数目与其他碳原子相结合。通常每个碳原子可形成 4 个共价键。当碳原子和其他原子以 4 对共用电子对形成共价键（共价单键）结合时，四个价键在空间的分布示意如图 8-13(a) 所示。碳原子置于一个正四面体的中心，四个共价单键指向正四面体的四个顶点。甲烷分子中，碳原子和 4 个氢原子分别以 4 个共价单键结合，分子构型就像一个正四面体。碳原子位于正四面体中心，4 个氢原子位于四个顶点上，如图 8-13(b) 所示。

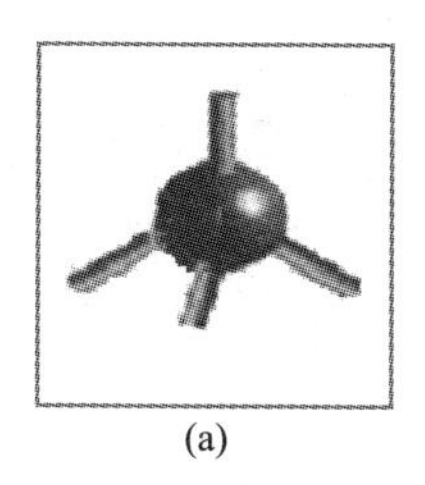

(a)

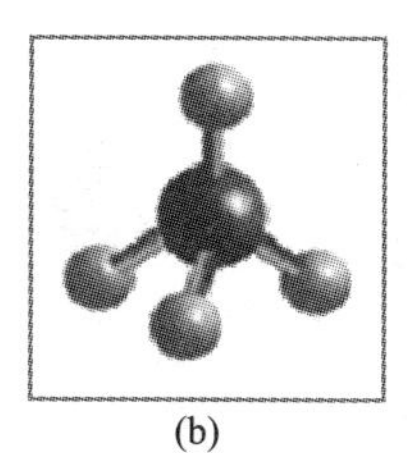

(b)

图 8-13　碳原子的 4 个共价单键（a）及甲烷分子结构（b）

碳原子间可以共价单键结合，还可以共价双键或共价三键结合。例如，乙烷、乙烯（重要的石油化工原料，合成聚乙烯塑料的单体）、乙炔（电石气，重要的有机化工原料）的分子中都含有以共价键链接的两个碳原子。但三种分子中，连接两个碳原子的共价键类型不同，分别是单键、双键、三键，如图 8-14 所示。

在有机化合物中，碳原子间可以共价键连接成长链状、环状。从图 8-15的几种有机化合物的分子结构可以了解各分子中碳原子的连接方式。

图 8-15 中的正己烷、环己烷、苯、立方烷的化学式依次是 C_6H_{14}、C_6H_{12}、C_6H_6、C_8H_8。正己烷、环己烷、苯都是工业上常见的有机溶剂，

有一定的毒性，使用要注意安全。苯也是重要的有机化工原料，而立方烷是 1964 年才被合成出来的有机化合物。

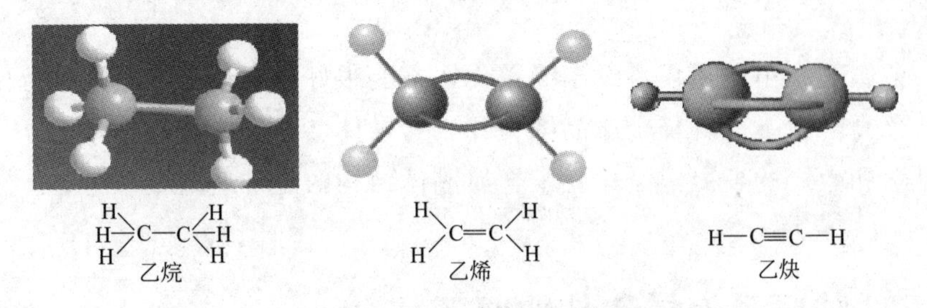

图 8-14　乙烷、乙烯、乙炔分子中碳原子的连接方式

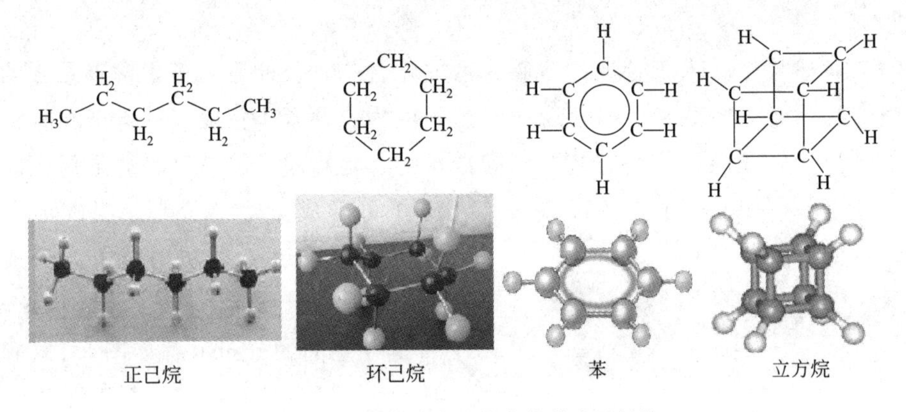

图 8-15　几种简单有机化合物的分子结构

8.6 组成相同、分子结构不同的分子

有机化合物中，有不少分子组成相同（化学式相同）但分子结构不同的化合物，它们有不同的性质，是不同的化合物。例如，人们熟悉的葡萄糖和果糖，分子组成相同而结构不同，性质也有差异。水果中存在的糖多是果糖，蜂蜜中也含有大量的果糖。无法进食的病人或者亟需补充糖分的运动员，经常会用到葡萄糖。果糖、葡萄糖都有甜味，都是可以为人提供营养的物质，但它们是不同的物质。果糖是无色晶体，不易结晶，很容易吸水，通常是黏稠状的液体。果糖主要来源于天然的水果和谷物之中，口感好、甜度高（甜度是蔗糖的 1.8 倍）。食用果糖不易导致龋齿、不易导致高血糖，不易产生脂肪堆积。果糖的溶解吸热很多，入口后从口腔中吸

收热量多，因此会给人冰凉的感觉。温度越低，果糖的甜度越大，即在口感上越冷越甜。与其他糖品相比，果糖在口中的甜味感来得快，消失也快。葡萄糖也是无色晶体，甜味不如果糖，也不如蔗糖。葡萄糖是活细胞的能量来源和新陈代谢的中间产物，是生物的主要供能物质，是生物体内新陈代谢不可缺少的营养物质，它的氧化反应放出的热量是人类生命活动所需能量的重要来源。葡萄糖很容易被吸收进入血液中，因此医护人员、运动爱好者常常使用它进行强而有力的快速能量补充。

组成葡萄糖和果糖分子的元素相同，各元素的原子数目也相同，两者具有相同的分子式（$C_6H_{12}O_6$），都由 6 个碳原子、12 个氢原子和 6 个氧原子组成。但是分子中各元素原子的结合方式、连接顺序，原子在空间的相对位置、原子间的距离不同，即分子结构不同，因而性质也不会完全相同。图 8-16(a) 为葡萄糖分子的球棍模型，图 8-16(b) 是葡萄糖分子（直链式）的结构式；图 8-16(c) 是果糖分子的球棍模型，图 8-16(d) 是果糖分子（直链式）的结构式。化学上称有相同的分子式，而有不同分子结构的物质为同分异构体。

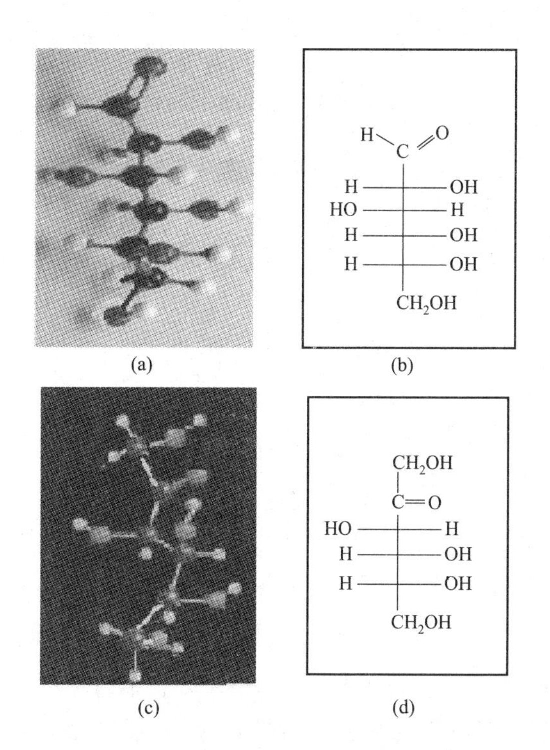

图 8-16　葡萄糖和果糖分子结构示意图

葡萄糖分子中有6个碳原子，含有醛基（—CHO），是醛己糖的一种；果糖分子中有6个碳原子，含有酮基（—C═O），是酮己糖的一种。醛己糖有16种不同结构的分子；而酮己糖已经发现有6种结构不同的分子。

在有机化合物中，具有相同分子式而结构不同的化合物很多，这种现象称为同分异构现象。我们食用的蔗糖、麦芽糖，也是一对同分异构体，它们的分子式都是 $C_{12}H_{22}O_{11}$，但结构不同，性质也有差异。我们十分熟悉的乙醇（酒精）的同分异构体称为二甲醚。它们的分子式都是 C_2H_6O，但分子结构和性质差异很大。常压下乙醇沸点是78℃，二甲醚只有－23℃。它们的分子结构如图8-17所示。

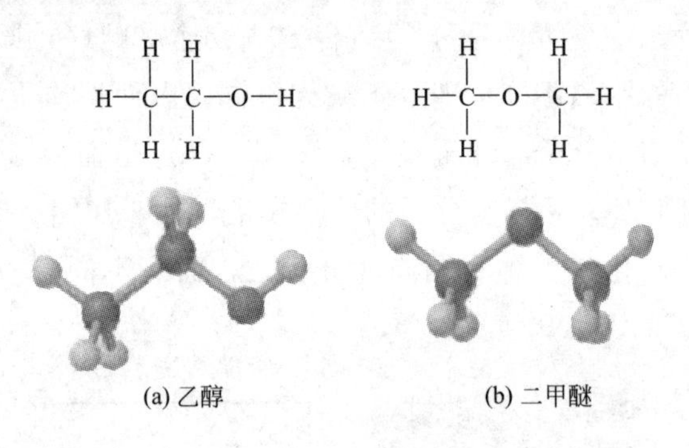

图8-17　乙醇（a）和二甲醚（b）的分子结构

在同分异构体中，有一种互为镜像的分子。大家知道，我们的左手掌和右手掌，可以相对合掌，却无法完全重叠（即把左手的掌心贴在右手掌的掌面上，不可能让两只手掌重叠），就像我们的身体和镜子中的身影是无法重叠的，如图8-18(a)所示。镜像分子与此类似，互为镜像，图8-18(b)的两种有机化合物就是一对镜像异构体。

如果想通过旋转互为镜像的两种化合物中的一种，使它们能完全重叠，是办不到的。它们实际上是两种化学式相同、组成相同，但结构不同的化合物。化学家称它们为镜像异构体或旋光异构体，后一个名称来源于光透过两种物质时，发生了不同的变化。

科学家研究发现，有机化合物分子中，当1个碳原子连接了4个不同种元素的原子（或基团）时，就会出现上述情形，这个碳原子被称为手性碳原子。很多种氨基酸、很多种药用化学物质都存在互为镜像的异构体（图8-19）。在含有两种镜像异构体的药物中，其中一种药效较好，而另一种效果较差甚至可能是有害的。识别并使之完全分离，十分重要。

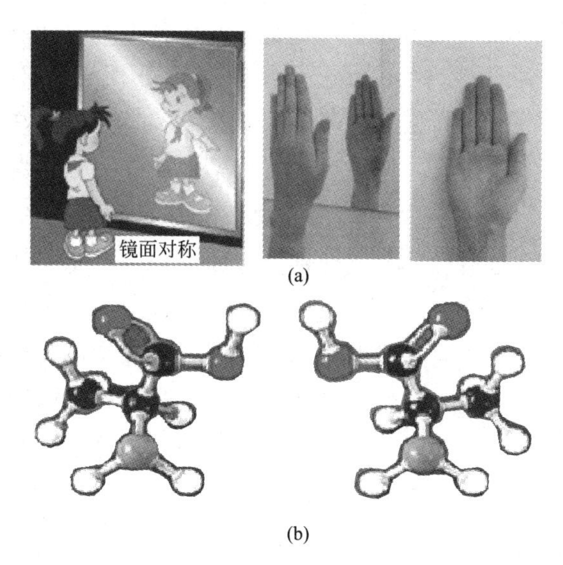

(a)

(b)

图 8-18 认识互为镜像的分子

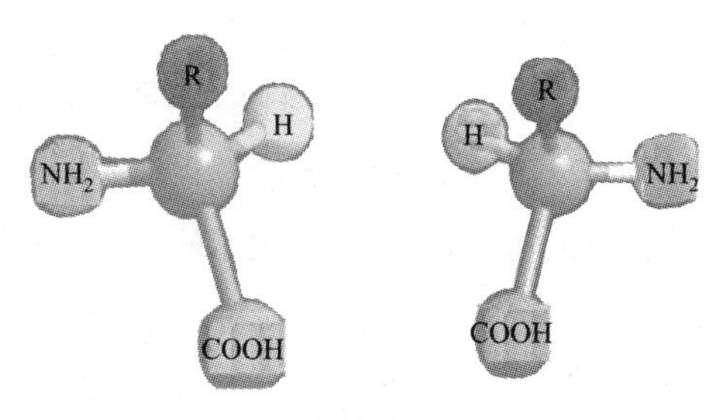

图 8-19 具有镜像异构的氨基酸

上面我们提到醛己糖有 16 种不同的分子结构，实际上是 8 对镜像异构体，在自然界中存在的只有三种异构体。这三种异构体分别被称为 D 型葡萄糖、D 型甘露糖、D 型半乳糖。它们的分子中都有一个长碳链，含有 5 个羟基（—OH），一个醛基（—CHO），但是基团在空间上的位置不同。D-葡萄糖的镜像异构体称为 L-葡萄糖。大多数生物具有的酶系统可以分解 D-葡萄糖，获取能量，不能分解利用 L-葡萄糖（彩图 22）。

8.7 形形色色的高分子化合物

水分子、二氧化碳分子、氧气分子、葡萄糖分子，都是相对分子质量比较小的分子。上面提到的四种分子中，相对分子质量最大的葡萄糖分子，相对分子质量也只有180。在天然存在的或者人工合成的物质中，还有许多相对分子质量在5000以上，甚至高达数千、数万，最大的可达10^4～10^6的化合物，这些相对分子质量超大的化合物称为高分子化合物。高分子化合物在分子结构、物理性质、化学性质和力学性能上与小分子化合物有很大差异。棉、毛、蚕丝、植物纤维都是天然存在的高分子化合物，我们平常使用的塑料、合成纤维、合成橡胶制品都是用合成高分子化合物制造的。

(1) 高分子化合物的组成和结构 高分子化合物的相对分子质量大，但它的组成大多不复杂。它的分子往往都是由特定的结构单元通过共价键多次重复连接而成，或形成一个长长的分子链，或形成一个巨大的网状体型结构。例如，常见的聚乙烯塑料，就是用高分子化合物聚乙烯为主要原料加工制成的。聚乙烯高分子的组成可以表示为：

$$\cdots\cdots-CH_2-CH_2-CH_2-CH_2-CH_2-CH_2-CH_2-CH_2-CH_2-CH_2-CH_2-CH_2-CH_2-CH_2-CH_2-\cdots\cdots$$

可以简单表示为$\lbrack CH_2 \rbrack_n$。$\lbrack CH_2 \rbrack$是高分子的结构单元，称为高分子的链节，高分子链的链节数目n称为聚合度。

组成高分子链的原子之间是以共价键相结合的。高分子化合物中的高分子，所含的链节数并不完全相同。高分子化合物实质上是由许多链节结构相同而聚合度不同的化合物所组成的混合物，高分子的相对分子质量与聚合度都是平均值。上述的聚乙烯分子，相对分子质量大都在1万到10万间，聚合度大约都在几百到几千之间。

人工合成的高分子化合物，大都是天然物质为起始原料制得低分子化合物，再由它们经聚合反应而制得的。这些低分子化合物称为“单体”，由它们经聚合反应而生成高分子化合物，高分子化合物又称为高聚物。聚乙烯就是由石油化工产品乙烯，在一定条件下发生加成聚合反应生成的：

$$nCH_2=CH_2 \longrightarrow \lbrack CH_2-CH_2 \rbrack_n$$

高分子中的链节连接成高分子长链，有的长链上还有支链，有的高分子链间还彼此交联（有的交联少，有的交联多），形成网状结构，有些高分子则形成空间网状体型结构。所以高分子的分子结构有两种基本类型：线型结构、体型结构（图8-20）。

图8-21是脱脂棉花等天然纤维素$(C_6H_{10}O_5)_n$的分子结构示意图。图8-22是制造灯头、开关外壳的电木塑料（酚醛树脂）的分子结构示意

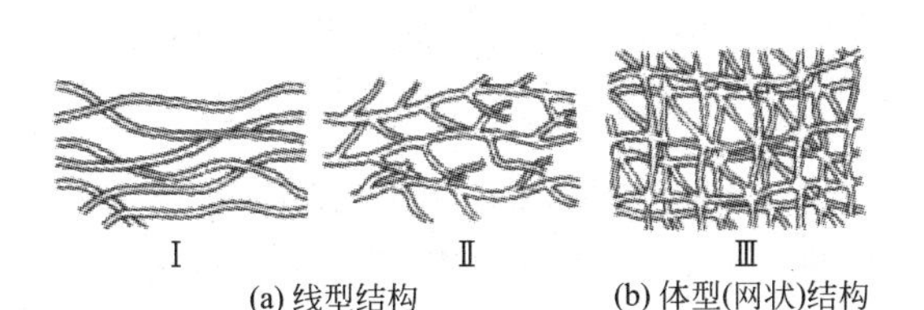

图 8-20 高分子的结构类型

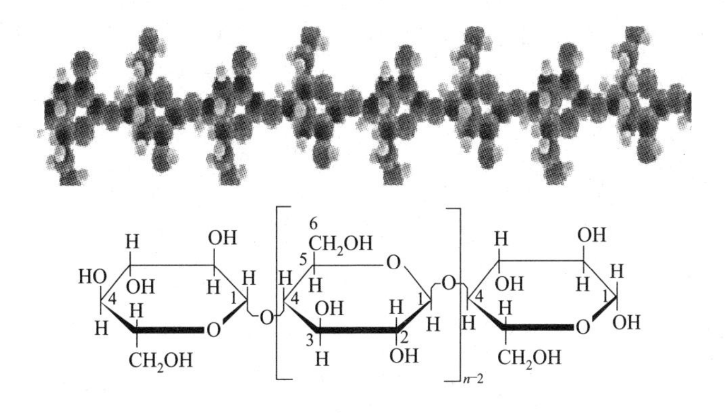

图 8-21 纤维素的分子结构

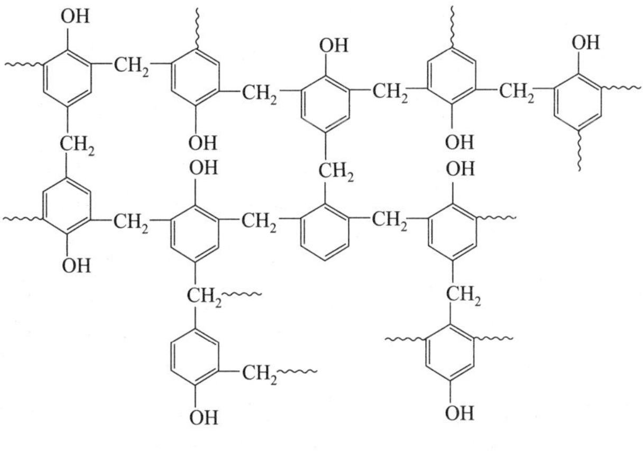

图 8-22 酚醛树脂的分子结构

图。天然纤维素的高分子是链状的，电木塑料中的酚醛树脂分子具有网状体型的结构。

线型结构（包括带有支链的）高分子在溶剂中或在加热熔融状态下，大分子可以彼此分离开来。线型结构（包括支链结构）高聚物具有弹性、可塑性，在溶剂中能溶解，加热能熔融，硬度和脆性较小。通常所说的热塑性树脂，一加热就变得柔软，有可塑性，是线型高分子。在高分子材料没有老化变质的情况下，可以用加热熔化的方法重新塑制修补。

体型结构（分子链间大量交联的）的高分子物质中不存在独立的大分子。体型结构高聚物没有弹性和可塑性，不能溶解在溶剂中（只能溶胀），加热也不会熔融，硬度和脆性较大。人们通常所说的热固性树脂，是在加压下加热到某一温度，使原来的线型分子结构发生变化，形成体型结构。变成体型结构后，再加热也不会软化、变形。像电木塑料等制品破裂，无法用加热熔化的方法黏结修补，也难以用溶剂溶解黏结。

高聚物的高分子间也存在相互作用，有一定的聚集状态。体型结构的高聚物，有的具有高弹性（如天然橡胶），有的则表现得很坚硬［如聚苯乙烯（PS)］，就是由于它们的聚集状态不同。线型高分子如果分子排列很有规律，分子间的作用力较大，耐热性和机械强度会增大。化学纤维在制造过程中必须经过拉伸，就是为了改变高聚物内部分子的聚集状态，使其分子链排列得整齐一些，从而提高分子间的吸引力，使制品强度更好。

从高分子的分子组成看，高分子主链和侧链基团均由无机元素或基团构成的称为无机高分子。如，云母、石棉（图 8-23）是天然无机高分子，玻璃则是合成无机高分子。它们的结构比较复杂，从化学组成看，大都可以看成是钾、钠、镁、钙、铁、铝、硅、氢、氧等元素组成的结构复杂的无机高分子。

高分子主链、侧链基团由碳、氧、氮、硫等元素组成的，称为有机高分子。天然橡胶和合成橡胶（如丁苯橡胶、顺丁橡胶等），塑料制品的主要原料——树脂［如聚乙烯（PE)、聚丙烯（PP)、聚氯乙烯（PVC）和聚苯乙烯（PS)、酚醛树脂］，天然纤维和合成纤维（如尼龙、涤纶、腈纶等），都是有机高分子化合物。有机高分子化合物可以分为天然有机高分子化合物和合成有机高分子化合物。淀粉、纤维素、蛋白质、天然橡胶是天然高分子化合物；顺丁橡胶、聚乙烯、聚氯乙烯、尼龙、涤纶、酚醛树脂（图 8-24）都是人工合成的有机高分子化合物。

（2）天然橡胶　天然橡胶和合成橡胶是线型结构或交联很少的网状结构的高分子。通常所说的天然橡胶，是从橡胶树上采集的天然胶乳，经过凝固、干燥等加工工序而制成的弹性固体。天然橡胶是顺-1,4-聚异戊二烯为主要成分的天然高分子化合物。图 8-25 显示天然橡胶及其分子结构。天然橡胶在常温下具有较高的弹性，稍有可塑性，具有非常好的机械强

图 8-23 石棉和云母制品

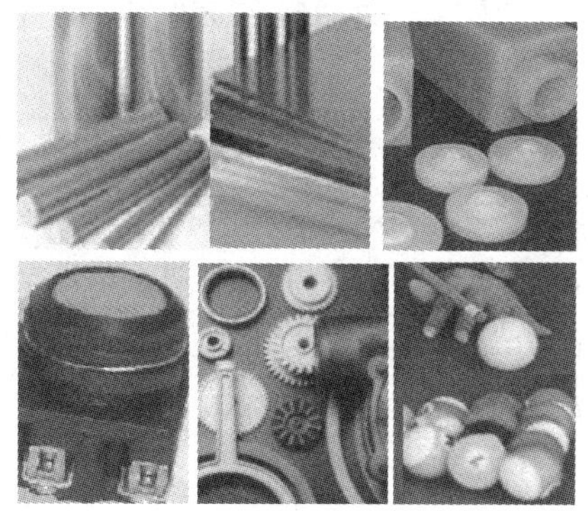

图 8-24 用酚醛树脂制造的用品

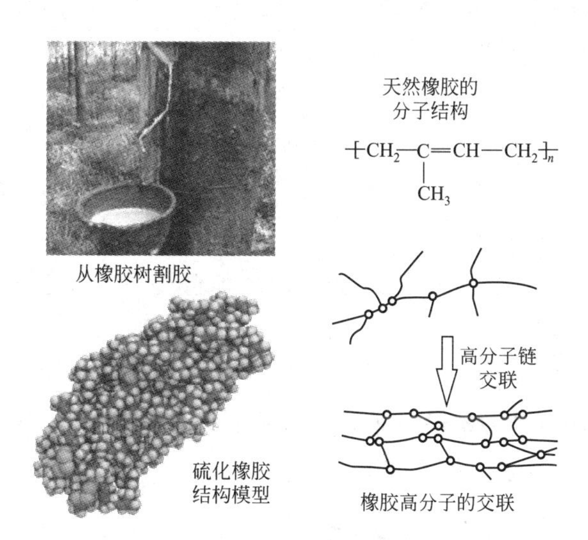

图 8-25 天然橡胶及其分子结构

度，电绝缘性能良好。天然橡胶高分子链是由异戊二烯加聚形成的聚异戊二烯。

橡胶加工过程中需要进行“硫化”。在橡胶中加入硫化剂和促进剂，在一定的温度、压力条件下，使线型大分子与交联剂发生化学反应，交联成为立体网状结构。过去天然橡胶用硫黄作交联剂进行交联，称为“硫化”。现在可以用多种非硫黄交联剂进行交联。硫化是橡胶加工中的最后一个工序，可以得到定型的具有实用价值的橡胶制品。在橡胶的网状结构中，硫黄有的参加交联，形成交联键，有的未参加交联。高分子含有碳-碳不饱和双键，容易受光、热、臭氧、辐射的影响，容易老化，因此需要在加工时添加防老剂。

（3）泡沫塑料和高吸水性树脂 在聚氯乙烯、乙烯、聚苯乙烯等树脂加工成型时，加入适当的发泡剂，得到的塑料制品内部会产生微孔结构，形成泡沫塑料。几乎所有的热固性和热塑性塑料都能制成泡沫塑料，如用于精密仪器、工艺品缓冲包装材料的聚氨酯泡沫塑料。

20 世纪 70 年代中期，科学家研发出多种高吸水性树脂。这类树脂的高分子链中有强亲水性基团，具有一定交联度和弹性。它不溶于水，也不溶于有机溶剂。和水接触，水能从聚合物的外部渗入聚合物内部，使聚合物膨胀。它可吸收数百倍至数千倍于自身质量的水，而且保水性强。用简单的物理方法，即使加压也不能把水挤出，等吸收的水完全蒸发掉后，还可吸水。和纸、棉、麻等天然纤维材料相比，它的吸水能力强得多。纸、棉、麻只能吸收自身质量 15～40 倍的水，而且保水能力差。因此高吸水性树脂广泛应用于医疗卫生、食品工业、建筑材料、环境保护、农业、林业、城市园林绿化。把高吸水性树脂放置在植物根部可以贮存水分，构成“微型水库”。它除了吸水，还能吸收肥料、农药，并缓慢地释放出来，可以大大提高肥效和药效。

经常使用于影视、舞台的布景，商场柜台装饰、圣诞节装饰中作为人造雪景的聚丙烯酸钠（图 8-26）就是高吸水性树脂的一种。它是无毒、无害、无污染的高聚物，呈白色细小颗粒状。吸水后外观与真的雪几乎没有区别。在 3g 聚丙烯酸钠粉末中加入 60mL 常温下的水，会看到白色蓬松的“雪”飞快地形成。这雪看起来洁白、晶莹，用手摸感觉凉凉的，温度

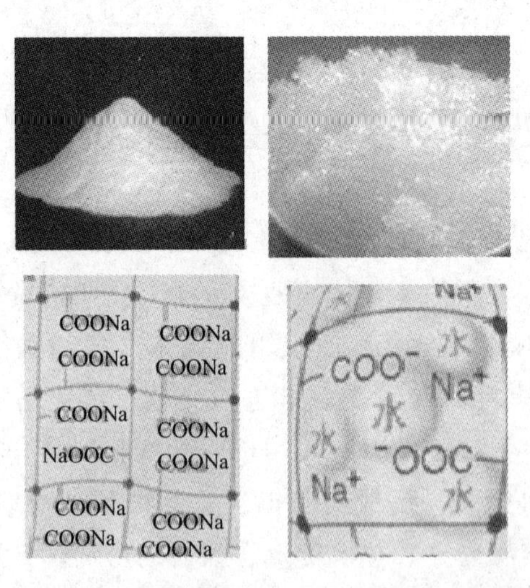

图 8-26 聚丙烯酸钠吸水前（左）后（右）的变化

升高不会融化。过一段时间，水分完全蒸发后，就能恢复到原来的粉末状，可再次使用。由于它具有很强的吸水能力，还可多次使用。

聚丙烯酸钠是用丙烯酸和氢氧化钠作用生成丙烯酸钠，丙烯酸钠再通过加聚反应得到的：

$$CH_2=CH-COOH+NaOH \longrightarrow CH_2=CH-COONa+H_2O$$

$$n(CH_2=CH-COONa) \longrightarrow \left[CH_2-CH(COONa) \right]_n$$

高分子分子链间有交联，形成网络结构，由于聚合物内部离子浓度较外部高，造成渗透压，使外部的水能渗透到高分子内部。

(4) 合成纤维 100多年前，纺织用的材料全部来自于天然物质，如棉、麻，蚕丝、羊毛等，要占用大量土地，消耗许多人力物力。随着化学科学的发展，发明了用天然的或合成的高分子化合物作原料，经过化学方法加工制得化学纤维的方法和工艺，纺织工业原料完全依赖农牧业的情况发生了变化。化学纤维分为人造纤维和合成纤维。

用某些天然高分子化合物或其衍生物作原料，经溶解后制成纺织溶液，然后纺制成的纤维，称为人造纤维。例如，用竹子、木材、甘蔗渣、棉籽绒等为原料制造的纤维，人造丝、人造棉和人造毛都是人造纤维。

用人工合成的具有适宜相对分子质量的可溶（或可熔）性的线型高分子化合物，经纺丝成形和后处理而制得的化学纤维称为合成纤维（图8-27）。合成纤维强度高、质轻、易洗快干、弹性好、不怕霉蛀，不同品种的合成纤维还具有各自的某些独特性能。合成纤维种类繁多，如常见的聚丙烯腈纤维（腈纶）、聚乙烯醇缩甲醛纤维（维尼纶）、聚酰胺纤维（尼龙）、聚对苯二甲酸乙二酯纤维（涤纶）等。

此外，还有具有殊性能的先进的合成纤维。例如芳族聚酰胺类纤维聚苯二甲酰苯二胺（芳纶）等。芳纶诞生于20世纪60年代末，最初作为宇宙开发材料和重要的战略物资而鲜为人知。“冷战”结束后，芳纶作为高技术含量的纤维材料大量用于民用领域，才逐渐为人所知。芳纶强度超高（是钢丝的5～6倍）、韧性高（是钢丝的2倍）、耐高温（在560℃下，不分解，不熔化）、耐酸耐碱、质量轻（质量仅为钢丝的1/5左右），具有良好的绝缘性和抗老化性能。图8-28显示用芳纶纤维制成的细绳可以作为汽车的吊绳。芳纶的发现，被认为是材料界一个非常重要的历史进程。芳纶中最具实用价值的一是分子链排列呈锯齿状的间位芳纶纤维（芳纶1313）；另一是分子链排列呈直线状的对位芳纶纤维（芳纶1414）。对位

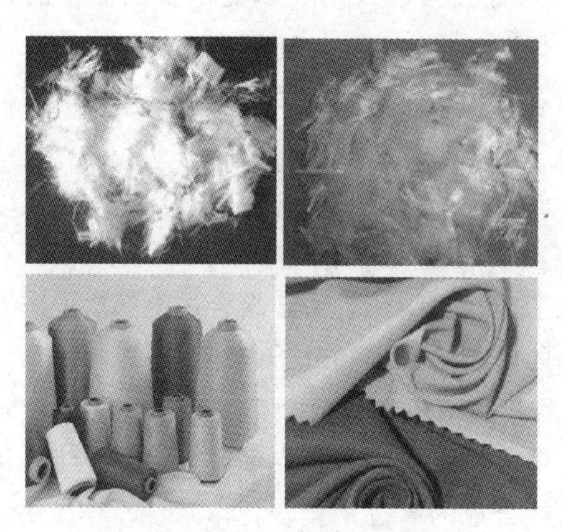

图 8-27 合成纤维及其制品（纱线和布料）

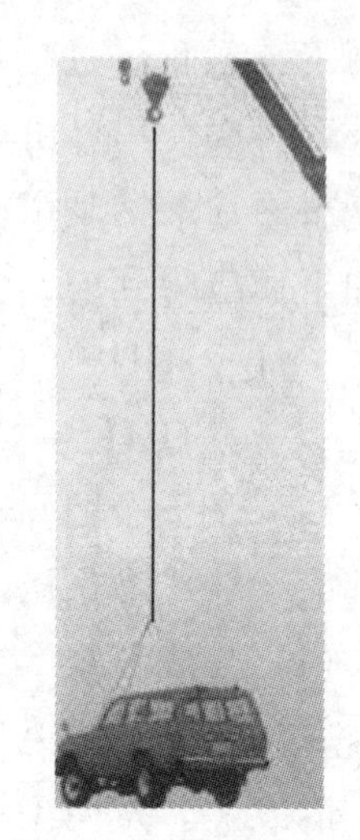

图 8-28 芳纶的强度

芳纶纤维是重要的国防军工材料，可用以制造芳纶防弹衣、头盔。芳纶现已作为一种高技术含量的纤维材料被广泛应用于航天航空、机电、建筑、汽车、体育用品等国民经济的各个领域，如制造高强绳索、轮胎的帘线。

9 物质的分离、提纯与创造

学习、研究化学科学的目的是合理地开发利用物质资源，保护人类赖以生存的自然环境。化学科学能指导我们从自然界中提取、分离出我们需要的物质，利用自然界中的物质制造或创造我们需要的而自然界没有的新物质。

9.1 物质的分离和提纯

自然界中的各种物质大都是分散并彼此混合在一起的。例如，空气中的氧气是和氮气、二氧化碳气体、水蒸气、稀有气体以及各种尘埃混杂在一起的。自然界中的水，包括雨水、地下水、泉水、海水、江河中的水，其中都夹杂着悬浮在水中的各种固体物质、微生物。泥沙、土壤、矿物，全是含有各种成分的混合物。我们用人工的方法制造出来的物质也往往含有一些其他的物质成分。在生产、生活中，尤其在高科技产业和科研领域，我们经常需要一些不含有某些特定杂质的比较纯净的物质，或不含其他任何杂质的纯物质。因此，需要对天然存在的物质进行分离、提纯。例如，半导体器件制造过程中要用到超纯水，需要经过严格的提纯。白色颜料钛白粉［二氧化钛（TiO_2）］若混有铁杂质，用作颜料或化妆品填料会泛黄。基本不含铁的一级品钛白粉与含有少量铁的二级品钛白粉价格相差很大。在工业生产上要使用简便而有效的方法除去钛白粉中的铁很不容易，一直以来都是颜料厂科技人员的攻关项目。再如，要从中草药中分离提取出有效成分，提高药效，或为研究人工合成做准备，也需要寻找适当的分离、提纯方法。我国科学家屠呦呦在研究从青蒿里提取青蒿素的过程中，从古代中医药文献《肘后备急方·治寒热诸疟方》受到启发，于1971年发明了用乙醚在60℃的低温下萃取从青蒿中提取青蒿素的方法，随后又分析确定了青蒿素的结构，使青蒿素能进行人工合成并能大量生产，为全球抗疟疾治疗做出了巨大贡献，挽救了数百万人的生命。因此屠呦呦教授于2015年获得诺贝尔生理学或医学奖。

在化学工业、食品与制药工业领域通过人工方法制造的物质，也往往是混合物或含有杂质，需要进行分离或提纯。例如，制造半导体器件、太阳能电池的单晶硅，是纯度达到99.9999%（甚至99.9999999%以上）的具有基本完整的点阵结构的硅（Si）晶体，它是用天然存在的二氧化硅制造的单质硅，经过严格的提纯得到的。制造原子弹或作为核能发电燃料的铀（U），是天然铀矿中含量很少的^{235}U的化合物中提炼出来的，期间经过十分复杂的提取、分离和提纯过程，才能从200t铀矿石分离出1kg核武器级的^{235}U。

人们怎样设计、选择物质分离的方法呢？

你用过带过滤网的茶杯吗？过滤网轻易地把茶叶和茶水分开，不会让我们把茶叶“喝”到嘴里。过滤网用过滤的方法把茶叶和茶水分离。许多不溶于水（或其他液体）的固体可以用适当大小筛眼的滤网（或滤布、滤纸），通过过滤的方法把它们和水（液体）分离。再如，要把咸米汤中的盐从米汤中分离，用过滤的方法不行，需要用半透膜进行渗析：把咸米汤装入用半透膜制成的口袋，扎好袋口，悬浸在蒸馏水中。米汤中食盐的钠离子、氯离子可以通过半透膜进入水中，米汤中的淀粉却仍然留在袋里。因为溶解在水中的淀粉分子直径比离子大，和胶体颗粒有相同数量级，半透膜不能让胶体颗粒通过，可以让离子通过。

要把盐开水或者糖水中的盐、糖和水分开，无论用滤网、滤布过滤，还是用半透膜渗析都办不到。只有用熬煮的方法，加热盐水、糖水，让水分蒸发、气化，留下盐、糖结晶析出。

如果想把酒精溶液中的酒精和水分开，酒精分子和水分子一样都能通过滤网（滤纸、滤布）、半透膜，用过滤、渗析的方法办不到，酒精和水都容易气化，蒸发结晶的方法更不行，得另找方法。例如，利用乙醇和水沸点不同（常压下分别是78℃、100℃），用特殊的蒸馏装置，加热酒精溶液，收集在78℃下的馏分（该温度下蒸气冷凝得到的液体），可以得到含乙醇95%的酒精。如果要得到无水酒精（乙醇含量在99.5%或以上）还要做进一步的分离。

如果要把溶解在水中的溴单质分离出来，可以使用有机溶剂四氯化碳，用分液漏斗进行萃取、分液操作。溴在四氯化碳中的溶解度比在水中更大，四氯化碳和水不会混溶，在四氯化碳中注入溴水，四氯化碳和溴水分成两层，溴水在上层，振荡后，溴从水中被四氯化碳萃取，进入四氯化碳层，只要四氯化碳足够多，溴水中的溴几乎都被萃取到四氯化碳层，上层的溴水变得几乎无色，四氯化碳溶解了溴呈现紫红色，可以从分液漏斗下口分出溴的四氯化碳溶液。

用盐酸和锌粒制取的氢气含有少量氯化氢气体，要把它除去，可以进行洗气操作。用简易的洗气瓶，装入氢氧化钠溶液，让不纯的氢气通入氢氧化钠溶液，氯化氢气体和氢氧化钠反应被吸收，从出气管口可以收集到除去了氯化氢杂质的氢气。

分离混合物的方法非常多，上面提到的仅仅是几种常见的物理方法（物理方法指分离和提纯过程中不涉及化学反应）。图9-1是一些分离的基本方法的示意图。

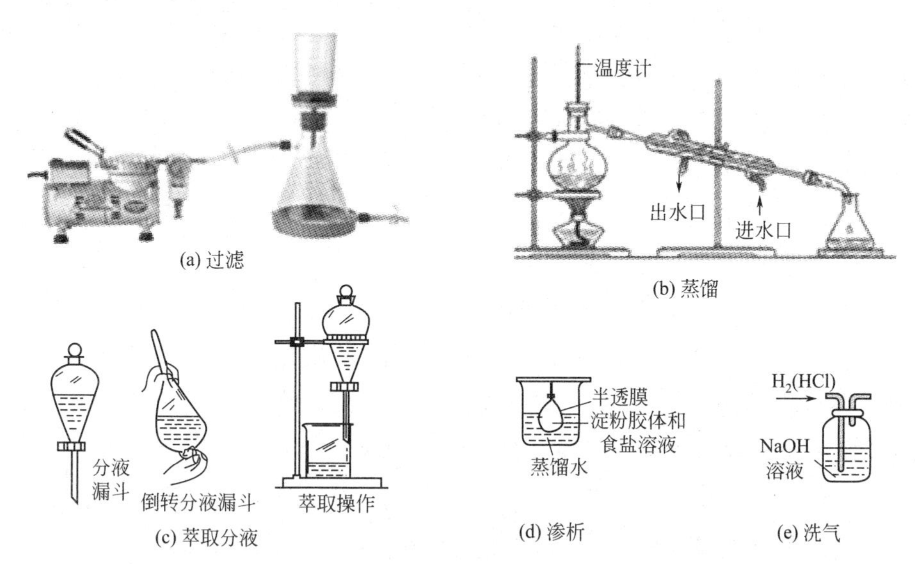

(a) 过滤

(b) 蒸馏

(c) 萃取分液

(d) 渗析

(e) 洗气

图9-1 物质分离的一些基本操作方法

如果遇到混合物中各种成分比较复杂，分离的要求不能一步达到，要用包括化学方法的更复杂的方法，或者经过较多程序和步骤的方法。比如，要用粗食盐作化工原料，通过电解方法制造烧碱（氢氧化钠），要把粗盐中混有的少量泥沙、镁离子、钙离子、硫酸根离子等杂质除去。要先把粗盐用水溶解，用过滤方法除去不溶解的泥沙等固体杂质，然后用化学方法把食盐水中的镁离子、钙离子、硫酸根离子转化为不溶解的氢氧化镁、碳酸钙、硫酸钡沉淀，过滤除去。为了不增加新的杂质，还要除去为沉淀镁离子、钙离子、硫酸根加入的过量的化学试剂。总之，使混合物分离，要依据混合物中各成分的性质差异，采取适当的方法。物质分离提纯的方法随着科学技术和生产发展，也在不断地完善，以更简便的方法获得更高纯度的物质。

9.2 从空气分离氧气和氮气

空气的主要成分是氮气和氧气，体积百分比分别为78%、21%。氮气主要用于合成氨、金属热处理的保护气氛，化工生产中的惰性保护气(开停车时吹扫管线、易氧化物质的氮封、压料)，还应用于粮食贮存、水果保鲜和电子工业等。氧气主要用于冶金、助燃气、医疗、废水处理，可以作为化学工业中的氧化剂等。空气是氮气和氧气的主要来源，研究如何廉价地从空气中分离出氧气和氮气是化学工作者研究的一个重要课题。

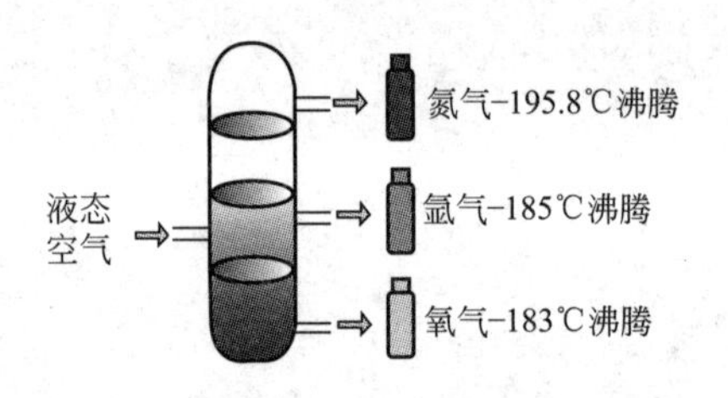

图 9-2 液态空气的深冷分离

工业上分离空气的传统方法是深冷分离法（图 9-2)。氧气的沸点（−183℃）比氮气沸点（−195.8℃）高。将空气在高压、低温下液化，而后把温度控制在高于−195.8℃、低于−183℃的范围内，就可以使液态氮气化，留下液态氧气。但是，这种方法存在消耗能量大、设备维护要求高等缺点。近十几年来，出现了变压吸附法和膜分离法等新兴的分离方法。

变压吸附法是吸附分离混合物方法的一种。像木炭、活性炭、沸石、碳分子筛这样的固体物质，都具有许多微孔隙（孔径大小在0.3～1nm，一般为0.28～0.38nm)。这些孔隙能吸附气体或液体，被吸附的气体、液体分子进入孔隙中，在一定条件下，又能从孔隙中释放出来（脱附)。一种多孔固体物质对不同物质的吸附能力不同，表现出选择吸附的特性。物

质被固体吸附剂吸附一般经过两个过程，一是分子扩散到达固体表面，二是吸附剂表面和被吸附的物质分子间产生某种作用，使被吸附的物质吸附于固体表面。不同的气体或液体分子的扩散速率不同，与固体表面的作用情况不同，因此多孔固体物质在吸附能力上存在明显差异。利用某种多孔固体物质对混合物中不同物质的选择性吸附，可以达到分离和净化混合物的目的。吸附分离过程包括吸附与解吸（脱附）两个过程。通过调节压强（加压吸附，减压解吸）完成吸附与解吸的操作循环称为变压吸附；通过调节温度（降温吸附，升温解吸）完成操作循环称为变温吸附。

运用变压吸附法分离空气中的氧气和氮气，常用的吸附剂有两种：一种是碳分子筛；另一种是5A沸石分子筛。吸附法分离空气可以得到富氧空气和99.9%的纯氮气，耗电量小。

碳分子筛（图9-3）吸附分离空气中的N_2和O_2就是基于两者在扩散速率上的差异。因为N_2和O_2的物理性质相近，分子直径又十分接近（O_2为0.28nm，N_2为0.3nm），它们与碳分子筛表面的结合力差异不大，因此，碳分子筛对N_2和O_2的吸附没有多大的选择性。但是，N_2和O_2在碳分子筛微孔内的扩散速度存在明显差异。例如，在35℃时，O_2的扩散速度比N_2快30倍。当空气与碳分子筛接触时，O_2将优先吸附于碳分子筛而从空气中分离出来，使得空气中的N_2得以提纯。在压强较大的情况下，空气通过碳分子筛，O_2被吸附，余下N_2作为产品。控制一定的吸附时间，停止通入空气，抽真空降低压强，使被吸附的氧气解吸、脱附，碳分子筛也得以再生。

5A分子筛是钠和钙的硅铝酸盐（$3/4CaO \cdot 1/4Na_2O \cdot Al_2O_3 \cdot 2SiO_2 \cdot 9/2H_2O$），有效孔径约0.5nm，可吸附小于该孔径的任何分子。5A沸石分子筛对氮气的吸附量大于对氧气的吸附量。当空气通过沸石层时，氮气被吸附，流出氧气作为产品。当沸石吸附氮气饱和后，停止通入空气，抽真空，就可以抽出吸附的氮气。

膜分离法（图9-4）是利用渗透原理设计的分离方法。两种或两种以上的气体混合物通过高分子膜时，由于各种气体在膜中的溶解和扩散能力不同，使得各种气体在膜中的相对渗透速率有差异。当高分子膜两侧压力不同时，渗透速率相对较快的（如水蒸气、氢气、二氧化碳和氧气）优先透过膜而被富集；而渗透速率相对较慢的气体（如甲烷、氮气和一氧化碳）则在膜的滞留侧被富集，从而达到混合气体分离的目的。当空气通过

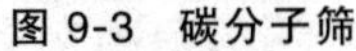

图 9-3 碳分子筛

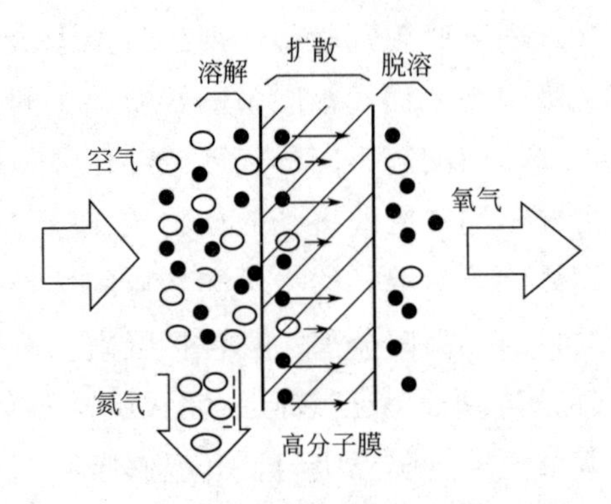

图 9-4 膜分离法示意图

高分子膜时，氧气分子的体积小于氮气分子，它在高分子膜内的扩散速率大于氮气，在另一侧就可以得到富氧空气（含氧气 30%～40%）。而氮气在滞留侧富集，浓度可达 95%～99%。

9.3 从海水中提取丰富的化学资源

海水中蕴含着丰富的化学资源，许多元素化合物溶解在海水中。可以从海水中提取钠、溴、镁等元素的化合物，以这些化合物为原料可以制得各种化工产品。海水化学资源的利用主要包括海水淡化、海水中化学元素的提取和利用。

9.3.1 海水淡化

16 世纪时，英国女王伊丽莎白颁布了一道命令：谁能发明一种价格低廉的方法，把苦涩腥咸的海水淡化成可供人类饮用的淡水，谁就可以得到 10000 英镑的奖金。从那时到现在，海水淡化的研究逐渐兴起。现代意义上的海水淡化是在第二次世界大战以后才发展起来的。海水淡化技术的大规模发展与工业应用，至今已有半个多世纪的历史，形成了以多级闪蒸、反渗透和多效蒸发为主要代表的工业技术，对当今世界沿海国家解决淡水短缺、促进经济社会可持续发展具有重要意义。据统计，海水淡化已遍及全世界 125 个国家和地区，淡化水大约养活世界 5%的人口。海水淡化，事实上已经成为世界许多国家解决缺水问题普遍采用的一种战略，其

有效性和可靠性已经得到越来越广泛的认同。以下简单介绍蒸馏法（多效蒸馏）、膜法（反渗透法）两种工艺方法。

我们知道，海水在常压下加热到100℃以上，水就会转化为水蒸气。水蒸气中蕴含着大量热，可以利用得到的热水蒸气加热新的一批海水，使其中的水蒸发……依次循环，可以使水蒸发所消耗的热能得到充分再利用，降低能耗。

用反渗透法淡化海水，要利用半透膜。普通纸张、纱布存在细小孔隙，盐水、糖水、米汤或豆浆都可以透过，大的颗粒如豆腐渣不能通过。因此可以用滤纸、纱布过滤磨好的豆浆，把豆浆和豆腐渣分开。半透膜的孔隙很小，比离子和小分子大，比生物大分子（如蛋白质和淀粉分子）小。它只允许水和某些微小的微粒如离子（半径小于1nm）通过，而生物大分子、胶体颗粒（直径大于1nm，小于100nm）和浊液中的固体颗粒都不能通过。蛋壳里层的膜就是一种半透膜，盐水中的钠离子、氯离子可以从蛋壳外渗透到蛋白中，而蛋白中的蛋白质分子不能渗透到蛋壳外。细胞膜、膀胱膜、羊皮纸以及人工制的胶棉薄膜等都是半透膜，不同类型的半透膜的孔径是不同的。

反渗透淡化海水使用的半透膜是用高分子材料经过特殊工艺制成的，它只允许水分子透过，而不允许溶质离子通过。在通常情况下，用这种半透膜隔离开海水和淡水，淡水会通过半透膜扩散到海水一侧，海水一侧的液面会逐渐升高，直至一定的高度才停止，这一过程称为渗透，海水一侧高出的水柱产生的压强称为渗透压。如果对海水一侧施加一个大于海水渗透压的外压，那么海水中的纯水将反向渗透到淡水中，从而使海水淡化。而海水中溶解的无机盐、重金属离子、有机物、菌体、胶体等物质都无法通过半透膜，只能留在浓缩的海水中。反渗透法的能耗仅为蒸馏法的1/40。

9.3.2 海水化学资源的提取

海洋是地球上最大的矿产资源库。地球上已发现的化学元素，海水中就含有92种。海水化学资源的利用就是从海水中提取各种化学元素及深加工利用的统称，主要包括海水制盐、海水提钾、海水提溴、海水提镁等。目前，全世界每年从海洋中提取淡水20多亿吨、食盐5000万吨、镁及氧化镁 260 多万吨、溴 20 万吨，总产值达 6 亿多美元。

海水淡化后的浓盐水中各种化学资源的浓度可以达到原海水中的 2 倍，用这种浓盐水制取食盐、提溴、提钾，可大幅度降低能耗，提高收率。近年来，我国已在山东、河北、天津等地建设了大规模的浓海水化学资源提取工程，我国海盐产量连续 10 年居世界第一位。我国先后开发、实现了海水（卤水）提钾，空气吹出法、水蒸气蒸馏法和气态膜法提溴，轻烧白云石浓海水法提镁，一步法制取氯化溴以及无机功能材料硼酸镁晶须制备等技术。

(1) 从海水中提取镁 海水成分中镁元素的含量仅次于氯和钠，位居第三。从海水中提取氯化镁，加工成镁砂（氧化镁），可以冶炼得到金属镁。金属镁密度小、强度高。镁的合金可用来制造飞机、舰艇。镁和锂的合金密度很小，耐热，广泛应用于火箭、导弹、飞机、汽车、精密机器的制造。炼钢也需使用优质的镁砂（杂质含量要求在 2%～4%以下），必须从海水中提取。

目前，从海水中提取镁的过程和产品可用图 9-5 简单表示。主要的生产步骤是：

① 将贝壳煅烧后制成石灰乳：

$$CaCO_3 \xlongequal{\text{高温}} CaO + CO_2\uparrow \qquad CaO + H_2O = Ca(OH)_2$$

② 在引入的海水中加入石灰乳，使海水中镁离子转化为 $Mg(OH)_2$ 沉淀，经过沉降、过滤、洗涤，得到氢氧化镁：

$$MgCl_2 + Ca(OH)_2 = Mg(OH)_2\downarrow + CaCl_2$$

③ 将氢氧化镁固体与盐酸反应，得到的氯化镁溶液经浓缩结晶、过滤、干燥得氯化镁的结晶水合物 $MgCl_2 \cdot 6H_2O$。

④ 氯化镁结晶水合物在氯化氢的气流中加热失去结晶水，得到无水氯化镁：

$$MgCl_2 \cdot 6H_2O \xlongequal[\text{加热}]{HCl} MgCl_2 + 6H_2O$$

⑤ 电解熔融的 $MgCl_2$ 得到金属镁和氯气。

要使+2 价的镁离子得到电子而还原成单质镁，是比较困难的。如果用类似炼铁的方法冶炼镁，需要很高的温度。例如在 2000℃下用焦炭还原氧化镁，才能制得单质镁，而且得到的镁常含有较多的杂质。

工业上常用电解法使镁离子在阴极得到电子，还原成单质镁。用电解

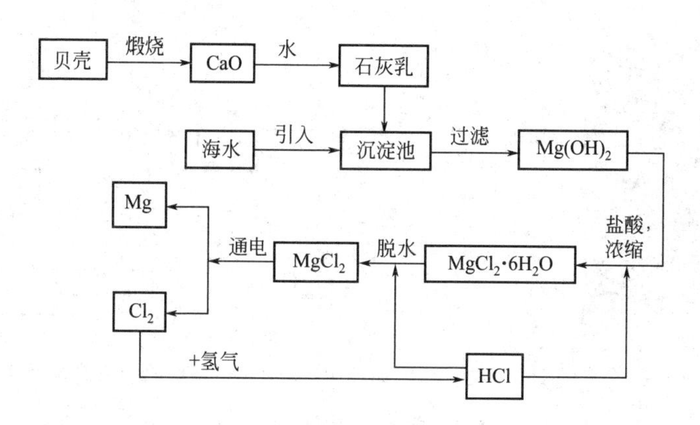

图 9-5 从海水中提取镁的简单生产流程

的方法冶炼镁，先要获得含有镁离子的熔融液。在镁的化合物中，氧化镁的熔点太高（2800℃），而氯化镁的熔点要低得多（714℃），所以人们选择氯化镁作为电解制取镁的原料，在熔融的氯化镁中有能自由移动的镁离子。通入直流电后，氯离子向阳极移动，在阳极上失去电子，氧化成氯原子，两个氯原子结合成 1 个氯分子；镁离子向阴极移动，在阴极上得到电子，还原成单质镁。两个电极上发生的反应是：

阳极：$2Cl^- - 2e^- = Cl_2\uparrow$

阴极：$Mg^{2+} + 2e^- = Mg$

总的电解反应方程式表示如下：

$$MgCl_2(\text{熔融}) \xlongequal{\text{通电}} Mg + Cl_2\uparrow$$

为防止生成的镁在高温下被空气中的氧气氧化，电解需要在特殊的真空环境下进行。

(2) 从海水中提取溴 溴（图 9-6）是一种红棕色液体，极易挥发，气味难闻，有刺激性，有很强的腐蚀性和毒性。它是制造某些药剂、染料和溴化银等物质的重要原料。从海水中提取溴的主要工艺流程如图 9-7 所示：

① 用蒸馏法将海水浓缩，用硫酸将浓缩的海水酸化。

② 向酸化的海水中通入适量的氯气，使海水中 Br^- 转化为 Br_2：

$$2NaBr + Cl_2 = Br_2 + 2NaCl$$

③ 向含溴单质的水溶液中通入空气和水蒸气，将溴单质吹入盛有二氧化硫溶液的吸收塔内，用二氧化硫吸收 Br_2，生成氢溴酸（HBr 的水溶液）：

$$Br_2 + SO_2 + 2H_2O = 2HBr + H_2SO_4$$

图 9-6　溴单质

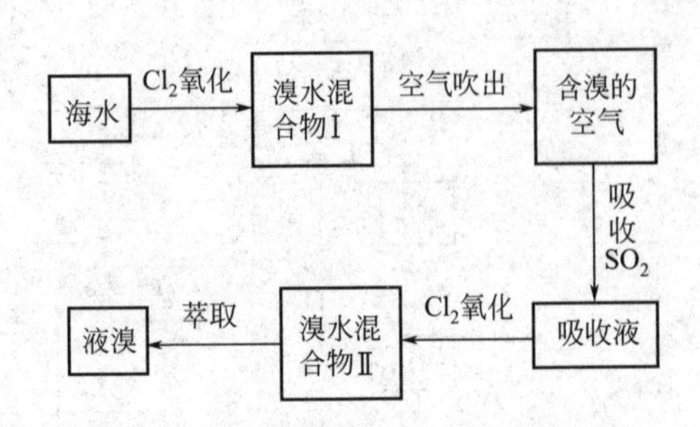

图 9-7　从海水中提取溴的主要工艺流程

④ 再向吸收塔内的溶液中通入适量的氯气，把氢溴酸氧化生成溴单质：

$$2HBr + Cl_2 = 2HCl + Br_2$$

⑤ 用有机溶剂四氯化碳（或苯）萃取塔内溶液中的溴单质，得到溴的四氯化碳溶液。

⑥ 从溴的四氯化碳溶液中提取出液态的溴单质。

(3) 从海藻（如海带）**中提取碘**　海带等许多海藻类中富含碘，从海带等海藻可以提取出单质碘。单质碘是紫黑色晶体，溶解于酒精可以制得消毒用的药剂——碘酊（图 9-8）。

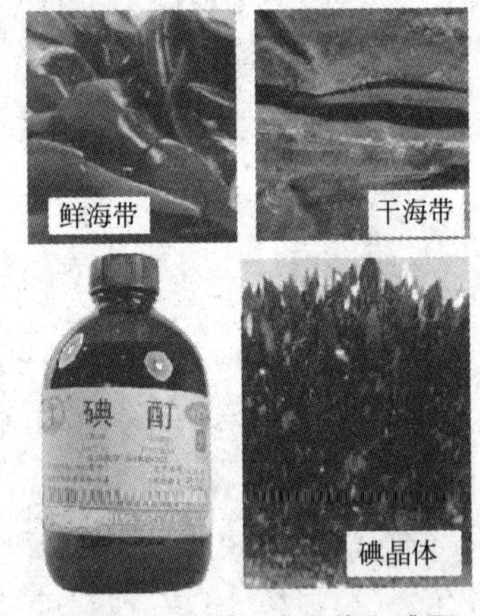

图 9-8　海带、碘晶体和碘酊

用海带质量 13～15 倍的水浸泡海带，使海带中的 I^- 及其他可溶性有机质（如褐藻糖胶等）浸出，浸出液中 I^- 含量可以达到 0.5～0.55g/L。由于海带浸出液中褐藻糖胶会妨碍碘的提取，一般在浸出液中加入碱液，使它转化为褐藻酸钠絮状沉淀，沉降下来，过滤分离出的褐藻酸钠可以作为其他工业原料。分离净化后的浸出液，在酸性条件下加入适量氧化剂氯气［或次氯酸钠（NaClO）、双氧水（H_2O_2）］，使 I^- 氧化成 I_2，并和未氧化的 I^- 生成 I_3^- 或 I_5^-：

$$2I^- + ClO^- + 2H^+ = I_2 + Cl^- + H_2O$$

或

$$2I^- + 2H^+ + H_2O_2 = I_2 + 2H_2O$$

$$I_2 + I^- = I_3^-$$

把得到的溶液慢慢通过装有强碱性阴离子交换树脂的交换柱，I_3^- 或 I_5^- 被交换树脂交换吸附：

$$R—Cl+I_3^- \longequal R—I_3+Cl^-$$

树脂吸附碘达到饱和后，先后用氢氧化钠溶液及氯化钠溶液处理树脂，吸附的碘可以洗脱。氢氧化钠溶液洗脱碘，发生下列反应，得到 I^- 和 IO_3^-：

$$3R—I_3+6NaOH = 3R—I+5NaI+NaIO_3+3H_2O$$

氯化钠溶液洗脱碘则是发生了如下的交换反应：

$$R—I+NaCl = R—Cl+NaI$$

I^- 进入洗脱液中，树脂同时得到再生。

往碱性洗脱液中加酸，溶液酸化，发生逆歧化反应而析出泥状粗碘：

$$5NaI+NaIO_3+3H_2SO_4 = 3I_2+3Na_2SO_4+3H_2O$$

氯化钠洗脱液经酸化后再加氧化剂，如 $KClO_3$ 或 $NaNO_2$ 溶液，也能使 I^- 氧化生成 I_2。$NaNO_2$ 使 I^- 氧化生成 I_2 的离子方程式如下：

$$2I^-+2NO_2^-+4H^+ = I_2+2NO+2H_2O$$

最后，通过离心分离即获得泥状粗碘。粗碘用浓硫酸精制，检验得到产品。

9.4 怎么从石油得到各种燃油

石油是地壳中蕴藏的最重要的化石燃料之一。它是组成复杂的液态混合物，其中含有超过 8000 种不同的碳氢化合物及少量硫化合物。石油中的碳氢混合物，相对分子质量不同，沸点高低不同。相对分子质量越大，沸点越高。

加热石油，石油中不同的成分将在不同的温度范围下气化，先后冷凝在不同温度范围形成的蒸气，就可以把石油中沸点不同的成分分离开来，制成适合各种不同用途的石油产品。这种方法就是人们常说的分馏。

石油分馏在分馏塔中进行（图 9-9）。把石油加热到 400～500℃，石油中各种成分先后气化变成蒸气从分馏塔底层进入分馏塔。石油蒸气在分馏塔中从底层往上层流动，上升途中逐步冷却，沸点高的先液化，凝结成

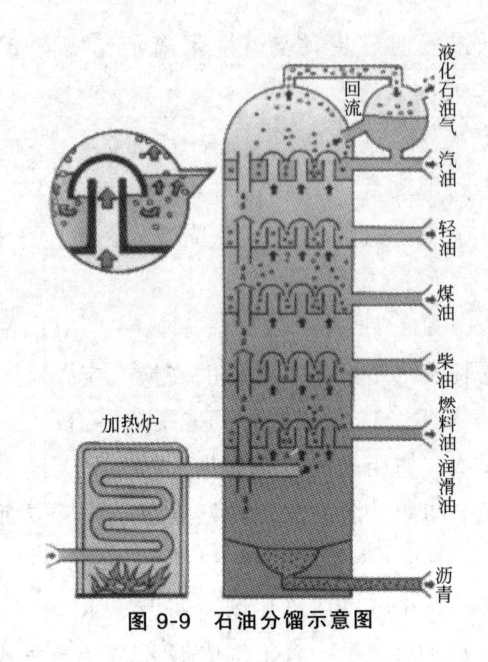

图 9-9 石油分馏示意图

液体馏分，沸点较低的气态馏分慢慢地在塔内上升，在塔的较高层凝结。从分馏塔不同部位得到的馏分，形成了沸点高低不同的燃油，如石蜡、润滑油、柴油、煤油、轻油、液化石油气。在塔底留下的黏滞残余物为沥青及重油。

液化石油气主要成分为丙烷、丁烷、丙烯、乙烯等，可作为溶剂、化工原料和燃料。沸点高于汽油而低于煤油的部分称为轻油，经处理后可作为汽油及航空燃料油使用，也是重要的石油化工原料。重油再加工处理后可生产润滑油、汽油、液化石油气及丙烯等产品。

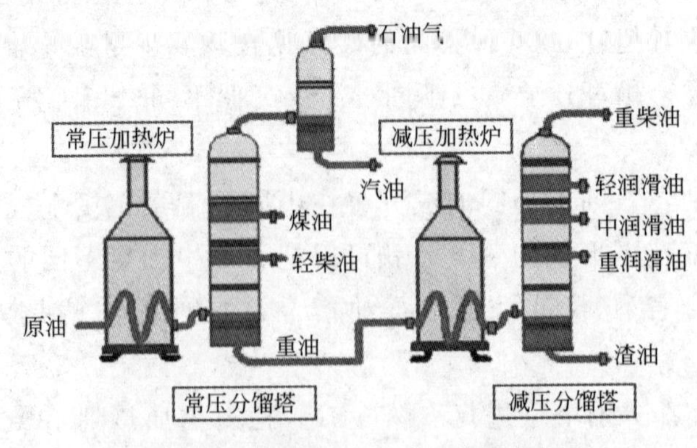

图 9-10 石油的常压与减压分馏示意图

分馏过程可以在常压下进行，也可以在较低压力下进行（减压分馏）

(图 9-10)。用石油分馏产品作原料，采用比裂化更高的温度（700～800℃，有时甚至高达 1000℃以上），进行裂化、裂解等化学加工，可以得到各种石油加工产品。石油裂解的化学过程是比较复杂的，生成的裂解气是一种复杂的混合气体，把裂解产物进行分离，就可以得到所需的多种原料，这些原料在合成纤维工业、塑料工业、橡胶工业等方面得到了广泛应用。裂解气里烯烃含量比较高，因此，常把乙烯的产量作为衡量一个国家石油化工发展水平的重要标志之一。

9.5 怎样把石英砂变成单晶硅

硅元素在地壳中含量达到 25.8%，是地球上储藏最丰富的材料之一，19 世纪科学家发现了晶体硅的半导体特性。

硅是一种比较活泼的非金属元素。纯度达到 99.9999%（甚至 99.9999999%以上）的，具有基本完整的点阵结构的单质硅晶体，称为单晶硅，单晶硅有显著的半导电性。在超纯单晶硅中掺入微量的硼等ⅢA 族元素，可形成 p 型硅半导体；掺入微量的磷或砷等ⅤA 族元素，可形成 n 型硅半导体。硅半导体材料，可用于生产二极管级、整流器件级、电路级以及太阳能电池级等单晶产品，经过深加工，可用于集成电路和半导体器件的制造。这些产品广泛应用于各个领域，在军事电子设备中也占有重要地位。

自然界硅元素多呈氧化物（二氧化硅）或硅酸盐状态，不存在单质硅。单晶硅的提炼要经过以下过程：原料石英砂⟶制成冶金级硅⟶进行提纯和精炼⟶形成沉积多晶硅锭⟶拉制单晶硅⟶切割成单晶硅片（图 9-11）。

从石英砂制得多晶硅或无定形硅的方法是在电弧炉中用碳来还原石英砂。得到的硅单质纯度约 98%～99%。还原过程发生的化学反应是：

$$SiO_2 + 2C \xlongequal{\text{高温}} Si + 2CO\uparrow$$

然后要把它提纯精炼形成达到一定纯度的多晶硅锭。例如，采用三氯氢硅还原法：先把得到的工业硅粉碎，用无水氯化氢（HCl）和它作用，生成含有三氯氢硅（$SiHCl_3$）的气态混合物（还含氢气、氯化氢、四氯化

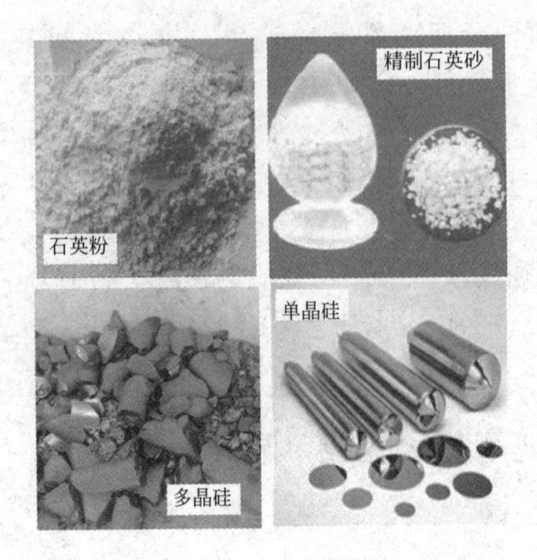

图 9-11 单晶硅及其制造的原料

硅、硅）：

$$Si+3HCl \xlongequal{300℃} SiHCl_3+H_2\uparrow$$

再把得到的气态混合物进一步提纯，得到高纯度的三氯氢硅。而后在 H_2 气氛中高温还原三氯氢硅，沉积而生成多晶硅锭：

$$SiHCl_3+H_2 \xlongequal{高温} Si+3HCl$$

三氯氢硅还原法技术难度大，现阶段我国在提炼过程中70%以上的多晶硅都损失掉了，提炼成本高，环境污染非常严重。

多晶硅锭是硅产品产业链中的一个极为重要的中间产品，是拉制单晶硅的原料。以多晶硅（或无定形硅）制成单晶硅，工艺要求高，十分复杂。这一过程要经过一系列的物理化学反应。拉制单晶硅棒，先要将多晶硅以及要掺入的杂质放入石英坩埚内，石英坩埚置于特制的炉内，关闭炉，抽成真空后充入高纯氩气，维持一定压力范围，然后打开石墨加热器电源，把原料加热至多晶硅原料熔化温度（1420℃）以上，将原料熔化。当硅熔体的温度稳定之后，将晶种（籽晶）慢慢浸入硅熔体中，严格控制一定的操作程序，使籽晶长大形成晶棒，再提升至炉室上部冷却一段时间后取出，切割成单晶硅片。硅片经过成形、抛磨、清洗等工序，制成待加工的原料硅片。直径越大的圆片，所能刻制的集成电路越多，芯片的成本也就越低。大尺寸晶片对材料和技术的要求也更高。

9.6 铝土矿的提纯

随着现代工业的发展，金属铝和铝合金广泛应用于航空航天、军事工业、民用工业，铝工业得到了迅猛发展，铝成为仅次于铁的第二重要金属。

铝是用氧化铝电解制造的，氧化铝是从铝土矿分离提取的。工业上能利用的铝土矿是三水铝石、一水软铝石或一水硬铝石（图 9-12），主要成分分别是 $Al_2O_3 \cdot 3H_2O$、$Al_2O_3 \cdot H_2O$。铝土矿一般含氧化铝（Al_2O_3）50%～70%，还含有 Fe_2O_3、SiO_2、CaO、MgO、TiO_2 等。

图 9-12　铝土矿标本

从铝土矿提取分离出的氧化铝，不仅可用于生产金属铝，还可用于制作耐火材料、研磨材料，或作为硫酸铝、氯化铝等化学制品及高铝水泥的原料。

从铝矿石生产氧化铝，首先要把矿石粉碎，用浮选药剂进行分级浮选，使精矿的 Al_2O_3 含量提高到 70%以上，氧化铁等含量降低，再用精矿来提取氧化铝。1894 年世界上已经有了从铝土矿生产氧化铝的工业生产方法（碱法）。碱法生产氧化铝是用碱（氢氧化钠或碳酸钠）处理铝土矿，使矿石中的氧化铝转变为偏铝酸钠（$NaAlO_2$）溶液，铁、钛等杂质和绝大部分的硅则成为不溶解的化合物进入残渣（赤泥）：

$$Al_2O_3 \cdot 3H_2O + 2NaOH = 2NaAlO_2 + 4H_2O$$

将残渣与溶液分离，从净化后的偏铝酸钠溶液中分解析出氢氧化铝沉淀：

$$NaAlO_2 + CO_2 + 2H_2O = Al(OH)_3 \downarrow + NaHCO_3$$

氢氧化铝沉淀与母液分离、洗涤后焙烧，便得到氧化铝产品：

$$2Al(OH)_3 \xlongequal{加热} Al_2O_3 + 3H_2O$$

分离得到的母液含有碱，在生产中可循环使用。

9.7 物质的制取和创造

自然界中虽然存在许多物质，但是我们生产、生活中需要的许多物质自然界中并不存在，需要用化学方法来制取、创造。

在人类历史的发展过程中，化学科学的发展往往成为人类文明进步的先导。例如，有了金属冶炼方法的发展，才有了历史上的青铜器时代和铁器时代；有了钢铁、混凝土、玻璃、各种合金材料的发明、生产，才有今天的摩天大楼和现代交通网络；发现从煤和石油可以制得廉价的燃油，人们的出行才会这么方便快捷；掌握了从煤和石油制取石油、煤化工产品，进而制得各种有机化合物的工艺之后，才有合成树脂、合成纤维等合成材料的问世，大大提高了人们的生活质量，促进了社会生产的发展；有了从木材纤维制造纸张的工艺，纸张的制造才有了一个大的飞跃；20 世纪 50 年代后，随着化学科学的发展，材料科学、材料加工技术的发展，促使一批革命性的新材料涌现，如：现代陶瓷、复合材料、光导纤维、液晶材料、导电塑料、单晶硅、合成钻石、记忆合金、碳纤维、纳米材料……

目前，已经发现和制取出来的物质多达数千万种，其中大部分是用化学方法制取的。化学是创造物质的科学，在化学科学的引导下，新物质的创造，将人类文明带到了一个又一个新的阶段。

9.7.1 “工业味精”——稀土金属的冶炼

元素周期表中的 17 种稀土元素，都是金属元素，它们的单质即稀土金属。随着科学技术的发展，人们发现许多稀土元素及其化合物，具有各种宝贵的特殊性能，是高新技术工业的重要原料，作为添加剂添加到其他金属或者陶瓷材料中，能赋予材料许多特性，被誉为“工业味精”“新材料之母”，是重要的战略资源。

稀土金属元素在地壳中的总含量并不低，但是在地壳中很少有富集的

图 9-13 被誉为“中国稀土之父”的化学家徐光宪

矿藏，矿石中稀土化合物的含量只有百分之几，甚至更低。它们是一组性质十分活泼的金属元素，经常共生在同一个矿物中，因此开采、提取、分离十分困难。

化学家们要利用化学科学和技术，克服选矿、矿石分解、分离、净化、浓缩或灼烧等工序上的难关，从矿石中提取出各种混合稀土化合物或单一稀土化合物，作为冶炼原料。而后应用火法冶金（包括硅热还原法、金属热还原法、盐熔电解法）和湿法冶金方式冶炼制得各种稀土金属。1826 年人们最先制得金属铈，现已能生产全部稀土金属，产品纯度达到 99.9%。

稀土的应用也随着科学技术的发展而发展。19 世纪末，稀土化合物 ThO_2 用来制造汽灯纱罩、打火石和弧光灯碳棒，现在稀土已广泛应用于电子、石油化工、冶金、机械、能源、轻工、环境保护、农业等领域。原子能反应堆的控制材料、减速剂，反应堆的燃料稀释剂都要用到稀土金属材料。

我国稀土金属储量和产量均居世界首位，为发展稀土工业提供了坚实的基础。20 世纪 70 年代之前，我国还只能向国外廉价出口稀土原料，然后高价进口高纯度稀土产品。在徐光宪院士（图 9-13）等化学家的努力下，攻克了种种难关，发明了稀土萃取分离工艺，并实现了大规模工业生产，打破了法国、美国和日本在国际稀土市场的垄断地位，实现了由稀土资源大国向稀土生产大国、出口大国的飞跃。

9.7.2 工业乙醇的制造和合成汽油的研发

随着科技的发展、对洁净能源需求的快速增长，用乙醇代替汽油或加入汽油作为发动机燃料，用乙醇作为燃料电池的燃料等研究，促使乙醇的制造、合成也得到迅速发展。

用粮食发酵制造乙醇的水溶液——酒精，是传统的生产方法。直到现在，也仍然是世界各国制造乙醇的主要方法之一，也是我国现阶段乙醇的主要生产方法。为解决能源紧缺的问题，减少化石燃料使用造成的环境问题，不少国家都在研究、发展使以玉米、甘蔗、麦秆为原料用发酵法生产生物燃料，如乙醇或甲醇汽油（图 9-14）。

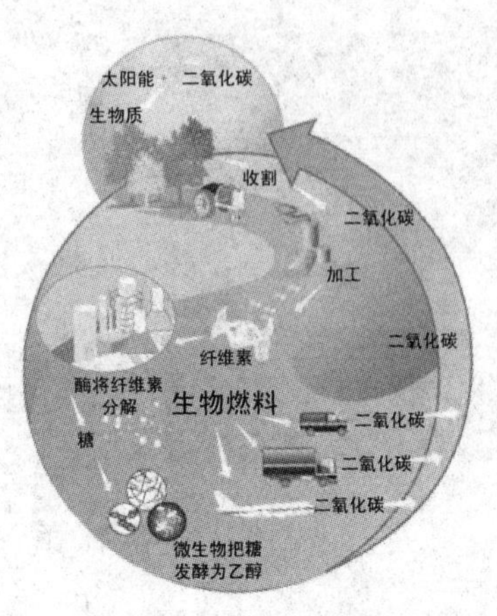

图 9-14 生物燃料

用粮食发酵法生产得到的乙醇被称为生物乙醇。利用可再生原料制造生物乙醇，有利于环境保护，可直接应用。但是，存在“与人争粮”的问题，增加了人类和动物的生存风险，可能加剧粮食和燃料的双重短缺。

发酵法是由酵母菌或其他细菌，通过一系列比较复杂的变化、反应，得到乙醇，反应简单表示为：

$$C_6H_{12}O_6 \longrightarrow 2CH_3CH_2OH + 2CO_2\uparrow$$

制取乙醇的工业方法，有木材水解法、乙烯直接或间接水合法、乙醛加氢法、一氧化碳（二氧化碳）和氢气羰基合成法等。

乙烯直接水合法是利用乙烯在一定条件下和水化合得到乙醇：

$$CH_2=CH_2 + H_2O \longrightarrow CH_3CH_2OH$$

反应要采用负载于硅藻土上的磷酸（H_3PO_4）催化剂，在 260～290℃，7MPa 压力下使水和乙烯反应。

间接水合法的反应原理是：乙烯在一定温度、压力条件下和（浓）硫酸作用生成硫酸酯，再将硫酸酯在水解塔中加热水解得到乙醇（同时有副产物乙醚生成）。

$$2CH_2=CH_2 + H_2SO_4(\text{浓}) \longrightarrow (CH_3CH_2)_2SO_4$$

$$(CH_3CH_2)_2SO_4 + 2H_2O \xrightarrow{\text{加热}} 2CH_3CH_2OH + H_2SO_4$$

用一氧化碳、二氧化碳、氢气为主要成分的合成气在催化剂和一定温度和压力下，可以直接合成含有甲醇、乙醇、丙醇等低级醇类的混合物，其中甲醇和乙醇是主要成分。例如，用一氧化碳与甲醇先合成醋酸，得到的醋酸在催化剂存在下与不同低碳醇发生酯化反应生成对应醋酸酯，使醋酸酯加氢还原，生成乙醇和各种低碳醇。

又如，在一定条件下（如 300℃、70MPa）用二氧化碳和氢气合成乙醇：

$$2CO_2 + 6H_2 \longrightarrow CH_3CH_2OH + 3H_2O$$

随着工业的发展，含碳燃料燃烧排放的二氧化碳不断增多，为了扼制增强的温室效应，回收利用二氧化碳，把它转化为汽油的研究逐渐兴起。汽油的主要成分是沸点20～200℃，分子中含5～12个碳原子的液态碳氢化合物（液态烃）。要把CO_2要转化为汽油，要除去CO_2分子中的氧原子，加上氢原子，使它还原（图9-15）。因此，要找到CO_2与氢发生催化反应的途径。CO_2分子非常稳定，它与氢分子的催化反应更易生成甲烷、甲醇、甲酸等小分子化合物，很难生成长链的液态烃。科学家正在研究如何解决这个问题，并已取得可喜的进展。

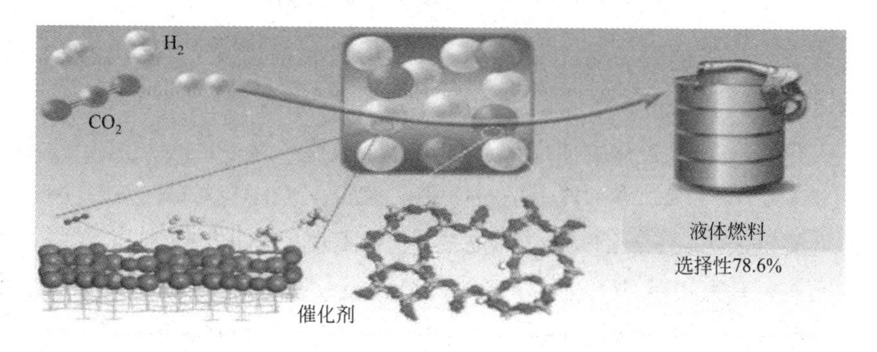

图9-15　CO_2加氢一步转化合成液体燃料原理示意图

9.7.3　有机高分子化合物的合成

在人们的日常生活中，人工合成的有机高分子材料制品四处可见、唾手可得。塑料制品、合成纤维布料、合成橡胶制品的广泛应用，促进了经济的发展，满足了人们不断提升的生活需求。有机高分子化合物，大都是用简单的有机化合物通过加成聚合反应（加聚反应）和缩合聚合反应（缩聚反应）合成。

例如，我们通常使用的一种塑料袋是用聚乙烯（PE）塑料制成的。聚乙烯塑料是众多塑料中的一种，它是由乙烯通过加成聚合反应得到的聚合物。聚乙烯是分子结构最简单的高分子化合物，也是应用最广泛的高分子材料（图9-16）。

乙烯在不同条件下发生聚合反应，得到的高分子的结构、相对分子量、性能有差异，取决于聚合方式，可以分为高密度聚乙烯（HDPE，线

图 9-16 聚乙烯及其制品

型高分子，分子链长，分子量高达几十万）、低密度聚乙烯（LDPE，含有支链的线型高分子）等。

乙烯在一条件下发生加成聚合反应，生成聚乙烯：

$$CH_2=CH_2+CH_2=CH_2+\cdots\cdots \longrightarrow -CH_2-CH_2-CH_2-CH_2\cdots\cdots$$

可简单表示为：$nCH_2=CH_2 \longrightarrow \left[CH_2-CH_2\right]_n$

又如，有突出绝缘性能，广泛用于开关盒、电灯头等电学器材制造的电木塑料是用甲醛和苯酚在一定条件下经过缩合聚合反应得到的：

$$n\,C_6H_5OH + nHCHO \longrightarrow \left[C_6H_3(OH)-CH_2\right]_n + nH_2O$$

9.7.4 复合材料的制造

复合材料指由两种或两种以上不同物质以不同方式组合而成的具有新的性能的材料，它可以发挥各种材料的优点，克服单一材料的缺陷，扩大材料的应用范围。复合材料早已出现，民间用于砌墙的稻草或麦秸增强黏土、现代建筑使用的钢筋混凝土、20 世纪 90 年代常见的石棉瓦都是复合材料。现在日常生活中用到的镀铝聚酯薄膜小食品包装袋也是复合材料制成的。随着社会的进步、科技的发展，复合材料家族不断壮大，功能越来越优异，应用越来越广泛。

常见的复合材料玻璃钢，是一种常见的玻璃纤维复合材料。玻璃钢浴盆、玻璃钢游艇就是用玻璃钢制造成型的。玻璃钢质轻而硬、不导电、性能稳定、机械强度高、耐腐蚀，可以代替钢材制造机器零件和汽车、船舶外壳等（图 9-17）。它是用不饱和聚酯或环氧树脂、酚醛树脂为基体，以玻璃纤维或其制品作增强材料制造的。玻璃纤维占总质量的 60%～70%，树脂占 30%～40%。玻璃纤维强度高，但纤维处于松散状态，只能承受拉力，不能承受弯曲、剪切和压应力，不易做成固定的几何形状。用合成树脂把它们黏合在一起，组成的玻璃纤维增强的塑料基复合材料，既能承受拉应力，又可承受弯曲、压缩和剪切应力，可以做成各种具有固定形状的坚硬制品。

图 9-17　制造玻璃钢船体

随着我国科技的发展，以树脂作为基体的复合材料，其增强材料已由玻璃纤维扩大到碳纤维、硼纤维、芳纶纤维、氧化铝纤维和碳化硅纤维等，升级为先进的复合材料。其中，用碳纤维为增强体的碳纤维复合材料是新一代复合材料的佼佼者。碳纤维是由碳元素组成的纤维，含碳量高于 90%，耐超高温、耐疲劳和耐腐蚀，有良好的导电导热性能。碳纤维与树脂、金属、陶瓷等基体复合而成的复合材料其强度无比优异，从 20 世纪 50 年代初开始应用在航空航天领域。

9.7.5　纳米材料的研发

纳米材料是由纳米尺度的微粒组成的材料。在自然界里存在天然的纳米材料。研究发现，海龟等生物能在几万千米的长途跋涉中不迷失方向，就是因为它们头部存在着某种纳米磁性材料可以为它们导航。我国春秋战国到三国期间制成的一种古铜镜的表面层是由纳米晶体 $Sn_{1-x}Cu_xO_2$ 组成的。

纳米材料的微粒尺寸处于纳米级，产生了一系列特殊的效应，使纳米材料有奇特的物理、化学和生物学特性。例如，纳米材料的熔点特别低，块状金的熔点是1064℃，纳米金只有330℃。利用这一特性，可以在低温条件下把各种金属烧结成合金，可以把互不相熔的金属冶炼成合金。又如，纳米粒子尺寸小、表面原子数迅速增加，纳米粒子的表面积、纳米粒子表面原子与总原子数之比随着粒径的变小而急剧增大。当纳米微粒直径为5nm时，组成材料的原子有一半分布在界面上，表现出很大的化学和催化活性。如镍或铜锌化合物的纳米粒子是某些有机物氢化反应的高效催化剂，可替代昂贵的铂或钯催化剂。纳米铂黑催化剂可以使乙烯的氧化反应的温度从600℃降低到室温。用纳米镍粉作为火箭固体燃料的反应催化剂，可以使燃烧效率提高100倍。航天用的氢氧发动机中，燃烧室的内表面需要耐高温，其外表面要与冷却剂接触，采用纳米加工技术，使陶瓷和金属材料靠拢黏结，可以烧结成内侧耐高温、外侧有良好导热性的陶瓷。

纳米粒子比血液中的红血球小得多（红血球的大小为6000～9000nm），它可以在血液中自由活动。如果把各种有治疗作用的纳米粒子注入到人体各个部位，便可以检查病变和进行治疗。

10 化学元素的存在和循环

氧气、水是我们赖以生存的最重要的物质。氧气是氧元素以单质状态存在的物质，水是氧元素与氢元素的化合物，水中氧元素以化合态存在。构成万物的各种元素，像氧元素一样，或者以单质状态存在，或者以化合物状态存在。各种元素的单质和化合物可以通过化学反应，相互转化，从一种物质变成另一种物质，例如，氧气可以转化为水，可以形成臭氧，水可以分解成氧气和氢气，臭氧可以分解成为氧气。一种物质还可以在不同的条件下处于不同的状态，水的三态变化是大家都非常熟悉的。某些物质可以通过存在状态的变化，在不同的环境中转移，在自然界中变化、循环。如能长时间稳定存在的人工合成的有毒物质DDT，在地球上通过生物圈从遥远的城市转移进入南极企鹅体内。元素的变化循环，物质在不同环境间的转移，对生态环境、人类生存往往产生重大的影响。我们可以从地壳中含量较大的氧、碳、氮等元素的循环变化，从地球上最重要的物质水、氧气、二氧化碳的转移，入手了解这些循环和转移。

10.1 元素的存在

在元素周期表中，排列着迄今为止发现的118种元素。其中，从自然界中发现的有92种，26种是在核反应堆中，用巨大的能量通过核反应（不是化学反应）制造出来的。

10.1.1 自然界中的元素

元素不仅仅是地球上万物的构成元素，也广泛存在于宇宙空间，存在于所有星云、恒星和行星之中。目前，科学家一般都认同，宇宙起源于大约 137 亿年前发生的宇宙大爆炸。宇宙大爆炸，合成了氢元素和氦元素，并在随后的星际演化过程中，合成了其他元素。

图 10-1 表示自然界中元素分布的大体情况。据科学家研究，宇宙中，氢元素约占 71%，氦元素约占 27%，氧、碳、氮、氖等其他元素约占 2%。在太阳中，氢元素占 95.1%，氦元素占 4.8%，氧、碳、氮、氖等其他元素约占 0.1%。

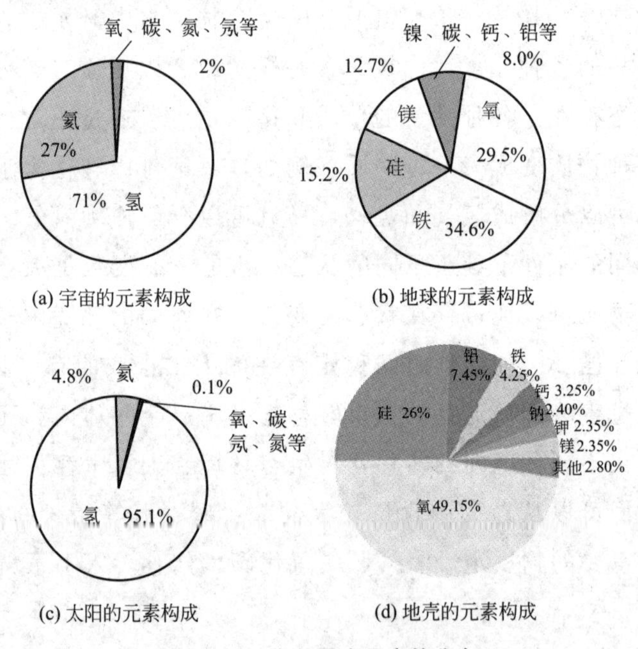

图 10-1 自然界中元素的分布

在地球上，铁元素约占 34.6%，氧元素约占 29.5%，硅元素约占 15.2%，镁元素约占 12.7%，镍、碳、钙、铝等其他元素约占 8.0%。从地球的核心到地壳、到大气层分布着各种元素，已发现的达 92 种。但它们并不是均匀分布在各处。例如，据科学家推测，地球中的铁元素大量贮存在地心的内核和外核中。地球的内核是固态的铁，外核是液态的铁。地壳中存在的铁主要是各种含铁的矿石。动物、人体内铁存在于血红蛋

白中。

地壳中含量最大的是氧元素，约占49.15%，其次是硅，约占26%，铝约占7.45%，铁约占4.25%，钙约占3.25%，钠约占2.40%；其他的元素，仅约占7.5%。地球上的各种元素，大多以化合态存在，也就是和其他元素结合形成各种化合物，而且各种化合物往往混合在一起。只有少数的元素在自然界可以以游离态存在，构成单质，如氧气、氮气、各种稀有元素气体、金以及碳元素的单质——金刚石、石墨等。人们要获得游离态的元素单质，大都需要在一定条件下利用各种化学反应从它们的化合物中来提取、分离。

各种元素在地壳中含量不同，提取难易不同，应用的领域、价值不同，在人们眼里、在市场上的价格也不同。在一般人眼里，最贵重的金属是金（Au）和铂（白金，Pt），其实，和许多金属元素相比，它们是非常便宜的。在国际市场上可以买到的最贵的金属是非常稀有的金属铑（Rh）。纯度99.9%的粉末状铑，1g约4000元人民币，大约是黄金的15～20倍。铑在世界上的年产量不足18t。金属铑美观、耐腐蚀、不变色，主要用于贵重饰品的镀膜上，在汽车尾气净化装置的催化剂中也会用到它。

一些在地壳中含量非常稀少的金属元素，被称为稀有金属元素，分离制得它们的单质或化合物很困难，可是这些元素的单质、化合物在高科技领域、国防工业中有重要的用途，价格非常高。稀有金属元素中的17种稀土元素，就是一个例子。我国的稀土金属矿藏储量和产量都位于世界首位，许多国家都从我国进口，甚至囤积起来，以备不时之需。保护我国的稀土资源，发展稀土的分离、提取工艺技术，是关系到国家发展和安全的大事。

还有许多元素在市场上是买不到的无价之宝。有一些人造元素，连专门从事研究的科学家也只能制得几个原子。如118号元素Og，科学家在2002年、2005年经过非常艰辛的工作，也才分别得到1个、2个Og原子。

10.1.2 人体中的元素

构成人体的元素约有60余种。其中含量较高（高于0.01%）的有11种，称为宏量元素，它们占99.35%，含量小于0.01%的有16种，称为微量元素。宏量元素有氧、碳、氢、氮（它们是人体中水、糖类、脂肪、蛋白质中必不可少的元素）、磷（存在于骨骼、牙齿、ATP 和磷脂中）、氯、硫、钠、钾、镁、钙等。在地球上含量最大的铁元素，在人体中仅是微量元素（主要在血红蛋白中），地壳中含量第二的硅元素，在人体中也属于微量元素。其他的微量元素有锌、铜、铬、钴、锰、钼、碘、砷、硼、硒、镍、锡、氟、钒等。

人体中的各种元素含量不同，但大多数是不可或缺的。人体中，各种元素大都以化合态存在，组成各种化合物。只有在血液中含有氧和氮元素形成的少量氧气和氮气。人体中的化合物，主要是水、多种无机化合物（如碳酸钙、羟基磷酸钙等），还有种类繁多、数量巨大的有机化合物（如蛋白质、核酸、脂肪、糖类）。这些化合物有些以离子状态存在于细胞内、外液、血液和其他体液中，如钠、钾、镁、钙、氯的水合离子，碳酸根、碳酸氢根、硫酸根、磷酸一氢根、磷酸二氢根离子；有些形成小分子化合物；还有的作为中心离子与生物大分子或小分子形成配合物（如各种酶）。

人体中的宏量元素中碳、氧、氢、氮是构成人体中的水分、糖类、脂肪和蛋白质所必不可少的元素。磷元素 80% 与钙结合成羟基磷酸钙 [$Ca_{10}(OH)_2(PO_4)_6$]，存在于骨骼和牙齿中。磷元素还是一切活细胞的组成成分，是构成核酸的重要元素。人体中的三磷酸腺苷（ATP，又叫腺苷三磷酸）在细胞内起着储存和传递化学能的重要作用。此外，细胞膜中的磷脂、神经细胞、脑磷脂还含有磷元素的化合物。人体中钠、钾、钙、镁四种宏量元素属于矿物质元素，钠、钾、镁主要以离子状态存在于体液中，钙元素主要以钙盐的形式存在。钙是人体内含量最多的矿物元素，99%的钙以钙盐的形式沉积于骨骼和牙齿中，1%以离子形式存在于体液、软组织之中，与骨保持着动态平衡。镁能防止软组织的钙化，能保护动脉血管的内皮层。镁与维生素 B_6 可一起帮助溶解和减少肾的钙磷结石。

人体中微量元素含量少，作用大。比如，人体含锌仅 2～3g，不足体重的万分之一，但是锌不可缺少。不少微量元素是过渡金属元素，这些元素的原子或离子能和其他元素原子以配位键结合，形成各种有特殊性能和生理功能的有机金属化合物，这些化合物大都是人体内的各种酶或激素等重要物质。例如，血红蛋白中的亚铁离子，B_{12} 中的钴离子，胰岛素中的锌离子。人缺乏微量元素铁，会出现缺铁性贫血症；钼在人体中参与体内酶的工作；钴是维生素 B_{12} 的构成元素，摄入不足，也会导致贫血。

一个健康的人，体内各种元素的含量基本上维持平衡，太多、太少都不好。人们从各种食物中摄取各种元素，体内的元素都是我们有意无意中摄入的，养成健康的饮食习惯是非常重要的。

一日本学者根据人体中各种元素的含量和这些元素的单质或化合物在市场上的价格，计算出一个体重60kg的人，大概价值1.3万日元（约为人民币800元）。这种计算其实是毫无意义的。例如，身体中的氧和氢含量最多，主要以水的形式存在，能按照水的价格来计算它们的价值吗？生命不是元素化合物的杂乱堆积，它的价值是不可计算的。

从人的出生到死去，人体中的元素组成基本上维持不变。构成人体的各种元素原子，实际上诞生在地球形成的时刻；人死之后，所有的元素原子，都仍然存在，回归自然，散布到地球各处（包括大气层、地壳和各种生物体中）。

10.2 元素和人类的生产生活

人类生活在地球上。人们在生活中在和各种元素的单质和化合物接触，利用各种元素及其化合物。从远古时期到现代社会，人们在生活中，除了要从环境中摄取各种食物，获得构成人体的各种必需元素外，还要在生活中使用各种由元素组成的物质。

随着人类社会的发展、进步，人们的生活空间越来越大，接触、使用的物质越来越多，接触、使用的元素的种类也越来越多。例如，在远古时期，人们过着原始的生活，经常和土地、岩石、森林、花草、各种动植物打交道，和构成这些物质的元素氢、氧、氮、硫、碳、磷关系最密切。后来，人们开始制造使用陶土器具、使用骨制工具饰品、学会冶金、制造铁铜合金器具（如青铜、黄铜），用毛皮、植物纤维纺纱、织布，与人类关系密切的元素又增加了硅、钙、铜、锡、铅、镁等。到中世纪，人们学会了制造有彩釉的瓷器、玻璃，使用金银等贵金属和合金，使用马口铁、焊锡、印刷活字块、铅蓄电池等，和人类关系密切的元素又进一步扩大到铝、钴、铅、金、银等。到现代，人在生产、生活中，和越来越多的物质打交道，制造使用越来越多的物质，这些物质中含有的元素种类不断增加，融入人的生活里的元素种类几乎是原始时代的5倍。你看的电视的液晶屏幕中有铟、铕元素；你使用手机打电话，手机中含有砷、锂、锰、钴、镓、金、钽等元素，话筒含锆、钕等元素；你用电灯照明，电灯的制造需要汞、钨、氪等元素；你房间里的烟雾探测器中有镅元素；使用的笔记本电脑中还有锂、金、银、钼等元素，大存储量的计算机硬盘要用到金属钌；有人喜欢使用银餐具，因为银离子有消毒杀菌作用，它会和细菌体内的酶结合，使细菌死亡；你使用的陶瓷菜刀、剪刀，是用氧化锆粉末烧制成的，硬度大、不会锈蚀。

如果说到高科技、环保事业，许多我们不知名的元素，所发挥的作用总会让人吃惊。例如，金属钯可以吸收自身质量900倍的氢气，在氢氧燃料电池、催化剂制造领域有重要应用。金属铌是制造低温超导体、能产生电磁力的最强大的电磁体、制造耐高温合金的重要原料，磁悬浮列车的制造就要用到它，手机具有振动功能也离不开铌磁铁。广泛使用的锂电池，更是当今人们熟悉的化学电源。

你看，你用到的物品里，有那么多你不熟悉、甚至没有听说过的元素。这些元素可能来自不同的国家、不同的地区，来自地球的各个角落，因为含有这些元素的矿藏分布在不同的地区，从矿物中提取这些元素、加工成各种不同的材料、制品、器件，还要使用不同的原材料和技术。

事物总有利弊，元素及其化合物和人的关系也如此。人类从食物中摄入各种元素、使用各种元素化合物，都要注意科学合理，防止危害健康和环境。许多重金属离子对人的健康有害，如镉（Cd）、铅（Pb）、铬（Cr）、铊（Tl）、汞（Hg）的化合物对人体有毒害作用，在生产、生活中使用要十分注意安全，防止误食、不能随意排放。古希腊人的铅中毒、日本的水俣病、骨痛病，都留下了惨痛的教训。

10.3 元素在自然界中的循环

地球上的元素，不会凭空产生、也不会突然消失，它们在自然界中循环，从单质转化成某种化合物，从一种化合物转变成另一种化合物，在循环中永存。

10.3.1 氧元素在自然界中的循环

我们已知的元素中，在地壳、大气、水圈和生物圈中都有着极大丰度的元素是氧。

大气中氧气占其体积的21%。大气中的氧气多数来源于光合作用，还有少量是在高层大气中太阳紫外线分解水形成的。在紫外光的作用下，大气中的氧气还能转变为臭氧（O_3），臭氧又能分解为氧气。正常情况下，在臭氧层中臭氧分子的形成和分解过程处于平衡状态，在距地面约10～40km的大气层上空形成臭氧层，臭氧层中臭氧的浓度大体恒定。臭氧层是地球上各种生物抵御来自太阳过强紫外光辐射的天然屏障，对于地球生物，有着生死攸关的作用。氧气有很强的化学活性，能与碳、氢、氮、硫、铁等元素作用，进入地球化学循环。

在地球水圈中，氧是水的组成元素。在水体中有各种形式的大量含氧阴离子以及相当数量的溶解氧，它们对水圈或整个生物圈中的生物是极为重要的。大气中的氧和水体中的溶解氧之间存在着溶解平衡。当由于某种原因溶解平衡被破坏，水-气体系具有一定的自动调节、恢复平衡的功能。例如，当水体受有机物污染后，水体中的细菌当即降解有机物并耗用水中的溶解氧，被消耗的溶解氧就由大气中的氧通过溶解作用补给。反之，当大气中氧的平衡浓度由于某种原因（例如岩石风化加剧）低于正常浓度时，则水体中溶解氧浓度也相应降低；水体中有机物消耗氧气的降解作用也缓慢下来，水生生物的光合作用会增强，水中溶解氧浓度逐渐提高，达到过饱和状态，就会逸散到大气中去。

氧元素的各种化合物在地球表面丰度最大的是硅酸盐岩石。地壳中，形成岩石的矿物质中约95%是硅酸盐（SiO_4^{4-}），其余5%的组分也大多含有各种含氧酸盐，如石灰岩中的碳酸盐（CO_3^{2-}）、硫酸盐岩石中的硫酸盐（SO_4^{2-}）、磷酸盐岩石中的磷酸盐（PO_4^{3-}）等。这些含氧酸根基团在岩石发生风化时通常保持稳定，进入地球化学循环随水流迁移到海洋，进入海底沉积物，或者重新返回陆地。

氧元素在自然界中的循环，主要表现于光合作用中氧气的生成、释放，大气层中氧的消耗（生物呼吸、物质的氧化、燃烧）、转移（溶解平衡、岩石的风化、氧气和臭氧的转化平衡）等，如图10-2所示。绿色植物和具有光合作用能力的藻类是氧气的制造者。它们通过光合作用，从太阳光中获取能量。利用二氧化碳和水，通过一系列复杂的核心反应，生成营养物质，释放出氧气。早期的地球大气中不存在氧气，只有氮气、二氧化碳、氨、甲烷和硫化氢。在大约30亿年前，地球上出现了简单的生物——蓝藻，蓝藻通过光合作用，释放氧气。随着生物的进化，地球上逐渐有了比较高级的植物，能通过光合作用释放出更多的氧气，又有了需要吸入氧气、呼出二氧化碳以维持生命的动物，使氧气的释放和消耗达到平衡，地球大气中氧气的含量维持平衡。

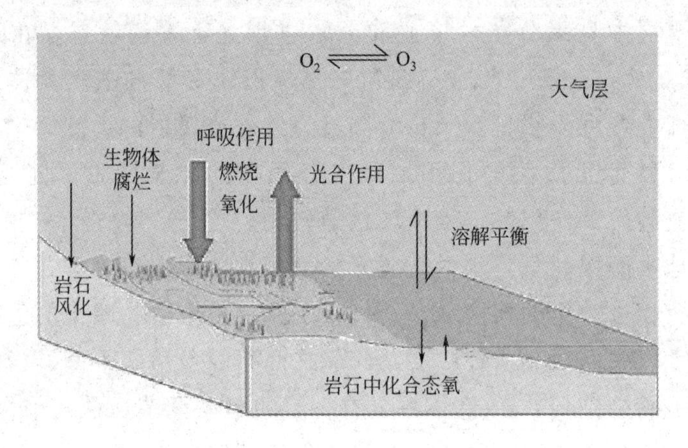

图 10-2 自然界中氧的释放和消耗

在氧的循环中，还有许多其他元素参与。例如，生物光合作用和呼吸作用的过程中，参与氧循环的物质有 CO_2、H_2O 等。化石燃料的燃烧和有机物腐烂分解过程发生的氧化反应，有碳、氮、硫、磷等元素参与反应。火山爆发或有机体腐烂产生硫化氢（H_2S）气体，能在大气中进一步被氧化为含氧化合物 SO_2，化石燃料燃烧及从含硫矿石中提取金属的过程中也都能产生 SO_2，SO_2 在大气中还能进一步被氧化为 SO_4^{2-}，通过酸雨形式返回地面。由微生物或人类活动产生的各种氮氧化合物最终也被氧化为 NO_3^-，然后通过酸雨形式返回地面。在陆地、海洋中，有许多金属离子和氧发生氧化反应转化为不溶性氧化物，如：

$$Fe^{2+}(aq)+O_2 \longrightarrow Fe_2O_3(s)$$

也有一些矿石、固态化合物被氧化，转化为溶解性更大的化合物进入水体或土壤中。

10.3.2 碳元素在自然界中的循环

碳元素在地球上分布广泛，碳元素的循环十分多样而活跃（图 10-3）。碳元素的循环对于地球上的生态环境以及人类生活的影响极大。

地球上的碳元素主要存在于岩石圈和化石燃料中，这部分碳占地球上碳总量的 99.9%。碳在岩石圈中主要以碳酸盐的形式存在。岩石中的碳因自然和人为的各种化学作用分解后进入大气和海洋，同时，死亡的生物体以及其他各种含碳物质又不停地以沉积物的形式返回地壳中，由此构成了全球碳循环的一部分。碳岩石圈和化石燃料中活动缓慢，实际上起着贮存碳元素的作用。土壤存在的有机物中贮存的碳元素大约是植被含碳量的 2 倍左右。

地球上的碳元素还存在于大气圈、水圈和生物圈中。碳在大气圈、水圈和生物圈中蕴含总量少，但交换迅速、活跃。

在大气圈中含碳气体主要有二氧化碳、甲烷和一氧化碳等。

碳在水圈中以多种形式存在。海洋具有贮存和吸收大气中二氧化碳的能力，海洋中贮存的碳是大气含碳量的 50 多倍。在海洋中，浮游生物和珊瑚之类的海生生物摄取钙离子和重碳酸根离子来构成碳酸钙的骨骼和贝壳。这些生物死了之后，碳酸钙就沉积在海底而最终被埋藏起来。海洋在全球碳循环中的作用十分重要，大气中的二氧化碳不断与海洋表层进行着交换，从而使得大气与海洋表层之间迅速达到平衡。

在生物体中存在着几百种由生物合成的有机物。在生物库中，森林是碳的主要吸收者，它固定的碳相当于其他植被类型的 2 倍。自然火灾、植物光合作用所产生的碳的固定（把二氧化碳转化为碳的固态化合物）多于动物生活中碳的消耗（转化为二氧化碳）。一部分（约千分之一）动、植物残体在被分解之前即被沉积物所掩埋而成为有机沉积物。这些沉积物经过悠长的年代，在热能和压力作用下转变成化石燃料——煤、石油和天然气等。

碳元素参与物质循环的主要形式是二氧化碳。绿色植物从空气中获得二氧化碳，经过光合作用转化为葡萄糖，再转化为植物体的含碳化合物。

$$6CO_2+6H_2O \xlongequal{光} C_6H_{12}O_6+6O_2$$

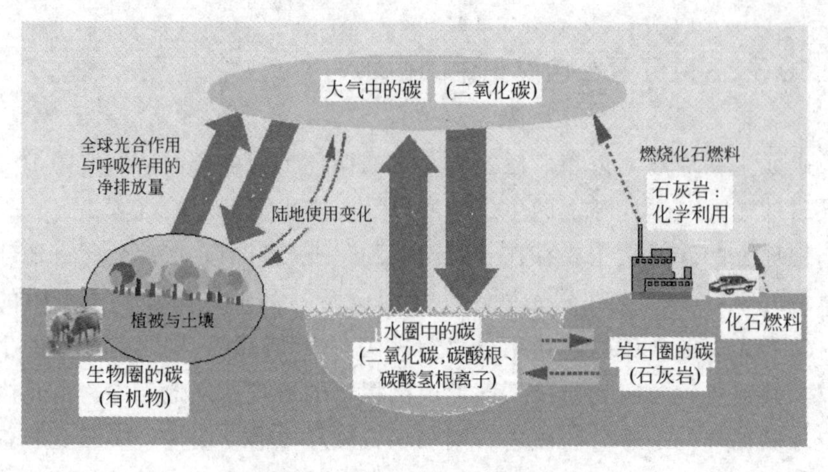

图 10-3　地球上碳元素的循环

含碳化合物经过食物链的传递，成为动物体中的含碳化合物。植物和动物的呼吸作用把摄入体内的一部分碳转化为二氧化碳释放入大气，另一部分则构成生物的机体或在机体内贮存。动、植物死后，残体中的碳，通过微生物的分解作用最终也成为二氧化碳排入大气。化石燃料燃烧，其中的碳氢化合物（以 C_xH_y 表示）燃烧氧化生成二氧化碳（燃烧不完全会生成少量一氧化碳和炭黑）排入大气。

$$C_xH_y+(x+y/4)O_2 \xlongequal{点燃} xCO_2+y/2H_2O$$

大气中的二氧化碳完成一次这样的循环约需 20 年。植物和微生物通过光合作用从大气中吸收二氧化碳的速率与生物呼吸作用将二氧化碳释放到大气中的速率大体相等。因此，大气中二氧化碳的含量在受到人类活动干扰以前是相当稳定的。

二氧化碳可由大气进入海水，也可由海水进入大气。这种交换发生在气和水的界面处，由于风和波浪的作用而加强。这两个方向流动的二氧化碳量大致相等，大气中二氧化碳量增多或减少，海洋吸收的二氧化碳量也随之增多或减少。大气中的二氧化碳溶解在雨水和地下水中成为碳酸（H_2CO_3），碳酸能把石灰岩（$CaCO_3$）变为可溶态的重碳酸盐［$Ca(HCO_3)_2$］，并被河流输送到海洋中，海水中接纳的碳酸盐和重碳酸盐含量是饱和的。

$$CO_2+H_2O = H_2CO_3 \rightleftharpoons HCO_3^- + H^+ \rightleftharpoons CO_3^{2-}+2H^+$$

$$CO_2+H_2O+CaCO_3 = 2HCO_3^- + Ca^{2+}$$

海洋中新增加多少碳酸盐，便有等量的碳酸盐沉积下来。通过不同的成岩过程，又形成石灰岩、白云石和碳质页岩。在化学和物理作用（风化）下，这些岩石被破坏，所含的碳又以二氧化碳的形式释放入大气中。火山爆发也可使一部分有机碳和碳酸盐中的碳元素再次加入碳的循环。

$$CO_3^{2-} + Ca^{2+} \longrightarrow CaCO_3 \downarrow$$

$$CaCO_3 \longrightarrow CO_2 \uparrow + CaO$$

现在，人类在生产和生活中燃烧大量的化石燃料和树木，把其中的碳氧化成为二氧化碳排入大气，二氧化碳排放量急剧增加，对碳的循环造成极大影响，形成了增强的温室效应。从1949年到1969年，由于燃烧矿物燃料以及其他工业活动，二氧化碳的生成量估计每年增加4.8%。其结果是大气中二氧化碳浓度升高，破坏了自然界原有的平衡，导致气候异常。矿物燃料燃烧生成并排入大气的二氧化碳有一小部分可被海水溶解，海水中溶解态二氧化碳的增加又会引起海水中酸碱平衡和碳酸盐溶解平衡的变化，海洋中珊瑚的白化、珊瑚礁的破坏就是明证。

矿物燃料的不完全燃烧会产生少量的一氧化碳，自然过程也会产生一氧化碳。一氧化碳在大气中存留时间很短，主要是被土壤中的微生物所吸收，也可通过一系列化学或光化学反应转化为二氧化碳。

总之，碳元素在地球上的生物圈、岩石圈、水圈及大气圈中不断发生交换，并随地球的运动循环不止。

10.3.3 氮元素在自然界中的循环

绝大部分氮元素以氮气存在，空气中氮气的体积含量是78%。氮是植物生长所必需的元素，它存在于所有组成蛋白质的氨基酸中，是构成DNA等核酸的四种基本元素之一。在植物中，大量的氮素被用于制造可进行光合作用供植物生长的叶绿素分子。

氮在自然界中的循环是十分普遍的。氮循环对各种植物包括农作物的生长十分重要，也对生态环境的影响重大。氮循环（图10-4）主要包括以下几个过程。

（1）氮的固定 通过自然或人工方法，将氮气固定为其他可利用的含氮的化合物。如，大气发生闪电，使空气中的氮气与氧气在高压电的作用下生成一氧化氮，之后一氧化氮经过一系列变化，进入地面，最终形成硝酸盐，硝酸盐可以被植物吸收。

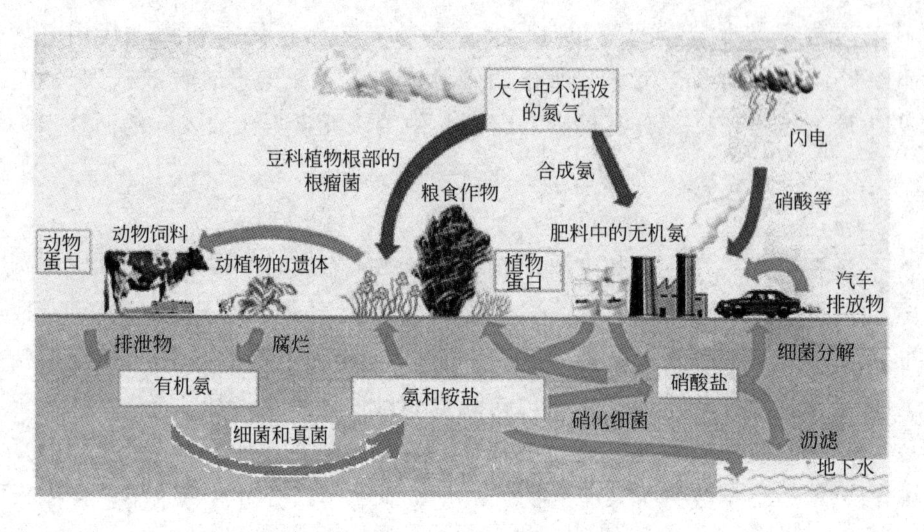

图 10-4 地球上氮元素的循环

$$N_2+O_2 \longrightarrow 2NO$$

$$2NO+O_2 \longrightarrow 2NO_2$$

$$2NO_2 \rightleftharpoons N_2O_4$$

$$4NO_2+2H_2O+O_2 \longrightarrow 4HNO_3$$

豆科植物（特别是大豆、紫苜蓿和苜蓿）的根瘤菌、自生固氮菌也能将氮气固定生成氨气，这些氨气最终被植物利用，在生物群落开始循环。

20 世纪化学家哈伯发明的人工固氮方法，利用氮气和氢气在高温高压和催化剂存在下合成氨。用酸吸收氨气，可以制造各种铵盐。在一定条件下利用氧气氧化氨，可以得到一氧化氮，进而生成硝酸。

$$N_2+3H_2 \xrightleftharpoons[\text{催化剂}]{\text{高温、高压}} 2NH_3$$

$$4NH_3+5O_2 \xrightleftharpoons{\text{催化剂}} 4NO+6H_2O$$

合成氨使全球生产的含氮化学肥料大大增加，农产品产量的提高，使数亿人摆脱了饥饿的威胁，但化肥的过度使用，也给全球生态环境带来了压力，使与氮循环有关的温室效应、水体污染（包括水体富营养化）和酸雨等生态环境问题进一步加剧。

（2）微生物在氮循环中的作用 生物体在死亡、腐烂过程中，细菌将含氮化合物转化为氨、铵根离子（NH_4^+），土壤中的硝化细菌能将土壤中的氨、铵根离子氧化形成亚硝酸盐和硝酸盐。土壤中的反硝化细菌能将硝酸盐还原成氮气。

（3）生物群落与岩石圈中氮的循环 植物将土壤中的含氮化合物同化为自身的有机物（通常是氨基酸、蛋白质），氮元素就会在生物群落中循环，初级消费者通过摄取植物体，将氮同化为自身的营养物，更高级的消费者通过捕食其他消费者获得这些氮。氮又通过动物的排泄物和尸体回到岩石圈，并被分解生成硝酸盐。有少部分动植物尸体参与石油等化石燃料的形成。

（4）化石燃料的分解 石油等化石燃料的形成经过了漫长的时间。化石燃料中的氮元素最终被微生物分解或被人类利用，氮元素也随之生成氮气回到大气中。化石燃料的使用，使从交通工具和热电站释放的含氮气体污染物进入大气，导致严重的大气污染。节能减排成为全人类不可忽视的艰巨任务。

研究表明，大气中雾霾的形成与大气中氮氧化物、二氧化硫和氨有关（图 10-5）。大气中的三种气态物质通过一系列化学反应，生成的硫酸铵、硝酸铵的无机颗粒物和化石燃料燃烧过程形成的颗粒物分散在大气中，形成了雾霾。

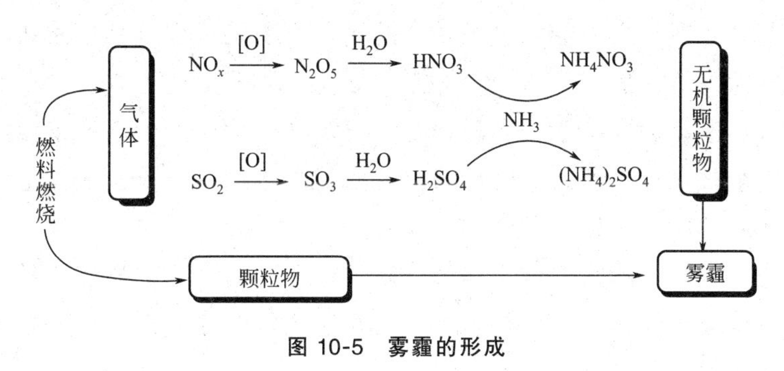

图 10-5 雾霾的形成

10.3.4 自然界中水的转移和循环

地球上的水分布在海洋、湖泊、沼泽、河流、冰川、雪山，以及大气层、生物体、土壤和地层。水的总量约为 $1.4\times10^{13}\,m^3$，其中 96.5% 在海洋中，约覆盖地球总面积的 70%。陆地上、大气和生物体中的水只占很少一部分。地球上的水在地球的水圈、大气圈、岩石圈、生物圈中不断地运动循环（图 10-6），是因为水参与许多化学变化，而又是许多化学变化的生成物。

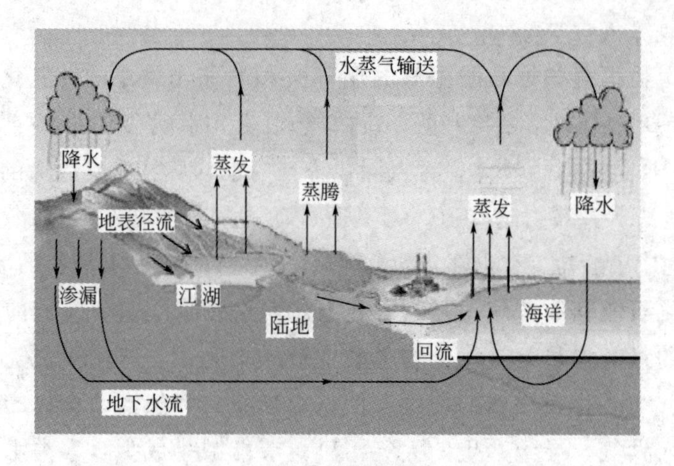

图 10-6 自然界中水的循环

液态水流动性强，有很强的溶解能力和渗透能力，可以溶解许多物质，水在自然环境中能发生三态（气态、液态、固态）间的转化。因此，可以通过一些物理作用，如蒸发、降水、渗透、表面的流动和地底流动等，由一个地方移动到另一个地方。蒸发是水循环中最重要的环节之一。海洋中的水、陆地表面的水、植物中的水通过蒸发过程（其中植物中的水通过枝叶的蒸腾作用），产生水汽进入大气，并随大气活动而运动。大气层中水汽会凝结形成降水回到地面上、海洋中。地面上的水通过渗入地下补给地下水；通过水平方向运动又可成为河湖水的一部分。地面上的水可以凝结成冰，冰又可以融化成水。上述过程周而复始，形成了水的循环。地球上的水循环中水汽的输送是最活跃的环节之一。水的循环运动的推动力主要是水分子间作用力、热力、重力，所需要的能量大部分来自于太阳能和地球的引力。

水的循环对地球生态环境的平衡至关重要。水循环把各种水体连接起来，使得各种水体能够长期存在，构成全球海陆间的循环。水的循环调节了地球各圈层之间的能量，对冷暖气候变化起到了重要的作用。水循环是“传输带”，水是许多物质的溶剂，它是地壳中的矿物质元素溶解、转移、沉积的重要载体。水的循环流动，赋予水强大的动力，使其成为“雕塑家”。水通过侵蚀、搬运和堆积，塑造出丰富多彩的地表形象。在水循环的过程中，海洋不断向陆地输送淡水，补充和更新陆地上的淡水资源，从而使水成为了可再生的资源。水是所有营养物质的介质，有了水的循环，营养物质的循环才得以发生。

但是，水溶解了一些对生物生命活动有害的物质，会破坏生态平衡。例如，铵根离子对于鱼类有剧毒。水中存在过量的硝酸根离子会影响婴幼儿血液中的氧浓度，并导致高铁血红蛋白症等疾病。水中溶解的硝酸盐会导致地面水体的富营养作用。水体富营养化破坏了水资源，降低了水的使用价值，直接影响水生生物的生存和人类的健康，大大提高了水处理（净化）的成本。例如，水富营养化使蓝藻菌和其他藻类大量繁殖，导致水生生物因缺氧而大量死亡。人从饮用水中摄取过量的硝酸盐，可能导致高血压、先天性中枢神经系统残疾等疾病。

参考文献

[1] 北京师范大学，华中师范大学，南京师范大学无机化学教研组主编. 无机化学（上、下）. 第4版. 北京：高等教育出版社，2004.

[2] 何培之. 普通化学. 北京：科学出版社，2001.

[3] 王彦广. 有机化学. 第3版. 北京：化学工业出版社，2015.

[4] 吴庆余. 基础生命科学. 北京：高等教育出版社，2002.

[5] 杨金田，谢德明. 生活的化学. 北京：化学工业出版社，2015.

[6] 株式会社学研教育. 物质与化学. 美国最新图解百科编译组译. 长春：吉林出版集团吉林文史出版社，2011.

[7] [日] 寄藤文平. 元素生活. 南宁：接力出版社，2011.

[8] [美] Eubanks L P. 化学与社会. 原著第8版. 段连运等译. 北京：化学工业出版社，2018.

[9] [英] 柏廷顿 J R. 化学简史. 胡作玄译. 北京：中国人民大学出版社，2010.

[10] [美] 罗德·霍夫曼. 大师说化学. 吕慧娟译. 桂林：漓江出版社，2017.

[11] [美] 山姆·基恩. 元素的盛宴. 杨蓓，阳曦译. 南宁：接力出版社，2013.

[12] [美] Gray T. 视觉之旅：神奇的化学元素. 陈沛然译. 北京：人民邮电出版社，2011.

[13] [英] Bateman G. 原子、分子与物态. 林娜译. 北京：人民邮电出版社，2013.